Akademie der Wissenschaften zu Berlin

The Academy of Sciences and Technology in Berlin

Forschungsbericht 1

Sonnenenergie

W DE G

Akademie der Wissenschaften zu Berlin
The Academy of Sciences and Technology
in Berlin

Forschungsbericht 1

Arbeitsgruppe:
Langfristige Chancen der Sonnenenergienutzung

Sprecher:
Alfred Gierer, Hans-Jürgen Krupp, Hans-Joachim Queisser

Walter de Gruyter · Berlin · New York · 1991

Akademie der Wissenschaften
zu Berlin

Sonnenenergie

Herausforderung für Forschung, Entwicklung und internationale Zusammenarbeit

von
Jochen Diekmann, Alfred Gierer,
Hans-Jürgen Krupp, Klaus Pinkau,
Hans-Joachim Queisser, Fritz Peter Schäfer,
Helmut Schaefer, Karl Stephan,
Dieter Weiß, Horst Tobias Witt

Walter de Gruyter · Berlin · New York · 1991

⊚ Gedruckt auf säurefreiem Papier,
das die US-ANSI-Norm über Haltbarkeit erfüllt.

Die Deutsche Bibliothek – CIP-Einheitsaufnahme

Sonnenenergie : Herausforderung für Forschung, Entwicklung und Internationale Zusammenarbeit / [Arbeitsgruppe: Langfristige Chancen der Sonnenenergienutzung]. Akademie der Wissenschaften zu Berlin. [Sprecher: Alfred Gierer ...]. Von Jochen Diekmann ... – Berlin ; New York : de Gruyter, 1991
(Forschungsbericht / Akademie der Wissenschaften zu Berlin ; 1)
ISBN 3-11-012954-X

NE: Gierer, Alfred [Hrsg.]; Diekmann, Jochen; Akademie der Wissenschaften <Berlin, 1987 gegründet> / Arbeitsgruppe Langfristige Chancen der Sonnenenergienutzung; Akademie der Wissenschaften <Berlin, 1987 gegründet>: Forschungsbericht

ISBN 3 11 012954X 0

Printed in Germany
Satz und Druck: Arthur Collignon GmbH, Berlin
Buchbinderische Verarbeitung: Lüderitz & Bauer GmbH, Berlin

Inhaltsverzeichnis

Vorwort

Die Akademie der Wissenschaften zu Berlin legt ihren Bericht über die Möglichkeiten der Nutzung von Sonnenenergie zur Deckung des Energiebedarfs in Europa vor. Der Bericht ist von einer Arbeitsgruppe vorbereitet worden, der als Mitglieder der Akademie die Professoren Gierer, Krupp, Pinkau, Queisser, Schäfer, Stephan und Witt angehörten. Als ständige Experten wirkten die Professoren Schaefer und Weiss mit. Die Arbeitsgruppe zog eine Reihe von Spezialisten zu ihren Beratungen hinzu.

Die Arbeitsgruppe hat im Rat der Akademie mehrfach über den Fortschritt ihrer Arbeiten berichtet und ihren Abschlußbericht im Rat der Akademie mehrfach zur Diskussion gestellt. Der Rat hat mehrheitlich den Vorschlag der Arbeitsgruppe akzeptiert, das Arbeitsergebnis mit den Namen derjenigen zu zeichnen, die die Federführung bei den verschiedenen Arbeitsschritten hatten. Die Arbeitsgruppe wollte damit auch namentlich zum Ausdruck bringen, in welchem Maße sie Nachwuchswissenschaftler in die Diskussion der Arbeitsgruppe einbezogen hat und wie intensiv diese jungen Wissenschaftler mitgewirkt haben. Diese Art der Berichterstattung über die Arbeitsgruppe besagt aber nicht, daß nicht die einzelnen Kapitel dieses Berichts Gegenstand intensiver Diskussionen innerhalb der Arbeitsgruppe und vielfacher Änderungswünsche und entsprechender Änderungen aller an der Diskussion und Evaluierung im Rat beteiligten Akademiemitglieder gewesen wären.

Die Diskussion im Rat der Akademie hat unterschiedliche Einschätzungen der künftigen Rolle von Sonnenenergie sichtbar gemacht. Dieses Problem berührt aber die zentrale Aussage dieses Berichtes nicht, daß weitere Forschung und technische Entwicklung in verstärktem Umfang geboten sind, um die Sonnenenergie technisch und wirtschaftlich nutzbar zu machen. Auch ein marginaler Beitrag wäre ja ein wichtiger Beitrag zur Energieversorgung.

Der Bericht macht deutlich, daß die weitere Forschung sich nicht allein auf die jetzt Erfolg versprechenden technischen Entwicklungen etwa innerhalb der Photovoltaik konzentrieren darf. Gerade deshalb verdient der Abschnitt über die biomimetischen Entwicklungen besondere Beachtung.

Die Zusammenarbeit zwischen Naturwissenschaftlern, Technikern und Gesellschaftswissenschaftlern in dieser Arbeitsgruppe der Akademie hat sich, das zeigt der Bericht deutlich, bewährt. Die Vorschläge des Berichts, die Zusammenarbeit mit den islamischen Ländern in Nordafrika und in der Sowjetunion auf dem Gebiet der Solarenergieerzeugung zu suchen, entstanden aus dieser interdisziplinären Arbeit. Es erscheint gar nicht selbstverständlich, daß die Interessen Europas an einer gesicherten Energieversorgung und die Interessen der islamischen Länder Nordafrikas und der südlichen Republiken der Sowjetunion miteinander so zur Harmonie gebracht werden könnten, daß Investitionen der Größenordnung, wie sie in diesem Bericht ins Auge gefaßt werden, gewagt werden könnten, ohne daß opportunistisches Verhalten eines der Partner befürchtet werden müßte. Gerade deshalb sind diese Abschnitte von hohem Informationswert.

Die Arbeitsgruppe hat sich um breiten Konsens im Rat der Akademie bemüht. Wir waren uns aber auch einig, daß der Wunsch nach breiter Zustimmung nicht zu Lasten der Klarheit der Aussagen und Empfehlungen gehen darf. Einzelne Abschnitte in diesem Bericht sind kontrovers geblieben. Das Ergebnis insgesamt aber wird vom Rat der Akademie der Wissenschaften zu Berlin einstimmig getragen.

Ich hoffe, daß dieser Bericht der Akademie der Wissenschaften zu Berlin die Diskussion um die weitere Entwicklung der Sonnenenergie bereichert.

Berlin, im Oktober 1990 Horst Albach

Vorbemerkung und Danksagung

Die Akademie der Wissenschaften zu Berlin wurde im Frühjahr 1987 als Körperschaft des öffentlichen Rechts errichtet. Sie hat die Aufgabe, durch fachübergreifende, problemorientierte Forschung sowie deren Förderung einen Beitrag zur besseren Erkenntnis der Wechselwirkung zwischen Wissenschaft, Technik, Politik, Wirtschaft und Gesellschaft zu leisten. Die Akademie erfüllt ihre Aufgaben vor allem dadurch, daß sie Entwicklungstendenzen in zentralen wissenschaftlichen Disziplinen beobachtet, deren Wissensstand – insbesondere im Hinblick auf die Technikentwicklung – zusammenfaßt, weitere Forschung anregt sowie auf Möglichkeiten und Folgen dieser Erkenntnisse aufmerksam macht.

Charakteristisch für die Arbeitsweise der Akademie ist das interdisziplinäre wissenschaftliche Gespräch im Rahmen von Arbeitsgruppen, die für begrenzte Zeit gebildet werden. In den Arbeitsgruppen wirken Akademiemitglieder gemeinsam mit anderen Wissenschaftlern, die als Fachleute für spezifische Fragestellungen herangezogen werden.

Als eine von sieben Arbeitsgruppen, die noch im Gründungsjahr der Akademie ihre Tätigkeit begonnen haben, legt die Arbeitsgruppe »Langfristige Chancen der Sonnenenergienutzung« hiermit ihren Abschlußbericht vor.

Hauptanliegen der Arbeitsgruppe war es, Möglichkeiten und Grenzen der künftigen Nutzung von Sonnenenergie möglichst fachübergreifend im Gesamtzusammenhang zu betrachten. Sie hat vorliegende Studien ausgewertet, technische Alternativen diskutiert und die Rahmenbedingungen für einen bedeutenden Beitrag der Sonnenenergie in der Zukunft untersucht. Es war weder eine systemanalytische Formulierung von Energieszenarien noch eine eng abgegrenzte solartechnische Einzeluntersuchung angestrebt. Der Arbeitsgruppe ging es stattdessen um eine problemadäquate Erfassung der vielfältigen Wechselbeziehungen, die bei der Bewertung der langfristigen Bedeutung von Sonnenenergie zu beachten sind.

Auf der Grundlage des gegenwärtigen wissenschaftlichen Erkenntnisstandes will die Arbeitsgruppe nicht nur einen Beitrag zur besseren

Einschätzung der künftigen Chancen der Sonnenenergienutzung leisten, sondern darüber hinaus auch Vorschläge für eine langfristig orientierte Strategie zur weitgehenden Ausschöpfung sinnvoller Einsatzmöglichkeiten anbieten. Die Untersuchung soll der Politikberatung dienen; ihre Ergebnisse richten sich gleichermaßen aber auch an Wissenschaft, Wirtschaft und Öffentlichkeit.

Die Arbeitsgruppe betrachtet Möglichkeiten einer großtechnischen Nutzung von Sonnenenergie im nächsten Jahrhundert in erster Linie als eine Herausforderung für Forschung, Entwicklung und internationale Zusammenarbeit. Obwohl keine Aspekte der Sonnenenergienutzung von vornherein in der Diskussion ausgeblendet werden sollten, spricht doch die Komplexität des Themas gegen den Versuch, eine möglichst umfassende oder gar vollständige Abhandlung anzustreben. Die Arbeitsgruppe hat daher einige Schwerpunktthemen eingehend diskutiert. Im vorliegenden Bericht werden diese Themen nach einer allgemeinen Einführung in sechs Kapiteln behandelt. Abschließend werden Empfehlungen der Arbeitsgruppe zusammengefaßt.

Autoren der Arbeitspapiere

Der Bericht beruht auf gemeinsamen Beratungen der verschiedenen Themen in der Arbeitsgruppe, doch es können nicht zugleich alle Beteiligten federführend sein. Die Kapitel »Möglichkeiten der direkten Sonnenenergienutzung« (Kapitel I), »Dezentrale Nutzung von Sonnenenergie in Entwicklungsländern« (Kapitel IV) und »Transport und Speicherung von Sonnenenergie« (Kapitel V) sind von *Jochen Diekmann* verfaßt worden. *Jürgen H. Werner* hat das Kapitel »Forschungsaspekte der Photovoltaik« (Kapitel II) geschrieben. Das Kapitel III über »Biomimetische Verfahren der Sonnenenergienutzung« stammt von *Ulrich Siggel*. Kapitel VI »Chancen einer Kooperation mit arabischen Ländern und der Sowjetunion zur langfristigen Nutzung von Sonnenenergie« ist von der Autorengruppe *Arnold Buchholz*, *Rainer Büren*, *Alfred Gierer*, *Hans-Hermann Höhmann* und *Dieter Weiss* verfaßt worden.

Die Arbeitsgruppe dankt den hinzugezogenen Autoren bzw. Mitautoren

Dr. Arnold Buchholz, Bergisch-Gladbach
Dr. Rainer Büren, Stiftung für Wissenschaft und Politik, Ebenhausen

Prof. Dr. Hans-Hermann Höhmann, Bundesinstitut für ostwissenschaftliche und internationale Studien, Köln
Dr. Jürgen H. Werner, Max-Planck-Institut für Festkörperforschung, Stuttgart
Dr. Ulrich Siggel, Max-Volmer-Institut, Technische Universität Berlin

für die Abfassung von Texten und für die aktive Teilnahme an den Diskussionen der Arbeitsgruppe.

Die Arbeitsgruppe möchte zudem Herrn *Dr. Jochen Diekmann* danken, der als hauptamtliches Mitglied das Projekt betreute und mit seinen Beiträgen zum Bericht, mit der umsichtigen Vorbereitung der Beratungen und Seminare sowie mit der redaktionellen Arbeit am vorliegenden Buch in besonderem Maße zum Ergebnis der Arbeit beigetragen hat.

Sachverständige bei Anhörungen

Darüber hinaus stützt sich der Bericht auf wertvolle Informationen, Anregungen und Kritik, die im Rahmen mehrerer Anhörungen von den folgenden Sachverständigen geleistet worden sind:

Prof. Dr. Jamil Abun-Nasr, Bayreuth
Prof. Dr. Franz Ansprenger, Freie Universität, Berlin
Diplom-Volkswirt Aziz Alkazaz, Deutsches Orient-Institut, Hamburg
Dr. Friedemann Corvinus, GTZ, Eschborn
Prof. Dr. Manfred Fischer, DLR, Stuttgart
Dr. S. Gerken, ehem. Max-Volmer-Institut, Technische Universität Berlin
Prof. Dr. Manfred Groll, IKE, Stuttgart
Dipl.-Phys. Klaus Haars, IPC, Frankfurt
Dr. W. Jägermann, Hahn-Meitner-Institut, Berlin
Dipl.-Ing. Klaus G. Krämer, BEWAG, Berlin
Prof. Dr. H. Kuhn, Max-Planck-Institut für biophysikalische Chemie, Göttingen
Prof. Dr. Hans Werner Lorenzen, Technische Universität, München
Dipl.-Ing. Gerhard Nagel, AEG, Wedel
Dr. Otto Plassmann, Nah- und Mittelost-Verein, Hamburg
Dr. Ralf Posorski, GTZ, Eschborn
Dr. Heinz Räde, BEO/KFA, Jülich

Dr. Johannes Reissner, Stiftung Wissenschaft und Politik, Ebenhausen
Dr. Eberhard Rhein, Kommission der Europäischen Gemeinschaften, Brüssel
Min.Dir. Reinhard Schlagintweit, Auswärtiges Amt, Bonn
Dr. H. W. Schock, IPE, Universität Stuttgart
Dr. Udo Steinbach, Deutsches Orient-Institut, Hamburg
Prof. Dr. Bassam Tibi, Georg-August-Universität, Göttingen
Brigadegeneral a.D. Joachim Tzschaschel, Starnberg-Söcking
Dr. U. Wagner, FfE, München
Prof. Dr. Carl-Jochen Winter, DLR, Stuttgart

Gerade für eine fachübergreifende Behandlung komplexer Zukunftsfragen ist die Einbeziehung von Experten unterschiedlicher Teilgebiete unentbehrlich. Die Arbeitsgruppe bedankt sich deshalb ganz besonders für die Mitarbeit der aufgeführten Sachverständigen.

Abkürzungsverzeichnis

BfAI	Bundesstelle für Außenhandelsinformation
BMFT	Bundesminister für Forschung und Technologie
BMZ	Bundesminister für wirtschaftliche Zusammenarbeit
CDG	Carl-Duisberg-Gesellschaft
DAC	Development Assistance Commitee
DECHEMA	Deutsche Gesellschaft für Chemisches Apparatewesen, Chemische Technik und Biotechnologie
DEG	Deutsche Finanzierungsgesellschaft für Beteiligungen in Entwicklungsländern
DFG	Deutsche Forschungsgemeinschaft
DGS	Deutsche Gesellschaft für Sonnenenergie
DHÜ	Drehstrom-Hochspannungs-Übertragung
DIW	Deutsches Institut für Wirtschaftsforschung
DLR	Deutsche Forschungsanstalt für Luft- und Raumfahrt
EG	Europäische Gemeinschaft
FAO	Food and Agriculture Organization of the United Nations
FfE	Forschungsstelle für Energiewirtschaft
FZ	Finanzielle Zusammenarbeit
GATE	German Appropriate Technology Exchange
GTZ	Deutsche Gesellschaft für Technische Zusammenarbeit
GW	Gigawatt (10^9 Watt)
h/a	Stunden pro Jahr
HGÜ	Hochspannungs-Gleichstrom-Übertragung
HTSL	Hochtemperatur-Supraleiter
IEA	Internationale Energie Agentur
IIASA	Internationales Institut für Angewandte Systemanalyse
ISES	International Solar Energy Society
ISI	Fraunhofer-Institut für Systemtechnik und Innovationsforschung
KFA	Forschungszentrum Jülich
KfW	Kreditanstalt für Wiederaufbau
kW	Kilowatt (10^3 Watt)
kWh	Kilowattstunde
MPI	Max-Planck-Institut
MW	Megawatt (10^6 Watt)
NfA	Nachrichten für Außenhandel
NTSL	Niedertemperatur-Supraleiter
OECD	Organization for Economic Cooperation and Development
PV	Photovoltaik

SEGS	Solar Energy Generating Systems
SEP	Sonderenergieprogramm
SKE	Steinkohleneinheit (1 kg SKE entspricht 29308 kJ)
SMES	Superconducting Magnet Energy Storage
SSPS	Small Solar Power Systems
ST	Solarthermik
TWh	Terawattstunde (10^{12} Wattstunden)
TZ	Technische Zusammenarbeit
UNDP	United Nations Development Programme
VDI	Verein Deutscher Ingenieure
VWD	Vereinigte Wirtschaftsdienste
W	Watt
WHO	World Health Organization
WWP	Wissenschaft, Wirtschaft, Politik

Einleitung

Die Weltvorräte an Öl und Erdgas werden zur Neige gehen – nicht in den nächsten Jahrzehnten, wohl aber vermutlich im nächsten Jahrhundert. Auch Kohle kann nicht unbegrenzt zur Energieversorgung beitragen. Zudem ist der Anstieg des Kohlendioxidgehaltes der Luft mit seinen klimaverändernden Wirkungen eine Warnung davor, alle fossilen Energievorräte zu verbrennen; und auch unabhängig vom Klimaproblem wirft die rasche, unumkehrbare Vernichtung von Ressourcen, die die Natur in vielen Millionen Jahren erzeugt hat, ethische Probleme auf. Energiesparen – sowohl durch technische Verbesserungen als auch durch Änderungen des Lebensstils – ist erforderlich, um die natürlichen Voraussetzungen menschlichen Lebens für alle und auf Dauer zu erhalten. Darüber hinaus ist es notwendig, für die Deckung des auch bei sparsamerem Energieverbrauch weltweit hohen Energiebedarfs mittel- und langfristig zu einer Substitution fossiler Energieformen zu gelangen. Weitgehend unabhängig von der Einschätzung der Bedeutung von Kernenergie ist nach alternativen Quellen für eine dauerhafte und umweltverträgliche Energieversorgung der Welt Ausschau zu halten. Hierfür bietet sich theoretisch vor allem die Sonneneinstrahlung an. Sie ist ausreichend verfügbar, und sie ist sowohl zentral als auch dezentral umweltfreundlich nutzbar. Allerdings beansprucht die solartechnische Gewinnung von Elektrizität bzw. Wasserstoff weite Flächen.

Derzeit kostet Strom aus Sonnenenenergie – läßt man die Kosten der Speicherung von Solarstrom außer acht – etwa zehnmal soviel wie Strom aus fossilen Energiequellen. Realistisch wäre eine umfangreiche großtechnische Nutzung von Sonnenenergie erst bei wesentlich erhöhter Wirtschaftlichkeit. Durch Verbesserungen von Verfahren läßt sich der Sonnenenergiepreis senken; Zeitrahmen und Ausmaß möglicher Preissenkungen sind jedoch schwer zu prognostizieren. Nun zeigt der Rückblick in die Technikgeschichte, daß weder das Flugzeug entwickelt, noch die Elektrizität umfassend genutzt worden wäre, hätte man für die Nutzung von Fluggeräten als Massenverkehrsmittel oder für die

Stromversorgung der Gesamtbevölkerung in einem frühen Stadium theoretische Beweise garantierter Machbarkeit und wirtschaftlicher Vertretbarkeit gefordert. Erfolgsgeschichten der Technik sehen anders aus: Sie beruhen auf konstruktivem Optimismus, Ausdauer trotz Schwierigkeiten, Ermutigung und Anerkennung beim Erreichen von Zwischenstadien, aber auch auf günstigen politischen und wirtschaftlichen Rahmenbedingungen. Zukunftssicherung erfordert Chancenwahrnehmung im doppelten Sinne des Wortes – durch Erkenntnis und Handeln. Was können wir nun tun, um die langfristigen Erfolgschancen der Sonnenenergie, für die entscheidende ökologische Gründe sprechen, zu heben? Diese Frage bezeichnet Themenkreis und Motivation des vorliegenden Berichts der Arbeitsgruppe Sonnenenergie der Akademie der Wissenschaften zu Berlin.

Von den verschiedenen Möglichkeiten technischer Nutzung von Sonnenenergie ist die Solarthermik – die direkte Umsetzung von Lichtenergie in Wärme – am wenigsten problematisch. Die Photovoltaik – die direkte Umwandlung von Lichtenergie in Strom – stellt eine besondere technische Herausforderung dar. Dieser Technik gilt daher die besondere Aufmerksamkeit unserer Arbeitsgruppe. Die Wirkungsgrade von Zellen auf der Basis von Silizium – dem umweltfreundlichsten Material für Solarzellen – erleben zur Zeit eine nachhaltige Verbesserung. Langfristig ist die Photovoltaik nach unserer Einschätzung noch in erheblichem Maße entwicklungsfähig.

Bereits in der Gegenwart sind Anlagen zur dezentralen Versorgung mit kleinen elektrischen Leistungen ökonomisch sinnvoll; der Anwendungsbereich wird sich voraussichtlich vor allem in Entwicklungsländern erheblich erweitern, zumal, wenn die Systeme der Stromnutzung besser an die Gegebenheiten photovoltaischer Stromerzeugung angepaßt werden. Insgesamt ist der Markt für dezentrale Kleinanlagen aber doch zu begrenzt, als daß wir sie als unmittelbare Vorstufe einer sich selbst ökonomisch tragenden großtechnischen Nutzung der Photovoltaik ansehen könnten.

Strebt man einen wesentlichen Beitrag von Sonnenenergie zur Gesamtenergieversorgung an, so erfordert dies wegen der hohen wirtschaftlichen Risiken auf längere Zeit staatliche Forschungs- und Entwicklungsförderung in Industrieländern. Der Staat muß auch Normen setzen und die Einführung neuer Techniken unterstützen. Nach unserer

Einschätzung sollte Photovoltaik-Entwicklung und -Nutzung stärker auf internationale Partnerschaft zielen.

Neben Solarthermik und Photovoltaik gibt es weitere Entwicklungslinien, die sich noch ganz im Stadium der Grundlagenforschung befinden und von technischer Anwendbarkeit weit entfernt sind. Dies gilt besonders für »biomimetische« Sonnenenergienutzung durch künstliche Systeme, die einige Merkmale der natürlichen Photosynthese nachahmen. Fast alle Energiequellen, welche Menschen technisch nutzen – wie Holz, Kohle und Öl –, gehen letztlich auf die Photosynthese zurück. Könnten wir über die wissenschaftliche Erforschung der biologischen Photosynthese Kenntnisse für eine effiziente technische Nutzung der Sonnenenergie gewinnen? Für die Stromgewinnung hat – im Vergleich zu biomimetischen Verfahren – der photovoltaische Weg über Solarzellen auf der Basis von Halbleitern (vorzugsweise Silizium) in der überschaubaren Zukunft schwer überbietbare Vorteile. Günstiger liegen die Voraussetzungen dafür, auf biomimetischem Wege chemisch gebundene Energie zu erzeugen, unter anderem in Form von Wasserstoff. Den verschiedenen Möglichkeiten sollte man durch Förderung der einschlägigen Grundlagenforschung wissenschaftlich nachgehen, wenngleich die Erfolgschancen derzeit noch schwer zu beurteilen sind.

Erforschung, technische Entwicklung und Einführung von Verfahren zur Sonnenenergienutzung – wie der Photovoltaik – benötigen eine Förderung, die der anderer öffentlich geförderter Energietechniken und Energieträger zumindest vergleichbar ist. Sonnenenergie-Entwicklung braucht Stabilität über Einbrüche politischer Stimmungen hinweg; sie muß invariant sein gegen kurzfristige Wahrnehmungen von Energieüberschüssen und Energiemangel, sie braucht nicht zuletzt das Talent und die Motivation junger Wissenschaftler und Techniker, wenn sie sich angesichts verschiedener Optionen gerade diesem Gebiet zuwenden sollen.

Sonnenenergie kann in unterschiedlichen Klimazonen genutzt werden. Im Weltmaßstab betrachtet erscheint es nicht sinnvoll, für die großtechnische Energieerzeugung auf Flächen zurückzugreifen, die sich für den Ackerbau eignen. Auch Erholungsgebiete in Regionen großer Bevölkerungsdichte sollten geschont werden. Stattdessen wären in besonderem Maße dünnbesiedelte, sonnenreiche Trockenzonen der Erde zu nutzen. Für Europa wäre aus solchen Gründen eine Teilversorgung aus südlicher gelegenen, außereuropäischen Trockenzonen anzustreben.

Dies erfordert weiträumige politische und wirtschaftliche Kooperation sowie ein umfassendes Transportsystem, das Energie über weite Strekken überträgt.

Chemisch gebundene Energie bietet sich dafür an, wenn sie als Brennstoff, Kraftstoff, Chemierohstoff oder Medium der Energiespeicherung verwendet werden soll. Für die Deckung von Strombedarf ist es jedoch selbst bei weiten Distanzen zwischen Produktion und Verbrauch nicht unbedingt von Vorteil, den Ferntransport über chemische Träger wie Wasserstoff zu bewerkstelligen. Abgesehen von maritimem Wasserstofftransport dürfte die Fernleitung von Elektrizität auf Gleichstrombasis besondere Bedeutung erlangen.

Internationale Zusammenarbeit bei der großtechnischen Nutzung von Sonnenenergie schafft neue Abhängigkeiten, bietet aber auch positiv zu wertende politische Chancen. Es müssen Formen der Nord-Süd-Kooperation gefunden werden, die den Entwicklungsperspektiven und ökonomischen Interessen sowie den Lebensformen der »südlichen« Kooperationspartner gerecht werden. Ebenso wichtig ist es, die Umweltverträglichkeit der Verfahren, zum Beispiel hinsichtlich von Wasserentnahmen, sicherzustellen. Für photovoltaische Großanlagen sollten giftige Komponenten nicht in Betracht kommen. Eine Zusammenarbeit mit arabischen Ländern muß Besonderheiten ihrer politischen Strukturen und ihres sozio-kulturellen Umfeldes beachten; dazu gehören auch islamische Diskussionsprozesse um den Stellenwert von Wissenschaft.

Für die europäischen Partner einer Nord-Süd-Zusammenarbeit stellt sich besonders die Frage nach der Versorgungssicherheit. Eine Verteilung des Risikos durch Kooperation mit verschiedenen Ländern ist ratsam. Risiken der Versorgungssicherheit sind nie ganz zu vermeiden; sie sind aber auf das in internationalen Beziehungen Übliche und Erträgliche begrenzbar. Das Stichwort »Versorgungssicherheit« ergibt nach Einschätzung der Arbeitsgruppe kein begründetes Pauschalargument gegen eine intensive Nord-Süd-Zusammenarbeit zur Sonnenenergienutzung.

Bei der Abwägung der Chancen und Risiken einer Kooperation mit verschiedenen arabischen Ländern führen uns politische wie geographische Erwägungen zu der Auffassung, das Hauptgewicht auf die Maghreb-Länder Algerien, Marokko, Tunesien sowie Mauretanien zu legen. Die Perspektiven der Sonnenenergienutzung sollten von vorneherein in alle langfristigen Überlegungen und Entscheidungen über Beziehungen der Maghreb-Länder zur Europäischen Gemeinschaft einbezogen werden. Zu den politischen Rahmenbedingungen, die besondere Aufmerksamkeit erfordern, gehören intensive politische Bemühungen um Frieden und Zusammenarbeit innerhalb des Maghreb.

Auch die südliche Sowjetunion mit ihren sonnenreichen Trockenzonen ist in Langzeitüberlegungen über mögliche Beiträge zur Energieversorgung Europas einzubeziehen. Die politischen und infrastrukturellen Rahmenbedingungen sind dort wesentlich andere als im nördlichen Afrika. Kurz und mittelfristig ist zunächst eine wissenschaftlich-technische Zusammenarbeit anzustreben. Wir befürworten, Kooperationsmöglichkeiten mit der Sowjetunion und ihren südlichen Republiken besonders auf dem Gebiet der Photovoltaik auszuloten.

Wirtschaftlich bedeutende technische Veränderungen setzen im allgemeinen eine lange Entwicklungsphase voraus; die industrielle Einführung in großem Maßstab kann wiederum viele Jahrzehnte in Anspruch nehmen. In dieser Hinsicht wird auch die Substitution fossiler durch erneuerbare Energien keine Ausnahme sein. Die ökologische Dringlichkeit des Problems erfordert es, gerade jetzt intensive Anstrengungen zu unternehmen, um die Voraussetzungen für eine spätere großtechnische Sonnenenergienutzung zu schaffen.

Die Arbeitsgruppe »Sonnenenergie« hat sich – ausgehend von einer umfassenden Betrachtung der Solartechniken – bevorzugt mit fünf Themen beschäftigt, die uns zugleich wichtig *und* klärungsbedürftig erschienen: Forschungsaspekte der Photovoltaik; Biomimetische Verfahren; Dezentrale Sonnenenergienutzung in Entwicklungsländern; Speicherung und Transport von Energie; Chancen einer Kooperation zwischen Europa und den arabischen Ländern sowie der Sowjetunion zur langfristigen Nutzung der Sonnenenergie.

Wir meinen, daß in der allgemeinen Diskussion Langzeitgesichtspunkte bisher zu wenig Gewicht haben. Sie stehen im Vordergrund unserer Überlegungen. Dabei halten wir es für wesentlich, naturwissenschaftliche, technische, wirtschaftliche und politische Aspekte im Zusammenhang zu betrachten.

Kapitel I

Möglichkeiten der direkten Sonnenenergienutzung

Jochen Diekmann

1 *Einleitung*

Sonnenenergie kann direkt und indirekt genutzt werden. Ein Teil der ständig auf die Erde einstrahlenden Sonnenenergie wird von der Natur in Form von Wasserkraft, Windkraft, Biomasse und Umweltwärme »gespeichert« (Stoy 1980). Techniken zur Nutzung solcher Energieträger – d. h. zur *indirekten* Nutzung von Sonnenenergie – haben eine lange Tradition. Beispiele hierfür sind einfache Wasserräder, Windmühlen und Segelschiffe, vor allem aber auch die Verbrennung von Biomasse; Brennholz ist in Entwicklungsländern noch heute der wichtigste Energieträger. Moderne Techniken zur indirekten Sonnenenergienutzung haben mit ihren traditionellen Vorgängern allerdings nur noch geringe Ähnlichkeiten. Es handelt sich durchweg um sehr kapitalintensive Anlagen, die bei den gegenwärtigen energiewirtschaftlichen Rahmenbedingungen nur zum Teil wirtschaftlich betrieben werden können (DIW, ISI 1987; IEA 1987; FfE 1986).

Die Einsatzfähigkeit von Systemen zur Nutzung erneuerbarer Energiequellen kann nicht pauschal beurteilt werden. Während sich einige Techniken noch im Stadium der Grundlagenforschung befinden, sind andere schon technisch weitgehend ausgereift und zum Teil – zumindest in einzelnen Anwendungsnischen – auch einzelwirtschaftlich rentabel. Der Entwicklungsstand der Techniken zur indirekten Sonnenenergienutzung läßt sich grob folgendermaßen charakterisieren:

Technik	Status
große Wasserkraftwerke	wirtschaftlich
kleine Wasserkraftwerke	bedingt wirtschaftlich
große Windkraftanlagen	in Entwicklung
kleine Windkraftanlagen	bedingt wirtschaftlich
Wärmepumpen	bedingt wirtschaftlich
Biogasanlagen	in Entwicklung
Wellenkraftwerke	in Entwicklung
Meereswärmenutzung	in Grundlagenforschung

Sonnenenergie ist nicht gleichbedeutend mit erneuerbarer Energie. In einem weiteren Sinne stellt auch die Umwandlung von fossilen Energieträgern (Kohlen, Erdöl, Erdgas) eine indirekte Nutzung von Sonnenenergie dar. Aus menschlicher Zeitperspektive können fossile Energieträger aber nicht als erneuerbar angesehen werden. Umgekehrt gelten Gezeitenenergie und Erdwärme als erneuerbar bzw. unerschöpflich, obwohl sie nicht auf Sonnenenergie beruhen. Letzteres träfe auch für eine denkbare Anwendung der Kernfusion zu. Die obengenannten Techniken zur indirekten Sonnenenergienutzung beruhen im übrigen zwar überwiegend, aber nicht vollständig auf Sonnenenergie: Zur Winderzeugung trägt auch die Erdrotation bei und Umweltwärme ist zum Teil auf anthropogene Energieverwendung zurückzuführen.

Techniken zur *direkten* Nutzung von Sonnenenergie dienen der Umwandlung der elektromagnetischen Strahlung in ungespeicherter Form. Im Unterschied zur indirekten Sonnenenergienutzung wird die mögliche Energieausbeute unmittelbar von dem jeweiligen ort- und zeitabhängigem Strahlungsangebot bestimmt.

Auf dem oberen Rand der Erdatmosphäre beträgt die Bestrahlungsstärke (bei mittlerem Abstand zwischen Erde und Sonne) 1353 W/m^2 (Stoy 1980). Diese sogenannte Solarkonstante kann bei terrestrischen Anwendungen allerdings nicht vollständig ausgenutzt werden. Selbst bei klarem Himmel ist die maximale Einstrahlung auf der Erdoberfläche auf etwa 1000 W/m^2 beschränkt.

Die auf der Erde gemessene Globalstrahlung besteht aus direkter, diffuser und reflektierter Strahlung. Bei klarem Himmel hat die Direktstrahlung, die ohne Streuung durch die Atmosphäre gelangt – und deshalb mit Spiegeln oder Linsen konzentriert werden kann –, einen Anteil von 80 bis 90 vH. Durch Wolken oder Nebel kann dieser Anteil bis auf Null absinken. Unter ungünstigen Witterungsverhältnissen vermindert sich die Globalstrahlung bis auf 20 W/m^2.

In der Bundesrepublik Deutschland scheint die Sonne im langjährigen Durchschnitt je nach Ort zwischen 1300 und 1900 Stunden im Jahr, wobei die Strahlungsintensität beträchtliche tageszeitliche und jahreszeitliche Schwankungen aufweist. Die jährliche Globalstrahlung liegt hier bei etwa 1000 kWh/m^2; dies entspricht einer mittleren Einstrahlung von 114 W/m^2.

Das Ausmaß der regionalen Unterschiede im Sonnenenergieangebot zeigt die folgende Gegenüberstellung der jährlichen Globalstrahlung in ausgewählten Orten (Weik, Engelhorn 1986; Klaiß, Nitsch 1987):

Hamburg	930 kWh/m^2
Berlin	1000 kWh/m^2
Freiburg	1270 kWh/m^2
Madrid	1620 kWh/m^2
Kairo	2100 kWh/m^2
Assuan	2540 kWh/m^2

Die Sonneneinstrahlung ist demnach in Nordafrika mehr als doppelt so hoch wie in der Bundesrepublik Deutschland. Hinzu kommt, daß der Anteil diffuser Strahlung dort nur 20 bis 30 vH beträgt, während er hierzulande etwa 40 vH ausmacht. Ähnlich günstige Voraussetzungen zur Sonnenenergienutzung wie in Nordafrika herrschen im südlichen Afrika, im Mittleren Osten, in Australien sowie in Teilen Südamerikas und in Kalifornien.

Zur (direkten) Nutzung der Sonnenstrahlung kommt eine Vielfalt von Techniken in Betracht, die große Unterschiede im Hinblick auf ihren technischen Entwicklungsstand und ihre möglichen Anwendungsbereiche aufweisen. Hierzu zählen

- passive Solartechniken,
- aktive Solartechniken im Niedertemperaturwärmebereich,
- aktive Solartechniken zur Prozeßwärme- bzw. Stromerzeugung (Solarthermik),
- Photovoltaik und
- sonstige Verfahren (photoelektrochemische, photochemische, biologische Solartechnik).

Diese Arten der Sonnenenergienutzung werden in den folgenden Abschnitten 2 bis 6 näher betrachtet. Auf Systemstudien einer solaren

Wasserstoffenergiewirtschaft wird in Abschnitt 7 eingegangen. Abschnitt 8 enthält allgemeine Schlußfolgerungen.

In diesem ersten Kapitel erfolgt eine breit angelegte Bestandsaufnahme der technisch-wirtschaftlichen Möglichkeiten zur direkten Nutzung von Sonnenenergie. Einzelne Aspekte, die aus der Sicht der Arbeitsgruppe im Hinblick auf die langfristigen Chancen der Sonnenenergienutzung besonders wichtig sind, werden in den nachfolgenden Kapiteln vertieft.

2 *Passive Solartechniken*

Unter passiven Solartechniken versteht man bauliche Maßnahmen an Gebäuden zur Nutzung der Sonnenstrahlung. Im Gegensatz zu aktiven Systemen erfordern sie keine mechanische Energie zur Weiterleitung etwa von Flüssigkeiten. Ein klassisches Beispiel für passive Nutzung von Sonnenenergie sind einfache Treibhäuser. Solararchitektur kann nicht nur zur Beheizung sondern auch zur Beleuchtung und zur Klimatisierung von Gebäuden beitragen.

Die einfachste Art der solaren Raumheizung ist die Berücksichtigung großer Fensterflächen, insbesondere an der Südseite von Gebäuden. Die durch die Fenster dringenden Sonnenstrahlen können dann direkt die zu beheizenden Räume erwärmen. Häufig werden auch besondere Glasvorbauten wie Wintergärten installiert; zur Wärmeversorgung können sie aber nur beitragen, wenn eine ausreichende Isolierung vorhanden ist. Aufwendigere Systeme mit indirektem Energiegewinn bestehen aus verglasten Außenwänden, wobei das Mauerwerk als Wärmespeicher dient (Trombe-Wände). Als Speicher können anstelle des Mauerwerks auch große Wasserbehälter verwendet werden. Spezielle Konvektionssysteme wie Thermosiphons, die sowohl der Speicherung als auch dem Wärmetransport dienen, werden in der Regel durch mechanische Pumpen oder Ventilatoren unterstützt, es handelt sich hierbei insofern um Hybridsysteme.

Zur Solararchitektur als Bestandteil klimagerechter Bauweise zählen neben solchen Einzelmaßnahmen an Gebäudeteilen auch umfassendere Maßnahmen wie die Standortwahl, die Gestaltung und Orientierung des Baukörpers, die Meidung von Schatten, die energiegünstige Anordnung der Räume nach ihrem Wärmebedarf, Pufferzonen zwischen warmem und kaltem Bereich sowie die besondere Berücksichtigung von Oberlichtern und Lichtschächten. Die Beachtung solcher Kriterien bei der Neubauplanung ist in der Regel kaum mit Mehrkosten verbunden, so daß diese Art der passiven Sonnenenergienutzung besonders wirtschaftlich ist.

Durch passive Solartechniken lassen sich im Einzelfall 30 bis 70 vH des Raumwärmebedarfs decken. Das Ausmaß der erreichbaren Energieeinsparung hängt vor allem von der eingesetzten Technik, von dem Standard der Wärmedämmung und von dem lokalen Klima ab. Im Vergleich zur Bundesrepublik Deutschland herrschen in den USA günstigere Bedingungen zur passiven Sonnenenergienutzung. Nach Angaben der IEA sind dort bereits weit über 200.000 Solarhäuser gebaut worden (IEA 1987, S. 118). Besondere Verbreitung – wenn wohl auch nur zur Hälfte aus Gründen der Energieeinsparung – finden Wintergärten; allein amerikanische Hersteller verkaufen jährlich entsprechende Ausrüstungen in einem Wert von 50 bis 300 Millionen US-Dollar.

Die insgesamt positiven Erfahrungen mit der Solararchitektur in den USA können allerdings nur mit Einschränkungen auf deutsche Verhältnisse übertragen werden (Fuhse, Fuhse 1987). Aufgrund der klimatischen Nachteile und der massiven Bauweise fallen hierzulande die Einsparpotentiale niedriger aus. Bei hohen Anforderungen an die Wärmedämmung müssen zumindest Maßnahmen zum temporären Wärmeschutz einbezogen werden.

Eine gewisse Bedeutung könnte in der Bundesrepublik Deutschland auf längere Sicht die transparente Wärmedämmung erlangen. Voraussetzungen hierfür sind allerdings noch Materialverbesserungen, die Verhinderung von Überhitzung im Sommer und die Entwicklung einer akzeptablen ästhetischen Gestaltung. Nach einer Potentialabschätzung von DIW und ISI könnte durch transparente Wärmedämmung und Fenstermaßnahmen unter günstigen Bedingungen im Jahr 2000 eine Energieeinsparung von 1 Million t SKE erreicht werden (DIW, ISI 1987).

Die langfristige energiewirtschaftliche Bedeutung der Solararchitektur läßt sich nicht quantitativ abschätzen. Eine breite Verwendung von passiver Solartechnik setzt vor allem voraus, daß Architekten und Bauherren über die bestehenden Möglichkeiten informiert sind. Die zu erwartende Energieeinsparung durch solche bauliche Maßnahmen im

Wohnbereich hängt aber auch entscheidend vom Verhalten der Bewohner ab. Denn technische Vorteile der Solararchitektur können durch Fehlverhalten der Benutzer leicht kompensiert werden.

Die Weiterentwicklung der passiven Solartechnik ist vor allem auf die Bereitstellung effizienterer Baumaterialien und auf die Optimierung integrierter Gebäudesysteme gerichtet. Von der künftigen Materialforschung werden Verbesserungen auf den Gebieten der transparenten Wärmedämmung, der thermischen Speicherung und der elektrochromatischen Fenster erwartet. Die Untersuchung des Verhaltens komplexer Systeme könnte zum einen die Abstimmung von aktiven und passiven Elementen bei hybriden Anlagen verbessern und zum anderen solartechnische Konzepte der Beheizung, Beleuchtung und Klimatisierung integrieren. Falls die Erwartungen an den technischen Fortschritt in diesen Bereichen erfüllt werden, könnte passive Solartechnik langfristig auch in sonnenärmeren Ländern wie der Bundesrepublik Deutschland eine große Verbreitung finden.

3 *Aktive Solartechniken im Niedertemperaturwärmebereich*

3.1 Kollektorarten

Aktive Systeme zur dezentralen thermischen Nutzung der Sonnenenergie bestehen im allgemeinen aus einem Kollektorenfeld, einem Wärmespeicher sowie Pumpen und Regelungseinrichtungen. Nach der Art der Sonnenkollektoren, der wichtigsten Komponente solcher Systeme, unterscheidet man Anlagen mit einfachen Solarabsorbern, Flachplattenkollektoren, Vakuum-Röhrenkollektoren und Anlagen mit konzentrierenden Kollektoren.

Aufgrund der ungünstigen klimatischen Bedingungen kann ein Einsatz von konzentrierenden Kollektoren, die nur die direkte Sonnenstrahlung nutzbar machen, in Ländern wie der Bundesrepublik Deutschland kaum in Betracht gezogen werden. Das Anwendungsgebiet von Solarkollektoren beschränkt sich deshalb hier auf den Bereich der Niedertemperaturwärme, der Temperaturen von 20 bis 100 °C umfaßt. Zu diesem Bereich gehört vor allem die Raumheizung und die Warmwasserbereitung, auf die zusammen etwa 40 vH des Endenergieverbrauchs entfallen. Hinzu kommen spezielle Anwendungen wie die Wassererwärmung in Freibädern und die Erzeugung von niedergrädiger Prozeßwärme in einigen Gewerbezweigen.

Flachplattenkollektoren werden bereits in Massenfertigung hergestellt. Sie bestehen gewöhnlich aus einem Absorber, der eine zirkulierende Flüssigkeit erwärmt, einem wärmegedämmten Gehäuse und einer transparenten Abdeckung. Nur bei Kollektoren für Freibäder kann auf eine aufwendige Dämmung und eine Abdeckung verzichtet und ein billiger Absorber aus Kunststoff verwendet werden. Für Anwendungen mit höheren Temperaturdifferenzen kommen überwiegend Absorber aus Kupfer oder Aluminium zum Einsatz. Aluminium-Absorber sind zwar billiger, sie können aber unter Umständen durch Korrosion unbrauchbar werden. Die Absorber werden mit einer mattschwarzen oder einer selektiven Beschichtung versehen.

Vakuum-Röhrenkollektoren umfassen die gleichen Grundkomponenten wie Flachplattenkollektoren und funktionieren auf ähnliche Weise. Anstelle einer Absorberplatte enthalten sie mehrere nebeneinander liegende luftleere Glasröhren, in denen sich die Absorber befinden. Vakuum-Röhrenkollektoren haben – trotz einer etwas geringeren Strahlungsaufnahme – aufgrund der geringen Wärmeverluste eine höhere Energieausbeute. In der Bundesrepublik Deutschland erreichen Vakuum-Röhrenkollektoren eine Ausbeute von 550 kWh/m^2 im Jahr, während Flachkollektoren bei ebenfalls selektiver Beschichtung 290 bis 470 kWh/m^2 nutzbare Wärme abgeben (Globaleinstrahlung am Meßort 1195 kWh/m^2). Die Röhrenkollektoren sind mit einem Preis von 1150 DM/m^2 aber wesentlich teurer als Flachplattenkollektoren, die 500 bis 820 DM/m^2 kosten (Urbanek 1987).

3.2 Freibäder

Ideale Voraussetzungen für den Einsatz von Solarkollektoren sind bei der Wassererwärmung in Freibädern während des Sommers gegeben: Wärmebedarf und Sonneneinstrahlung verlaufen hier nahezu synchron, die erforderliche Temperaturdifferenz ist gering und das Schwimmbekken selbst dient zugleich als Wärmespeicher. Auf eine aufwendige Solartechnik kann aus diesen Gründen verzichtet werden. Wenn gewisse Schwankungen der Wassertemperatur akzeptiert werden, entfällt auch die Notwendigkeit einer Zusatzheizung.

Nach Angaben der Forschungsstelle für Energiewirtschaft belaufen sich die Wärmekosten für die solare Beheizung eines kleinen privaten

Schwimmbades mit einer Absorberfläche von 20 m^2 auf 0,10 DM/kWh (FfE 1986). Da die Gesamtkosten nur zum Teil flächenabhängig sind, sinken die Kosten mit zunehmender Anlagengröße. Zahlreiche Beispiele belegen, daß die solare Beheizung von großen öffentlichen Freibädern mit Wärmekosten von etwa 0,05 DM/kWh möglich ist (DIW, ISI 1987).

Umfangreiche Erfahrungen mit 51 solarbeheizten öffentlichen Freibädern sind in einem Demonstrationsprojekt der Europäischen Gemeinschaften gesammelt worden (Luboschik, Haas 1987). Die unterschiedlichen Solarsysteme, die im Rahmen dieses Projektes zum Einsatz gekommen sind, haben insgesamt eine hohe Betriebsbereitschaft gezeigt. Schäden, die in den siebziger Jahren noch häufig an den Solaranlagen aufgetreten waren, werden mittlerweile bei modernen marktgängigen Kollektoren vermieden. Zu beobachten sind bei einigen Bädern allerdings noch mangelnde Installationen und unsachgemäße Betriebsweisen.

Ein wirtschaftlicher Einsatz von Solaranlagen ist heute praktisch in allen Bädern möglich, die über eine ausreichende und unverschattete Kollektorstellfläche verfügen (etwa 25 m^2 bei privaten und 1200 m^2 bei öffentlichen Freibädern) und deren Beheizung gewünscht wird. Nach einer Untersuchung von DIW und ISI ergibt sich hieraus allein für die Bundesrepublik Deutschland bezogen auf das Jahr 2000 ein wirtschaftliches Potential von über 13 Millionen m^2. Bei voller Ausschöpfung dieses Potentials könnten Solaranlagen in Freibädern hier ein Primärenergieäquivalent von 0,76 Millionen t SKE bereitstellen.

3.3 Brauchwasser

Relativ günstige Bedingungen für den Einsatz von Solarkollektoren sind auch bei der Erhitzung von Brauchwasser gegeben, da hierbei – im Gegensatz zur Raumwärme – der Bedarf annähernd gleichmäßig über das Jahr verteilt ist und deshalb auch die hohe Einstrahlung im Sommer ausgenutzt werden kann. Voraussetzung ist allerdings ein zentrales Warmwasserverteilungssystem im Gebäude. In unseren Breiten ist außerdem eine Zusatzheizung erforderlich, die etwa die Hälfte des jährlichen Wärmebedarfs deckt. Kommerzielle Solaranlagen zur Warmwasserbereitung werden als komplette Systeme angeboten.

Im Jahr 1984 hatte die Stiftung Warentest eine Untersuchung von 14 Anlagen veröffentlicht (Stiftung Warentest 1984). Viele Kollektoren und

Speicher erhielten damals für ihren Einsatz zur Warmwasserbereitung unter den klimatischen Bedingungen in der Bundesrepublik Deutschland eine mangelhafte Beurteilung. Nach einigen technischen Verbesserungen konnte ein weiterer Test, der in den Jahren 1985 und 1986 vom Technischen Überwachungsverein Bayern im Auftrag des BMFT durchgeführt wurde, dieses negative Ergebnis revidieren; vielen Anlagen der »zweiten« Generation kann nun eine »hervorragende Leistungsfähigkeit« bescheinigt werden (Stiftung Warentest 1987; Höß, Kunz 1987; Urbanek 1987). Die Störanfälligkeit während des Langzeittests war gering. Außerdem konnten die Montagebedingungen wesentlich vereinfacht werden.

Die Anlagen waren für die Versorgung eines Vier-Personen-Haushalts mit einem Tagesbedarf von 200 Litern Warmwasser (45 °C) auszulegen. Nicht solar bereitgestellte Wärme wurde mit einer elektrischen Zusatzheizung erzeugt. Der Vergleichstest umfaßte eine Anlage mit Vakuum-Röhrenkollektoren und zwölf Anlagen mit Flachplattenkollektoren. Bis auf eine Ausnahme handelte es sich um Systeme mit Pumpen. Die installierten Kollektorflächen lagen bei diesen Anlagen zwischen 4,8 und 9,2 m^2. Zusätzlich sind fünf weitere Anlagen einfacher Bauart mit kleineren Kollektorflächen untersucht worden. Die Systempreise einschließlich Montagekosten liegen bei den kleineren Anlagen zwischen 2.910 und 5.200 DM und bei den größeren Anlagen zwischen 6.900 und 15.000 DM. Bezogen auf die Kollektorfläche kosten Anlagen 841 bis 2.710 DM/m^2.

Das Kosten-Nutzen-Verhältnis hat sich insgesamt in den letzten Jahren zwar durch höhere Leistungsfähigkeit und Haltbarkeit verbessert. Die Wärmepreise der Solaranlagen sind aber dennoch nur unter günstigen Bedingungen hinsichtlich Standort, Wasserverbrauch und Montage mit denen konventioneller Systeme vergleichbar. Nach Berechnungen des TÜV Bayern amortisieren sich die Investitionsausgaben (bei einem Tagesverbrauch von 200 Litern) erst nach 14 bis über 30 Jahren (Höß, Kunz 1987). Angesichts einer angenommenen Lebensdauer von 15 Jahren sind die meisten Anlagen noch weit von ihrer Wirtschaftlichkeitsschwelle entfernt.

Im Ergebnis bestätigt der Test damit frühere Wirtschaftlichkeitsuntersuchungen der solaren Wassererwärmung, wenn auch die Wärmekosten deutlich unter dem Betrag von 0,98 DM/kWh liegen dürften, die in der Studie der Forschungsstelle für Energiewirtschaft (FfE 1986) angegeben wird. Nach einer jüngeren Studie der DLR kann gegenwärtig ein Wärmepreis beim Einsatz von Flachkollektoren zur Warmwasserbereitung im Ein- bzw. Zweifamilienhaus von 36,4 Dpf/kWh und von 44,1 Dpf/kWh bei Vakuumkollektoren realisiert werden (Nast, Schreitmüller 1987). Die Untersuchung von DIW und ISI (DIW, ISI 1987; Ziesing 1985) kommt zu dem Ergebnis, daß bei mäßigen Energiepreissteigerungen – allerdings ausgehend von dem hohen Niveau im Jahre 1983 – bis zum Jahr 2000 keine Wirtschaftlichkeit der solaren Warmwasserbereitung in Wohngebäuden erreichbar ist, wenn nicht starke Kostenreduktionen erzielt werden. Unter der Annahme einer Halbierung der Systemkosten und aus heutiger Sicht sehr hoher Energiepreise werden 4,4 Millionen Ein- und Zweifamilienhäuser sowie 2,1 Millionen Mehrfamilienhäuser in der Bundesrepublik Deutschland zum wirtschaftlichen Potential gezählt. Dies entspräche einer Kollektorfläche von 20 Millionen m^2 und einem Primärenergieäquivalent von gut 1 Million t SKE pro Jahr.

3.4 Raumwärme

Der überwiegende Teil des Verbrauchs an Niedertemperaturwärme dient in der Bundesrepublik Deutschland der Erzeugung von Raumwärme. Die Einsatzbedingungen von Sonnenkollektoren sind in diesem Bereich allerdings besonders ungünstig. Denn Wärmebedarf und Sonneneinstrahlung verlaufen hier saisonal nahezu entgegengesetzt. Der Raumwärmebedarf besteht zu 80 vH im Winterhalbjahr, auf das kaum ein Drittel der jährlichen Globaleinstrahlung entfällt. Für den Saisonausgleich könnten zwar theoretisch Langzeitspeicher eingesetzt werden; eine wirtschaftliche Lösung hierfür ist allerdings – zumindest für einzelne Gebäude – nicht in Sicht. Je höher deshalb der Anteil ist, den Sonnenkollektoren im Winter zur Deckung des Raumwärmebedarfs beitragen sollen, desto geringer ist die Ausnutzungsdauer der Anlage im Sommer – und damit die Aussicht auf eine Amortisation der hohen Investitionskosten. Ein bedeutender Beitrag von Sonnenkollektoren zur Raumwärmebereitstellung ist deshalb kaum zu erwarten. Dies gilt selbst dann, wenn die Energiepreise drastisch ansteigen sollten, aber keine Wettbewerbsfähigkeit gegenüber anderen Techniken wie der Wärmepumpe erreicht wird (DIW, ISI 1987; Ziesing 1985).

3.5 Weitere Einsatzmöglichkeiten

Im Rahmen einer vom BMFT geförderten Systemstudie sind die Möglichkeiten untersucht worden, Sonnenkollektoren in der Bundesrepublik Deutschland auch für die Fernwärmeversorgung einzusetzen (Kersten 1985). Die Voraussetzungen hierfür sind hohe Brennstoffkosten, niedrige Vor- und Rücklauftemperaturen, ein ausreichender Wärmebedarf im Sommer und entsprechende Flächen für die Kollektoren. Dampfnetze kommen für eine Einspeisung von Sonnenenergie somit ebenso wenig in Betracht wie Netze mit Heizkraftwerken, die wegen der Stromerzeugung auch im Sommer betrieben werden. Das Potential wird bei bestehenden Fernwärmenetzen auf eine Kollektorfläche von 4 Millionen m^2 geschätzt.

Über die Einsatzmöglichkeiten von Sonnenkollektoren außerhalb des Wohnbereiches liegen – abgesehen von Freibädern – nur wenige Informationen vor. Im Rahmen des »Energiegutachtens Baden-Württemberg« sind hierzu umfangreiche Simulationsrechnungen durchgeführt worden (Nast, Schreitmüller 1987, Nitsch u. a. 1987). Für das Jahr 1987 beschränkt sich das wirtschaftliche Potential auch nach dieser Studie auf den Bereich der Freibäder. Erst bei niedrigeren Systemkosten und höheren Energiepreisen kommen weitere Anwendungsbereiche hinzu. Aufgrund von Größenvorteilen wird die Wirtschaftlichkeitsschwelle zuerst bei großen Warmwasseranlagen in Nichtwohngebäuden überschritten. Danach folgen die (niedergrädige) Prozeßwärmeerzeugung bei geringem Deckungsgrad und die kombinierte Raumwärme und Warmwasserbereitung in Nichtwohngebäuden. Die Versorgung von Ein- und Zweifamilienhäusern stellt nach dieser Studie den am wenigsten wirtschaftlichen Anwendungsfall für Sonnenkollektoren dar. Das Potential wird insgesamt im Nichtwohnbereich höher veranschlagt als im Wohnbereich.

Als eine bereits in naher Zukunft interessante Perspektive wird von der DLR die Einspeisung von Solarwärme in Nahwärmenetze mit kleinem solaren Deckungsanteil (ohne Speicher) angesehen. In einer weiteren Ausbaustufe könnte der Deckungsanteil erhöht werden, wobei dann zur vorwiegenden Raumwärmebereitstellung Saisonspeicher eingesetzt werden müßten.

Das wirtschaftliche Potential von Sonnenkollektoren in Baden-Württemberg wird für das Jahr 2020 in einem Szenarium mit sehr hohen

Energiepreisen (reale Energiepreissteigerung 5,2 vH pro Jahr) auf ein Endenergieäquivalent von 29,1 Mrd. kWh beziffert. Bei vollständiger Ausschöpfung dieses Potentials könnten mit Hilfe von Sonnenkollektoren 22 vH des Bedarfs an Niedertemperaturwärme gedeckt werden. Dies würde eine Kollektorfläche von 85,4 Millionen m^2 erfordern. Bei mäßigeren Energiepreissteigerungen (2 vH pro Jahr) wären zu diesem Zeitpunkt Kollektoren mit einer Gesamtfläche von 8,5 Millionen m^2 wirtschaftlich einsetzbar. Ohne besondere unternehmerische sowie politische Anstrengungen wird in diesem Fall für das Jahr 2020 aber nur eine Kollektorfläche von 1,5 Millionen m^2 erwartet, die überwiegend auf den Bereich der Freibäder entfällt (Nitsch u. a. 1987).

3.6 Ausblick

Überträgt man die für Baden-Württemberg ermittelten Ergebnisse – ungeachtet aller strukturellen und klimatischen Unterschiede – auf die Bundesrepublik Deutschland, so könnten Sonnenkollektoren in den nächsten 30 Jahren je nach der Entwicklung der Energiepreise 1 bis 10 vH des Energieverbrauchs decken. Angesichts der bisherigen Marktentwicklung sind jedoch Zweifel angebracht, ob selbst die untere Grenze dieses Bereichs erreicht werden kann. Dies würde eine Kollektorfläche in einer Größenordnung von 60 Millionen m^2 erfordern.

Im Jahre 1985 war in der Bundesrepublik Deutschland eine Kollektorfläche von rund 220.000 m^2 installiert, die sich auf etwa 25.000 bis 30.000 Einzelanlagen verteilen (Ziesing 1985). Die Kollektorherstellung im Inland erreichte bereits im Jahr 1979 ihren bisherigen Höhepunkt von 53.000 m^2. Im Jahre 1983 wurden nur noch 14.000 m^2 hergestellt, von denen aber 10.000 m^2 exportiert wurden; unter Berücksichtigung der Kollektorimporte in Höhe von 1.000 m^2 belief sich das Inlandsangebot auf eine Kollektorfläche von knapp 5.000 m^2.

Ein starker Rückgang der Kollektorherstellung nach einem Höchststand zu Ende der siebziger Jahre ist auch in vielen anderen westlichen Ländern wie USA, Dänemark, Schweden und der Schweiz zu beobachten (IEA 1987). Eine Reihe von Anbietern hat sich inzwischen wieder vom Markt zurückgezogen. Ursachen für den starken Nachfragerückgang sind nicht allein die Verminderung der Energiepreise, ein abgeschwächtes Wirtschaftswachstum und Fortschritte bei der Energieeinsparung, sondern vor allem auch das Auslaufen staatlicher Programme zur Förderung der Sonnenenergienutzung.

Bei der gegenwärtigen Marktentwicklung verschlechtern sich die Chancen zur Erreichung von erhofften Kostendegressionen bei der Kollektorherstellung und -montage. Der Zeitpunkt für eine breite wirtschaftliche Anwendung von Sonnenkollektoren kann sich auch dadurch noch weiter in die Zukunft verschieben.

Der weitere Forschungsbedarf auf dem Gebiet der Solaranlagen für Niedertemperaturwärme ist relativ gering. Sonnenkollektoren gelten als weitgehend ausgereift. Im Vordergrund der technischen Entwicklung stehen hier Verbesserungen der Systemauslegung, Standardisierung der Produkte und Kostensenkungen vor allem bei der Herstellung von Vakuum-Kollektoren. Weitere Entwicklungsarbeiten sind auf den Gebieten der thermischen oder chemischen Langzeitspeicherung, der Systemsteuerung durch Mikroprozessoren und der Anwendungstechniken für Entwicklungsländer notwendig. Zur laufenden Beurteilung der technisch-wirtschaftlichen Leistungsfähigkeit der Solaranlagen sind schließlich auch die Testkriterien weiterzuentwickeln und zu vereinheitlichen.

4 Solarthermische Prozeßwärme- und Stromerzeugung

4.1 Überblick

Die thermische Sonnenenergienutzung zur Prozeßwärme- bzw. Stromerzeugung erfordert aufgrund der geringen Dichte der Sonneneinstrahlung besondere Maßnahmen zur Energiekonzentration. Hohe Temperaturen lassen sich nur erreichen, wenn die Sonnenstrahlen mit Hilfe von Spiegeln bzw. Linsen gebündelt werden. In der Solarthermik haben sich drei Grundtypen konzentrierender Systeme herausgebildet:
- linienfokusierende Rinnenkollektoren,
- punktfokusierende Schüsselkollektoren und
- punktfokusierende Solarturmanlagen.

Konzentrierende Kollektoren bzw. Spiegelanordnungen nutzen nur die direkte Strahlung und müssen dem Sonnenstand nachgeführt werden. Wirtschaftliche Anwendungen sind deshalb nur in Gebieten mit hoher Sonneneinstrahlung und einem hohen Direktstrahlungsanteil zu erwarten.

Zur solarthermischen Stromerzeugung werden neben Verfahren, die auf der Erzeugung von Hochtemperaturwärme beruhen, auch Aufwindkraftwerke und Solarteiche entwickelt. Obwohl bei diesen Techniken die diffuse Strahlung mitgenutzt wird, ist deren breite Anwendung aufgrund geringer Wirkungsgrade auf sonnenreiche und flächenreiche Gebiete beschränkt.

4.2 Rinnenkollektoren

Rinnenkollektoren sind bisher am weitesten entwickelt. Sie bestehen aus einer mehr oder weniger parabolisch gekrümmten Spiegelfläche, die die Sonnenstrahlen auf ein Absorberrohr reflektiert. Hierbei werden Konzentrationsfaktoren von 10 bis 50 und Temperaturen zwischen 150 und 400 °C erreicht. Die Kollektoren können dem Sonnenstand einachsig oder zweiachsig nachgeführt werden. Die Beschränkung auf eine Drehachse ist zwar mit einer gewissen Leistungseinbuße verbunden; dieser Nachteil wird aber durch die Verminderung der Systemkosten überkompensiert. In der Regel werden mehrere Kollektoren zu sogenannten Solarfarmen zusammengestellt. Weltweit sind bereits mehr als 1 Million m^2 Kollektorfläche installiert.

Rinnenkollektoren eignen sich aufgrund ihres Temperaturbereichs zur *Prozeßwärmeversorgung* in vielen Wirtschaftsbereichen (Lebensmittelindustrie, Textilindustrie, Papierindustrie usw.). Im einfachsten Fall wird die Solaranlage zusätzlich zu einem konventionellen Heizsystem errichtet, d. h. sie dient ausschließlich der Einsparung von Brennstoff. Bei dieser bivalenten Betriebsweise werden zwar keine Erzeugungskapazitäten ersetzt; dafür kann aber auf eine besondere Wärmespeicherung verzichtet werden.

Nach vorliegenden Modellrechnungen ist der Einsatz von modernen Rinnenkollektoren zur Prozeßwärmeerzeugung gegenwärtig selbst unter sehr günstigen Bedingungen nicht wirtschaftlich (Diekmann 1985). Die gesamten Systemkosten belaufen sich zur Zeit auf 1.500 DM je m^2 Kollektorfläche. Hiervon entfallen gut 900 DM auf die eigentliche Kollektoranlage und der Rest auf das Fundament und die Montage. Für die Wirtschaftlichkeit sind auch die laufenden Betriebsausgaben für Wartungspersonal, Ersatzspiegel und sonstiges Material von Bedeutung. Sie werden auf mindestens 30 DM/m^2 pro Jahr geschätzt. Unter optimistischen Annahmen kann während der Lebensdauer der Anlage von 20 Jahren eine jährliche Energieausbeute von 900 kWh je m^2 erreicht werden; hiermit lassen sich pro Jahr gut 100 Liter Heizöl einsparen. Selbst ohne Berücksichtigung von Zinsen lohnt sich eine solche Solaranlage erst bei einem durchschnittlichen Heizölpreis von etwa 1 DM je Liter. Zur Erlangung der Konkurrenzfähigkeit muß sich das Nutzen-Kosten-Verhältnis je nach Anwendungsfall um einen Faktor von 2 bis 4 verbessern. Dies setzt voraus, daß die Systemkosten durch Großserienherstellung deutlich reduziert werden und zugleich die Energiepreise stark ansteigen.

Langzeiterfahrungen mit modernen Rinnenkollektoren liegen bisher noch nicht vor. Angaben zur Lebensdauer, zum Betriebsverhalten und zu den laufenden Betriebsausgaben sind deshalb noch mit großen Unsicherheiten behaftet. Der oben betrachtete Anlagentyp wurde im September 1985 mit Unterstützung des BMFT und der portugiesischen Regierung in Betrieb genommen (Blank, Isenberg 1987). Das Kollektorfeld hat eine Größe von 1.280 m^2 und versorgt eine Molkerei in Portugal mit Prozeßwärme. Seit 1987 wird an dieser Demonstrationsanlage von der Forschungsstelle für Energiewirtschaft ein zweijähriger Test durchgeführt.

Ähnliche Demonstrationsanlagen sind auch in anderen Ländern – vor allem in den USA – errichtet worden. Die IEA verzeichnet acht Rinnenkollektoranlagen zur Prozeßwärmeerzeugung mit einer Gesamtfläche von fast 15.000 m^2 (IEA 1987).

Rinnenkollektoren werden in jüngster Zeit vor allem zur *Stromerzeugung* eingesetzt. Im Rahmen des IEA-Projekts Small Solar Power Systems (SSPS) sind in Almeria, Spanien, seit 1981 drei Versuchsanlagen mit einer Gesamtfläche von 7.600 m^2 errichtet und betrieben worden (IEA 1987). Der erste Prototyp eines größeren Solarkraftwerkes mit Rinnenkollektoren wurde im Jahre 1984 in Barstow, Kalifornien, fertiggestellt. Nach dem Vorbild dieses ersten sogenannten Solar Energy Generating Systems (SEGS 1) werden dort mittlerweile 6 weitere Anlagen mit einer elektrischen Leistung von jeweils 30 MW kommerziell genutzt (Geyer, Klaiß 1989). Die Anlagen werden von einem privaten Unternehmen (Lutz Solar Partners) unter Verwendung von Komponenten mehrerer Anbieter (u. a. Flachglas Solartechnik GmbH) installiert. Dieses Unternehmen betreibt auch die Anlage und speist den Strom in das Netz eines großen Energieversorgungsunternehmens ein.

Die Investitionsausgaben für kommerzielle Rinnenkollektorkraftwerke betragen etwa 7.000 DM/kW. Unter Berücksichtigung einer 25 vH-Zusatzfeuerung mit Erdgas werden durchschnittliche Stromerzeugungskosten von etwa 0,20 DM/kWh erreicht (Geyer, Klaiß 1989).

Die Voraussetzungen für den Einsatz solcher Anlagen sind in Kalifornien nicht nur aus klimatischen Gründen hervorragend. Erneuerbare Energien sind dort bisher sowohl vom Bund als auch vom Staat Kalifornien durch eine Reihe von finanziellen Maßnahmen massiv gefördert worden. Ein Teil der Steuervergünstigungen ist allerdings inzwischen wieder gestrichen worden. Dennoch bleiben die standardisierten Rinnenkollektorkraftwerke offensichtlich konkurrenzfähig. Denn zusätzlich zu den bestehenden Anlagen sind bereits weitere Kapazitäten von 400 MW bestellt. Durch eine Erhöhung des elektrischen Wirkungsgrades und weitere Kostensenkungen soll die Wirtschaftlichkeit der Anlagen, die künftig eine elektrische Leistung von jeweils 80 MW haben werden, noch erhöht werden.

Der Einsatz solcher Kraftwerke dürfte sich auch in anderen sonnenreichen Ländern lohnen. In Israel sollen mehrere solcher Solarkraftwerke errichtet werden, falls das erste nun begonnene Projekt erfolgreich ist (VWD 28.7.89).

4.3 Schüsselkollektoren

Ein Parabolschüsselkollektor bündelt die Sonnenstrahlen auf eine kleine Absorberfläche. Solche punktfokusierenden Paraboloide, die dem Sonnenstand zweiachsig nachgeführt werden müssen, ermöglichen die effektivste Ausnutzung der Direktstrahlung. Es werden mittlere thermische Wirkungsgrade von 70 bis 75 vH für erreichbar gehalten (Winter, Nitsch 1986).

Als Konzentratoren dienen bisher überwiegend starre Reflektoren aus Aluminium, verspiegeltem Glas oder verspiegelten Plastikfolien. Wesentlich billiger als starre Reflektoren sind Membranreflektoren, deren Krümmung durch einen Unterdruck zwischen einer verspiegelten Folie und einer weiteren Folie hergestellt wird. Der mit einem Durchmesser von 17 m bisher größte Membrankonzentrator (Schlaich und Partner) ist im Auftrag des BMFT und in Zusammenarbeit mit Saudi-Arabien auf dem Versuchsgelände der DLR in Lampoldshausen errichtet worden.

Die meisten bisher gebauten Paraboloide haben einen Reflektordurchmesser von 8 bis 12 m und erreichen mit Konzentrationsfaktoren zwischen 200 und 2.000 eine Arbeitstemperatur von 300 bis 800 °C. Die thermische Leistung einzelner Einheiten liegt zwischen 40 und 90 kW. In Planung sind bereits Paraboloide mit einem Durchmesser von bis zu 40 m, die eine thermische Leistung von 800 kW erbringen könnten (Winter, Nitsch 1986). Für einen dezentralen Einsatz in Entwicklungsländern sind auch kleinere Anlagen mit einem Durchmesser von 3 m entwickelt worden.

Paraboloide können – einzeln oder in Solarfarmen – zur Prozeßwärmeerzeugung, zur Stromerzeugung und zur gekoppelten Strom- und Wärmeerzeugung eingesetzt werden. Aufgrund der Leitungsverluste ist die sinnvolle Größe von Solarfarmen zur Prozeßwärmenutzung nach oben beschränkt. Dies gilt auch für Solarfarmen, bei denen die Hochtemperaturwärme zu einer zentralen Stromerzeugungsanlage geleitet wird. In Kalifornien konnte eine solche Anlage mit einer elektrischen Leistung von fast 5 MW zu Kosten von 3.400 US-Dollar je kW errichtet werden, wobei weitere Kostensenkungen um 40 vH für möglich gehalten werden (IEA 1987).

Eine andere Möglichkeit der Stromerzeugung mit Hilfe von Paraboloiden besteht in der direkten Kopplung einer Wärmekraftmaschine mit dem Absorber. Solche Anlagen eignen sich als autonome Stromerzeuger für dezentrale Anwendungen und könnten nach den bisherigen Erfahrungen auch in Solarfarmen Vorteile gegenüber einer zentralen Stromerzeugung erlangen. Nach einem vom amerikanischen Energieministerium geförderten Langzeittest eines Schüsselkollektors mit einem 25 kW-Stirlingmotor wird ein durchschnittlicher Jahreswirkungsgrad von 23 vH erwartet. Die Modulkosten betragen gegenwärtig 4.000 US-Dollar/kW und könnten bei Fertigung in großen Serien auf 2.000 US-Dollar/kW gesenkt werden (IEA 1987). In den USA werden entsprechende Solarfarmen mit einer elektrischen Leistung von 10 bis 50 MW in Betracht gezogen.

Für dezentrale Anwendungen sind kleinere Anlagen entwickelt worden. Die sogenannten Solar-Kuppel-Kraftwerke (Bomim, Lörrach) haben eine elektrische Leistung von 1 kW bis 3 kW. Zur Versorgung von Dörfern in Entwicklungsländern wird eine Modulleistung von 10 kW angestrebt (Chancen 1/88). Der bisher größte Paraboloid, der zur Zeit im Rahmen eines deutsch-saudischen Projektes erprobt wird, ist mit einem 50 kW-Stirlingmotor ausgestattet.

Die weltweit bisher installierte Gesamtfläche an Schüsselkollektoren von ca. 50.000 m^2 dient nahezu ausschließlich Forschungszwecken. Bei dem gegenwärtigen Stand der Technik würden die Stromerzeugungskosten von Paraboloiden etwa 1,00 DM bis 1,20 DM betragen (Ad-hoc-Ausschuß 1988). Für einen wirtschaftlichen Einsatz müßten die Investitionskosten deshalb noch drastisch gesenkt werden. Längerfristig erscheinen spezifische Kosten von 3.000 DM/kW als erreichbar. Selbst bei sehr hohen Energiepreisen liegt der denkbare Anwendungsbereich von Paraboloiden wohl eher bei der dezentralen Versorgung.

Im Vordergrund der technischen Weiterentwicklung stehen neben Bemühungen um preiswerte und zugleich langzeitbeständige Reflektoren vor allem die Bereitstellung von seriengefertigten und wartungsärmeren Stirlingmotoren sowie die Optimierung von Größe und Bauweise der Paraboloide. Anstelle von Stirlingmotoren könnten auch – noch zu entwickelnde – kleinere Gasturbinen eingesetzt werden.

4.4 Solarturmanlagen

Im Hinblick auf eine großtechnische thermische Nutzung von Sonnenenergie werden große Hoffnungen in die Entwicklung von Solarturmanlagen gesetzt. Das Kollektorfeld besteht bei diesen Anlagen aus vielen einzelnen Spiegeln (Heliostaten), die dem Sonnenstand zweiachsig nachgeführt werden. Im Unterschied zu einer Solarfarm mit Schüsselkollektoren konzentrieren die Spiegel die Sonnenstrahlen auf einen gemeinsamen, zentralen Empfänger, der auf einem Turm installiert wird. Die starke Erhitzung eines Mediums kann unmittelbar als Hochtemperatur-Prozeßwärme in chemischen Verfahren genutzt werden oder unter Anwendung konventioneller Kraftwerkstechnik zur Stromerzeugung dienen.

Weltweit sind bisher 7 Solarturmkraftwerke als Testanlagen errichtet worden:

SSPS (IEA) in Almeria, Spanien	0,5 MW
Eurelios (EG) in Adrano, Italien	0,7 MW
Sunshine in Nio, Japan	0,8 MW
CESA-1 in Almeria, Spanien	1,0 MW
THEMIS in Targasonne, Frankreich	2,5 MW
SES-5 Krim, UdSSR	5,0 MW
Solar One in Barstow, USA	10,0 MW

Diese Anlagen haben eine elektrische Gesamtleistung von ca. 20 MW und eine Spiegelfläche von rund 120.000 m^2. Der optimalen Anlagengröße für Solarturmkraftwerke, die nach Modellrechnungen im Bereich um 100 MW liegt, kommt Solar One in Barstow mit 10 MW am nächsten. Die spezifischen Systemkosten lagen hier bei 26.000 DM/kW. Trotz der besonders günstigen klimatischen Bedingungen in Barstow belaufen sich die Stromerzeugungskosten bei dieser im Jahre 1982 erstellten Anlage auf 1,20 DM/kWh; unter spanischen Einstrahlungsbedingungen würden die Durchschnittskosten ca. 1,50 DM/kWh betragen (Klaiß u. a. 1986). Unter Berücksichtigung der in den letzten Jahren erreichten Verbesserungen könnten nach vorliegenden Studien bei heutigem Stand der Technik allerdings bereits Stromerzeugungskosten von 0,50 bis 0,60 DM/kWh realisiert werden (Winter u. a. 1987).

In deutschen Studien sind gasgekühlte Anlagen mit 20 und 100 MW (GAST) und eine natriumgekühlte Anlage mit 100 MW (NAST) untersucht worden. Zur Zeit wird ein europäisches Projekt für ein Solarturmkraftwerk mit einer Leistung um 30 MW (PHOEBUS) vorbereitet. Amerikanische Projekte sind auf Kapazitäten von 30 MW (Carrisa Plains) und 100 MW (Solar 100) ausgerichtet (Klaiß u. a. 1986; Klaiß, Nitsch 1987).

Im Vergleich zu anderen Kraftwerken ist die ohne zusätzlichen Aufwand erreichbare Kapazitätsauslastung von Solarturmanlagen aufgrund der Einstrahlungsverhältnisse auf knapp 2.000 Nutzungsstunden der Nennleistung beschränkt; dies entspricht einem Kapazitätsfaktor von etwa 20 vH. Höhere Auslastungsgrade lassen sich aber durch eine fossile Zusatzfeuerung oder durch Wärmespeicher erreichen.

Bei den gegenwärtigen Energiepreisen lohnt sich eine Zusatzfeuerung, die bei gasgekühlten Anlagen nur mit einem geringen Mehraufwand verbunden ist, nicht nur aufgrund der höheren Auslastung, sondern allein schon wegen der niedrigeren Kosten bei der Stromerzeugung aus fossilen Brennstoffen. Künftige Anlagen werden – wie auch schon Solar One – mit Speicher geplant. Bei gegebener Turbinenleistung erfordern Speicherkonzepte eine größere Spiegelfläche und eine entsprechende Empfängerleistung. Zur größeren Auslastung des konventionellen Teils wird der Speicher bei hoher Einstrahlung gefüllt und bei niedriger Einstrahlung entleert. Mit einem Mehraufwand von etwa 10 vH der Anlagenkosten lassen sich auf diese Weise um etwa 20 vH niedrigere Stromerzeugungskosten erzielen. Speicher haben darüber hinaus den Vorteil, daß die Stromerzeugung zeitlich dem Verlauf des Strombedarfs angepaßt werden kann.

Einzelne Komponenten von Solarturmanlagen sind in den letzten Jahren bereits wesentlich verbessert worden. So konnten die Kosten von Heliostaten von 1.500 DM/m^2 auf 400 bis 600 DM/m^2 reduziert werden. Längerfristig wird mit Spiegelkosten von 100 bis 200 DM/m^2 gerechnet, wenn leichte Membranspiegel in großen Serien hergestellt werden. Die Empfänger haben noch nicht einen den Heliostaten vergleichbaren Entwicklungsstand erreicht. Auf diesem Gebiet bestehen noch erhebliche Verbesserungsmöglichkeiten, insbesondere bei der Weiterentwicklung von volumetrischen Empfängern (DLR 1987). Künftige Forschungsarbeiten umfassen außerdem den Einsatz von Salz als Kühlmittel und die weitere Systemoptimierung. Wirtschaftlichkeitsberechnungen für kommerzielle Solarturmanlagen sind vor diesem Hintergrund noch mit beträchtlichen Unsicherheiten behaftet.

Die Investitionskosten für eine Solarturmanlage betragen bei heutigem Stand der Technik rund 10.000 DM/kW. Bei einem elektrischen Jahresnutzungsgrad von bis zu 13 vH würden die Stromerzeugungskosten zwischen 0,50 und 0,60 DM/kWh liegen. Bis zum Jahr 2020 könnten die spezifischen Investitionskosten auf 5.000 DM reduziert und der Nutzungsgrad auf 19 vH erhöht werden. Nach Schätzungen der DLR könnten Solarturmanlagen dann Strom zu Kosten von 0,25 DM/kWh erzeugen (Winter u. a. 1987). In einer jüngeren Studie wird längerfristig sogar mit Stromerzeugungskosten von 0,11 DM/kWh gerechnet (Klaiß u. a. 1989). Es ist denkbar, aber keineswegs gesichert, daß dieses optimistische Kostenziel erreicht werden kann. Außerdem ist zu beachten, daß die genannten Schätzwerte noch keine Kosten für Landnutzung beinhalten.

Während bisher der Einsatz von Solarturmanlagen zur Stromerzeugung im Vordergrund stand, könnte längerfristig auch die Nutzung von Hochtemperaturwärme für chemische Prozesse Bedeutung erlangen (DLR 1987). Anwendungsmöglichkeiten bestehen u. a. bei

- chemischen Reduktionsprozessen,
- der Dampfreformierung von Gas zur Herstellung von Wasserstoff, Methanol und Ammoniak,
- der Kohlevergasung,
- der thermochemischen Wasserstofferzeugung durch direkte Wasserspaltung bei sehr hohen Temperaturen oder thermochemische Kreisprozesse und

– der Wasserstofferzeugung durch Hochtemperatur-Elektrolyse (Hot Elly).

Chemische Prozesse erfordern z. T. Hochtemperaturwärme von über 800 °C. Für den Einsatz von Solarturmanlagen in diesem Temperaturbereich müssen Keramikempfänger entwickelt werden. Weitere Forschungsschwerpunkte liegen auf der Hochtemperatur-Gasspeicherung und der Integration der solaren und der chemischen Teilsysteme (DLR 1987).

Die Einsatzmöglichkeiten von Solarturmanlagen sind auf sehr lange Sicht und unter Einbeziehung des Transports von Elektrizität oder Wasserstoff über große Entfernungen technisch kaum beschränkt. In den nächsten Jahrzehnten dürfte es allerdings eher zu dezentralen Anwendungen zur Stromerzeugung und zur Prozeßwärmenutzung in sonnenreichen Ländern kommen. Nach einer Potentialschätzung der DLR für fünf Mittelmeerländer (Portugal, Spanien, Italien, Jugoslawien, Griechenland) könnten bis zum Jahr 2025 dort 1.650 Solarturmanlagen mit einer thermischen Gesamtleistung von fast 100 GW installiert werden (Klaiß u. a. 1986). Hiervon würden 950 Anlagen zur Stromerzeugung (je 20 MWe) und 700 Anlagen zur Prozeßwärmenutzung (je 60 MWt) eingesetzt, um Öl und Gas zu substituieren. Solarturmanlagen könnten nach dieser Schätzung, die die Autoren als optimistisch bezeichnen, insgesamt mit 5 vH zur Deckung des Energieverbrauchs in diesen Ländern beitragen.

4.5 Aufwindkraftwerke

Mit Aufwindkraftwerken lassen sich direkte und diffuse Sonneneinstrahlung zur Erzeugung von Elektrizität nutzen. Hierbei wird der Treibhauseffekt einer transparenten Folie mit der Sogwirkung eines hohen Kamins kombiniert. Die bisher einzige Demonstrationsanlage in Manzanares, Spanien, besteht aus einem 200 m hohen Kamin und einem Vordach mit einem Durchmesser von 250 m (Haaf u. a. 1981). Während die Umwandlung der Aufwindkräfte bei dieser 50 kW-Anlage keine besonderen Probleme verursacht, weist vor allem das Vordach noch erhebliche Verbesserungspotentiale auf. Der solarelektrische Wirkungsgrad des Prototyps beträgt 0,1 vH.

Technisch sind große Aufwindkraftwerke mit einer Leistung von 200 MW (und mehr) denkbar. Dies würde einen Kamin von 800 m Höhe und eine Vordachfläche von etwa 40 km^2 erfordern. Die Investitionskosten werden auf 5.500 bis 7.000 DM/kW geschätzt. (Klaiß, Nitsch 1987). Grundlegende Forschungsarbeiten sind nicht mehr nötig. Die technische Machbarkeit kann nur durch den Bau von größeren Anlagen demonstriert werden. Die gegenwärtig zu erwartenden Stromerzeugungskosten von 0,80 bis 0,90 DM/kWh (Ad-hoc-Ausschuß 1988) liegen allerdings höher als die von Solarturmanlagen.

4.6 Solarteiche

Der elektrische Nutzungsgrad von Solarteichen liegt mit 1 bis 2 vH nur geringfügig über dem von Aufwindkraftwerken. An der praktischen Entwicklung von Solarteichen wird vor allem in Israel gearbeitet, wo seit 1980 der Aufbau einer Solarfarm mit einer elektrischen Leistung von 5 MW verfolgt wird (Czakainski 1988). In einzelnen Teichen mit einer Oberfläche von 250.000 m^2 wird stark salzhaltiges Wasser am Teichgrund bis auf 70 bis 85 °C erwärmt und durch eine Süßwasserschicht isoliert. Mit dem erhitzten Wasser wird eine Flüssigkeit verdampft, um die Turbine eines Niedertemperaturgenerators (Organic-Rankine-Prozeß) anzutreiben. Für einen wirtschaftlichen Einsatz von Solarteichen müßten allerdings die Investitionskosten noch beträchtlich gesenkt werden. Außer in Israel sind auch in den USA, in Australien (2.000 m^2 zur Stromerzeugung) und in Portugal (1.000 m^2 zur Gebäudeheizung) Solarteiche erprobt worden. Studien für den Bau einer 12-MW-Anlage in Südkalifornien sind bereits abgeschlossen; geplant ist dort eine kommerzielle Anlage mit einer Leistung von 48 MW (IEA 1987).

5 *Photovoltaik*

5.1 Einführung

Photovoltaische Solarzellen wandeln die Energie der Sonneneinstrahlung unmittelbar in elektrische Energie um. Diese Technik wird oft als »Königsweg« der Sonnenenergienutzung bezeichnet, da photovoltaische Anlagen (Jäger 1986)

- keine beweglichen Teile enthalten, die dem Verschleiß unterworfen sind;

- keine Betriebsstoffe brauchen;
- keine Flüssigkeiten oder Gase im eigentlichen Solarenergiekollektor enthalten;
- beim Betrieb umweltfreundlich sind;
- aus unbeschränkt verfügbaren Materialien wie Silizium hergestellt werden können;
- modular aufgebaut werden und
- für eine breite Palette von Anwendungsbereichen geeignet sind.

Da Solarzellen sowohl die direkte als auch die indirekte Sonneneinstrahlung nutzen können, ist ihr Einsatz nicht auf sonnenreiche Länder beschränkt. Im Vergleich zur solarthermischen Stromerzeugung weisen photovoltaische Anlagen aber auch Nachteile auf (Ad-hoc-Ausschuß 1988):

- Da unmittelbar keine Prozeßwärme bereitgestellt wird, können bestimmte Marktsegmente nur schwer erschlossen werden.
- Zwischenspeicherung thermischer Energie und Hybridfeuerung wie bei Solarturmanlagen sind nicht möglich.
- Auf absehbare Zeit erreichen Solarzellen nur einen deutlich niedrigeren solar-elektrischen Wirkungsgrad.
- Die Stromerzeugungskosten photovoltaischer Anlagen sind zumindest gegenwärtig noch höher als bei solarthermischen Anlagen.

Langfristig könnte dennoch die photovoltaische Stromerzeugung eine energiewirtschaftliche Bedeutung erlangen, weil die technischen Entwicklungspotentiale sowie die Möglichkeiten zu drastischen Kostensenkungen allgemein als außerordentlich hoch eingeschätzt werden. Photovoltaik ist deshalb ein Förderschwerpunkt im Energieforschungsprogramm der Bundesregierung (BMFT Photovoltaik 1988).

5.2 Technische Aspekte

Die photovoltaische Stromerzeugung beruht auf zwei physikalischen Mechanismen, die von Lichtstrahlen in halbleitenden Festkörpern ausgelöst werden (Bauer 1986): der Umwandlung eines Teils der Photonenenergie in potentielle elektrische Energie von Ladungsträgern (Absorption) und der Trennung von Ladungsträgern mit Hilfe von geeigneten Grenzflächen. Als Basismaterial für Solarzellen wird bisher fast ausschließlich monokristallines, polykristallines oder amorphes Silizium verwendet; die Eignung anderer Materialien wird in Forschungslabors untersucht.

Solarzellen aus polykristallinem Silizium haben einen etwas geringeren Wirkungsgrad als monokristalline Zellen; sie können aber billiger hergestellt werden, da durch das Gießen von polykristallinen Blöcken ein aufwendiges Ziehen von Einkristallen vermieden wird. Die Kosten für kristalline Zellen könnten weiter gesenkt werden, wenn anstelle von hochreinem Silizium (electronic grade) ein Material mit einem geringeren Reinheitsgrad (solar grade) verwendet wird. Die Herstellung von Siliziumscheiben durch Aufsägen der Blöcke ist bisher noch mit hohen Materialverlusten von etwa 40 vH verbunden. Kosteneinsparungen werden zum einen von verbesserten Sägeverfahren und zum anderen von unterschiedlichen Gieß-, Zieh- und Spritztechniken zur Herstellung von Siliziumscheiben oder -bändern erwartet. Hierdurch könnte auch die Produktionsgeschwindigkeit erhöht werden.

Amorphes Silizium eignet sich aufgrund seiner sehr viel höheren Absorptionsfähigkeit zur Herstellung von Dünnschicht-Solarzellen. Während kristalline Zellen einige hundert Mikrometer dick sind, erfordert amorphes Silizium nur eine Schichtdicke von etwa einem Mikrometer. Obwohl der Wirkungsgrad von Solarzellen aus amorphem Silizium nur etwa halb so hoch ist wie bei kristallinen Zellen, könnte diese immense Materialeinsparung längerfristig für einen wirtschaftlichen großtechnischen Einsatz photovoltaischer Anlagen zur Stromerzeugung von Bedeutung sein. Dies setzt allerdings voraus, daß die Schwierigkeiten bei der großflächigen Herstellung überwunden werden und daß vor allem die Langzeitstabilität von amorphem Silizium erhöht werden kann. Der Einsatz von amorphem Silizium beschränkt sich bisher im wesentlichen noch auf Solarzellen für Kleinstanwendungen wie Taschenrechner.

Einzelne Solarzellen haben nur eine Fläche von bis 10 x 10 cm und erzeugen Strom in einer Größenordnung von einem Watt. Zur Erreichung höherer Leistungen werden einige Dutzend Solarzellen zu Modulen von 1/4 bis 1 m^2 verbunden. Diese Module, in denen die Zellen durch Glasabdeckung und Rahmen geschützt eingebettet sind, können wiederum zu größeren Feldern integriert werden. Eine komplette Photovoltaikanlage erfordert neben dem Modulfeld je nach Anwendungsfall noch weitere Systemkomponenten wie Regelungseinrichtungen, Batterien oder Wechselrichter.

Der Wirkungsgrad der Module erreicht gegenwärtig 13 vH bei monokristallinen, 12 vH bei polykristallinen und 5 vH bei amorphen Siliziumzellen; diese Wirkungsgrade könnten in einigen Jahren um etwa 3 vH-Punkte steigen (Ad-hoc-Ausschuß 1988). Bei solchen Angaben bezieht sich die Nennleistung auf ein Temperaturniveau von 25 °C und auf eine senkrechte Einstrahlung von 1 kW/m^2; geringere Wirkungsgrade ergeben sich bei höheren Temperaturen (0,5 vH je °C), bei schrägem Lichteinfall sowie bei niedrigerer Einstrahlung (Räuber u. a. 1987). Neben diesen Zellenverlusten sind zur Ermittlung der nutzbaren Leistung einer Photovoltaikanlage gegebenenfalls auch Leitungsverluste und Inverterverluste zu berücksichtigen.

Im Rahmen einer Gesamtenergieanalyse der Photovoltaik ist der erzielbaren Energieausbeute der direkte und indirekte Energieverbrauch gegenüberzustellen, der insbesondere für den Bau der Anlagen erforderlich ist. Bei einem Erntefaktor von kleiner als Eins wäre die Nettoausbeute – ähnlich wie bei einer Batterie – negativ; Photovoltaik wäre dann nur für einige Spezialanwendungen interessant. Wie eine Studie der FfE belegt, können jedoch beim heutigen Stand der Technik energetische Amortisationszeiten erreicht werden, die deutlich kürzer sind als die Lebensdauern der Anlagen (Hagedorn 1989). In naher Zukunft könnten mit Modulen aus polykristallinem oder amorphem Silizium hierzulande energetische Amortisationszeiten von drei Jahren erreicht werden. In sonnenreicheren Gebieten wären sie bis zur Hälfte kürzer. Bei rein energetischer Betrachtung sind Solarzellen insofern sinnvoll, da Sonnenenergie ausreichend zur Verfügung steht.

Eine energetische Bewertung allein reicht allerdings nicht aus. Georgescu-Roegen (1979) weist zurecht darauf hin, daß auch andere Faktoren wie knappe Rohstoffe berücksichtigt werden müssen. Ungeachtet der Frage, inwieweit Marktpreise tatsächliche Knappheitsrelationen widerspiegeln, handelt es sich somit um ein ökonomisches Problem.

5.3 Preiserwartungen

Die Preise für anschlußfertige Module konnten in den vergangenen Jahren drastisch gesenkt werden. Nachdem die Preise für Anwendungen in der Raumfahrt vor zwanzig Jahren noch bei 2000 DM/W lagen, wurden Mitte der siebziger Jahre für terrestrische Anwendungen bereits Module für 100 DM/W angeboten. Gegenwärtig liegen die Preise bei 10 bis 12 DM/W. Die Herstellungskosten werden allerdings – einschließlich eines Zuschlages für Gemeinkosten und Gewinn von 30 vH

– auf etwa 25 DM/W geschätzt (Strese 1989). Da die Modulkosten etwa die Hälfte bis zwei Drittel der gesamten Systemkosten einer Photovoltaikanlage ausmachen, hängen die wirtschaftlichen Einsatzmöglichkeiten in erster Linie davon ab, in welchem Maße die Modulkosten künftig durch technischen Fortschritt und Massenproduktion reduziert werden können.

Fortschreibungen der in den siebziger Jahren erreichten Kostensenkungen haben sich zwar mittlerweile als zu optimistisch erwiesen. Dennoch besteht allgemein Einigkeit darüber, daß die Kosten künftig noch erheblich gesenkt werden könnten. Vorliegende Preisprognosen für Solarzellen-Module unterscheiden sich allerdings z. T. beträchtlich im Ausmaß und der Geschwindigkeit der erwarteten Preissenkungen.

Nach einer Studie der Ludwig-Bölkow-Systemtechnik GmbH über Kostensenkungspotentiale bei der Herstellung von Modulen aus polykristallinem Silizium könnten bis zum Jahr 1995 Modulkosten zwischen 4,00 und 4,50 DM/W erreicht werden (Schindler, Strese 1988; Strese 1989). Unterstellt ist hierbei ein Drei-Schicht-Betrieb in Fertigungsanlagen mit einer Kapazität von einigen 10 MW.

Längerfristig werden weitere Kostensenkungen insbesondere unter der Voraussetzung erwartet, daß es gelingt, neuere Techniken wie Dünnschichtzellen für langlebige Leistungsmodule nutzbar zu machen. Das Fraunhofer-Institut für Solare Energiesysteme rechnet für das Jahr 2020 mit einem Modulpreis von 2 DM/W, in einer optimistischen Variante sogar mit 1,50 DM/W (Räuber u. a. 1987). Einige Hersteller halten Modulpreise von 1,50 DM/W oder gar 1,00 DM/W bereits schon bis zum Jahr 2000 für erreichbar (Strese 1988). Insgesamt betrachtet könnten sich die Modulkosten demnach langfristig um einen Faktor zwischen 5 und 10 vermindern.

Selbst ohne Dünnschicht-Technologien, Tandem- und Multilayer-Zellen u.ä. können die Modulkosten durch technische Weiterentwicklungen und zunehmende Massenproduktion noch entscheidend verringert werden. Für den Fall eines sehr schnellen Kapazitätszuwachses könnten bereits im Jahr 2000 Kosten von 2,00 bis 2,50 DM/W erreicht werden (Strese 1989). Für das Jahr 2015 erwartet Strese sogar Kosten von 1 DM/W für Module aus kristallinem Silizium mit Modulwirkungsgraden von über 18 vH.

5.4 Marktentwicklung

Im Vergleich zur Jahreskapazität von einigen 10 MW, die allgemein als Mindestgröße zur Erreichung der mittelfristig angestrebten Kostendegressionen angesehen wird, ist die weltweite Herstellung von Solarzellen bisher noch gering. Ausgehend von einem sehr niedrigen Niveau in den siebziger Jahren – im Jahr 1978 betrug die Produktion erst etwa 1 MW – konnten zwar vor allem Anfang der achtziger Jahre hohe Zuwachsraten erzielt werden; im Jahr 1987 wurden aber dennoch weltweit nicht mehr als 26 bis 32 MW hergestellt (IEA 1987, bfai 1988). Die Herstellung im Jahr 1989 wird auf etwa 45 MW geschätzt (Handelsblatt 14.8.1989).

Die Produktion von Solarzellen ist in mehr als 100 Ländern aufgenommen worden, vor allem in den USA, in Japan und in Europa. Während in den USA auf dem Photovoltaikmarkt vornehmlich Großunternehmen der Ölbranche dominieren, sind es in Japan und in Europa vor allem Unternehmen der Elektroindustrie. Aufgrund zu hoher Absatzerwartungen konnten die Produktionskapazitäten in den vergangenen Jahren allerdings nur zur Hälfte ausgelastet werden (Räuber, Jäger 1986). Einige Hersteller haben sich deshalb mittlerweile wieder vom Markt zurückgezogen. So ist die Zahl der amerikanischen Hersteller von 23 im Jahre 1984 auf 17 im Jahre 1986 gesunken (bfai 1988). Der Konzentrationsprozeß dürfte sich künftig zumindest bei der Herstellung von Basismaterialien und Modulen noch weiter fortsetzen; während kleinere, anpassungsfähigere Betriebe eher bei der anwenderorientierten Systemtechnik eine zunehmende Bedeutung erlangen könnten (Räuber, Jäger 1986).

Bei der Herstellung von Solarzellen dominiert mit einem Anteil von 44 vH noch monokristallines Silizium (IEA 1987). Polykristalline Siliziumzellen überwiegen zwar bei der europäischen Produktion, sie haben aber weltweit erst einen Anteil von 20 vH erreicht. 34 vH der Produktion entfallen auf Zellen aus amorphem Silizium; diese Zellen, die zu über 90 vH von japanischen Unternehmen hergestellt werden, werden allerdings fast ausschließlich für Konsumgüter wie Taschenrechner verwendet und konnten bisher kaum einen nennenswerten Beitrag zur Energieversorgung leisten.

In der Bundesrepublik Deutschland wurden große Anstrengungen unternommen, das für mikroelektronische Anwendungen benötigte kristalline Basismaterial zu entwickeln. Auf der Grundlage dieser Entwicklung konnte ein deutsches Unternehmen eine marktführende Rolle bei der Herstellung von kristallinem Silizium für Solarzellen einnehmen.

Die – quantitativ noch wenig bedeutende – deutsche Herstellung von Solarzellen beruht bisher vor allem auf kristallinem Silizium. Im Rahmen internationaler Kooperationen gewinnt die Herstellung von Dünnschicht-Solarzellen in jüngster Zeit aber an Bedeutung. In Zusammenarbeit mit der amerikanischen Firma Arco Solar hat Siemens Solar im Jahr 1989 eine Pilotanlage zur Herstellung von Dünnschichtzellen in Betrieb genommen. Siemens und Bayernwerk, die Arco Solar mittlerweile übernommen haben, werden bis 1995 in Wackersdorf eine Jahreskapazität von 20 MW errichten (Handelsblatt 14.8.1989). Auf die industrielle Herstellung von Zellen aus amorphem Silizium ist auch das Gemeinschaftsunternehmen Phototronics von MBB und der TOTAL-Tochter Solems gerichtet, das ab 1991 die Pilotfertigung von Solarmodulen mit einer Jahreskapazität von zunächst 1 MW aufnehmen soll (VWD 20.4.88); dieses Vorhaben wird als ein deutsch-französisches EUREKA-Projekt vom BMFT gefördert (BMFT Photovoltaik 1988). Nach der Fusion Daimler/MBB gehören die Solarzellenhersteller MBB, Telefunken und AEG – Marktführer bei kristallinen Zellen in Europa – zu einem Konzern.

Die Solarzellenfertigung wird auch durch andere internationale Kooperationen vorangetrieben. So konnte kürzlich mit Hilfe eines deutschen Unternehmens in Riad, Saudi Arabien, die erste landeseigene Anlage in Betrieb genommen werden, die in der ersten Ausbaustufe jährlich Solarmodule mit einer Leistung von 500 kW erzeugen soll (VWD 14.3.88).

Für die Bundesrepublik Deutschland wird die folgende Kapazitätsentwicklung zur Herstellung von Solarmodulen für möglich gehalten (Räuber 1989):

1995	30 MW/Jahr
2000	100 MW/Jahr
2005	1000 MW/Jahr
2020	5000 MW/Jahr

Eine solche Entwicklung läßt sich allerdings nur realisieren, wenn gleichzeitig eine entsprechende Marktausweitung erfolgt. Schätzungen des weltweiten Marktpotentials von Photovoltaikanlagen im Jahre 2000 liegen zwischen 200 MW und 10 GW pro Jahr (Räuber, Jäger 1986). Nach einer neueren amerikanischen Projektion (PV Energy Systems) wird für das Jahr 2000 ein Weltvolumen von 295 MW erwartet; unter günstigeren energiewirtschaftlichen und energiepolitischen Bedingungen könnten zu diesem Zeitpunkt Photovoltaikanlagen mit einer Leistung von 540 MW jährlich abgesetzt werden (bfai 1988).

5.5 Anwendungsbereiche

5.5.1 Raumfahrt

Nachdem die erste Solarzelle im Jahre 1954 im Labor hergestellt werden konnte, wurde die Photovoltaik lange Zeit ausschließlich in der Raumfahrt genutzt. Aufgrund des geringen Anteils der Solarzellen an den Gesamtkosten und mangelnder Alternativen kommen die Vorteile photovoltaischer Stromerzeugung hier voll zum Tragen.

Selbst im Bereich der Raumfahrt wird allerdings aufgrund steigender Anforderungen nach Alternativen zur Photovoltaik gesucht (Sprengel 1987). Zunehmende Schwierigkeiten der Versorgung von Raumstationen durch Solarzellen ergeben sich aus einem höheren Bedarf an elektrischer Leistung (von 50 bis 300 kW gegenüber derzeit 5 bis 10 kW), der niedrigen Umlaufbahn (aerodynamischer Widerstand und lange Schattenphasen), der längeren Missionsdauer und der zunehmenden Kommerzialisierung. Nach einer im Auftrag des BMFT durchgeführten Untersuchung könnten sogenannte solar-dynamische Systeme mit solarthermischer Stromerzeugung gegenüber photovoltaischen Systemen für erdnahe Raumstationen prinzipielle Vorteile aufweisen, wenn noch bestehende Probleme der Hochtemperaturwärmespeicherung gelöst werden.

Zumindest im Bereich größerer Umlaufbahnen dürfte die Bedeutung der Photovoltaik in der Raumfahrt künftig noch zunehmen. Es ist sogar denkbar, daß geostationäre Photovoltaik-Kraftwerke zur Energieversorgung auf der Erde beitragen, wie dies Peter E. Glaser vorgeschlagen hatte (Glaser 1968, vgl. auch Koelle 1987).

5.5.2 Kleinstanwendungen

Terrestrische Photovoltaik-Anwendungen erstrecken sich vom Milliwatt- bis zum Megawattbereich. Folgende fünf Anwendungsbereiche lassen sich unterscheiden (IEA 1987):

- Kleinstanwendungen (0,001 bis 1 W),
- autarke Photovoltaikanlagen (100 W bis 200 kW),
- kleine netzverbundene Anlagen (1 bis 10 kW),
- mittelgroße netzverbundene Anlagen (10 bis 300 kW),
- zentrale Photovoltaik-Kraftwerke (300 und mehr kW).

Auf Kleinstanwendungen, vornehmlich in Konsumgütern (Taschenrechner, Uhren, Spielzeug usw.), entfiel im Jahr 1986 mehr als ein Drittel der weltweit hergestellten Solarzellen. Trotz hoher spezifischer Stromerzeugungskosten haben sie in den achtziger Jahren eine große Verbreitung gefunden, da der Leistungsbedarf der Geräte nur gering ist und die Solarzellen deshalb nur einen kleinen Teil der Herstellungskosten ausmachen. Im Vordergrund steht hierbei weniger die Nutzung einer erneuerbaren Energiequelle – sie werden zum Teil auch bei künstlichem Licht verwendet – als vielmehr die bequeme Handhabung der Geräte ohne Netzanschluß oder Batterien.

5.5.3 Autarke Photovoltaikanlagen

Autarke Photovoltaikanlagen erfordern in der Regel einen Batteriespeicher und dienen überwiegend der Versorgung mit Gleichstrom. Sie stellen bisher mit 52 vH den größten Verwendungsbereich dar. Anwendungsmöglichkeiten bestehen vor allem an abgelegenen Orten, wo ein Netzanschluß nicht möglich bzw. zu teuer wäre und der Strombedarf relativ gering ist. Typische Einsatzbereiche sind deshalb kleine Inseln, abgelegene Gebäude wie Berghütten, Navigationseinrichtungen, nachrichten- und kommunikationstechnische Anlagen, Wohnmobile, Segelboote usw. Dieser Teilmarkt ist aus energiewirtschaftlicher Sicht zwar nur von eingeschränkter Bedeutung, er bietet der Photovoltaik-Industrie aber einen guten Ausgangspunkt für ihre weitere kommerzielle Entwicklung.

Ein beträchtliches Einsatzpotential von autarken Photovoltaikanlagen ergibt sich, sobald die kurzfristig angestrebte Senkung der Modulpreise auf etwa die Hälfte erreicht wird, aus einer Vielzahl von dezentralen Anwendungen in Entwicklungsländern. Mögliche Einsatzbereiche sind dort

- Versorgung einzelner Häuser für Beleuchtung, Radio etc.,
- Wasserpumpen zur Trinkwasserversorgung und zur Bewässerung,
- Telekommunikationseinrichtungen wie Lautsprecheranlagen, lokale Sender, Rundfunk- und Fernsehgeräte, kleine Fernsprechnetze usw.,

- Kleinsysteme für einzelne Gebäude, insbesondere für Gemeinschaftshäuser, Schulen und Krankenhäuser (Medikamentenkühlung) und
- »zentrale« Dorfversorgungen mit Anlagen von etwa 10 kW Leistung.

Vor allem im Rahmen der bilateralen und multilateralen Technischen Zusammenarbeit sind in den achtziger Jahren in einer Reihe von Entwicklungsländern Photovoltaikanlagen errichtet und erprobt worden. Nach den vorliegenden Erfahrungen müßten die Einsatzbedingungen der Photovoltaik für Entwicklungsländer allerdings noch wesentlich verbessert werden (vgl. Kapitel IV). Probleme bereiten bisher nicht nur die mangelnde Wirtschaftlichkeit vieler Anwendungen, sondern vor allem auch technische Unzulänglichkeiten der Anwendungssysteme. Eine bedeutsame Verbreitung von Photovoltaikanlagen in Entwicklungsländern ist auf mittlere Sicht nur zu erwarten, wenn von Seiten der Industrie, der Technologiepolitik und der Entwicklungspolitik große Anstrengungen unternommen werden, um die Voraussetzungen für einen angepaßten Einsatz dieser Technik zu schaffen. Dies gilt im übrigen auch im Hinblick auf andere Systeme zur Nutzung erneuerbarer Energiequellen.

Autarke Photovoltaikanlagen stehen hauptsächlich in Konkurrenz zu kleinen Dieselaggregaten oder zu Windkraftanlagen. In Abhängigkeit von der Bedarfscharakteristik und von den klimatischen Verhältnissen kann aber auch eine Kombination dieser Techniken sinnvoll sein, um den Verlauf der Stromerzeugung zu glätten und damit das Speicherproblem zu entschärfen. Die Überlandwerke Unterfranken AG versorgt seit 1980 eine Betriebsfunk-Sendeanlage mit einer Kombination aus Solarzellen und Windkraftanlage, die jeweils eine maximale Leistung von 0,4 kW abgeben können. Diese Anlage, die durch eine Puffer-Batterie unterstützt wird, befindet sich auf einem Berg, weitab von einer Stromversorgung, so daß ein Netzanschluß weit teurer gewesen wäre (Nitschke 1987). Auf der griechischen Insel Kythnos ergänzen sich photovoltaische und Windkraftanlagen mit einer Leistung von jeweils 100 kW (Benemann 1985).

5.5.4 Kleine und mittelgroße netzverbundene Anlagen

In Regionen mit flächendeckender Stromversorgung kommen für einen dezentralen Einsatz von Solarzellen vor allem netzverbundene Anlagen zur Teilversorgung einzelner Gebäude in Betracht. Zur Aufstellung der Module wären hierbei in erster Linie die vorhandenen Dachflächen auszunutzen. Aufgrund der relativ geringen Vergütung sollte die Anlagengröße so gewählt werden, daß eine Netzeinspeisung von Überschußstrom möglichst vermieden wird. Aus Kostengründen sollte auch auf eine aufwendige Batteriespeicherung verzichtet werden.

Aus heutiger Sicht ist an einen wirtschaftlichen Einsatz von netzverbundenen Photovoltaikanlagen zur Teilversorgung von Einfamilienhäusern noch lange nicht zu denken (Plewnia 1987). Auch deren Einsatz für Mehrfamilienhäuser erscheint auf absehbare Zeit kaum konkurrenzfähig. Aufgrund der Kostendegression bei steigender Systemgröße kommen am ehesten mittelgroße Anlagen für Nichtwohngebäude (größere Gewerbebetriebe, öffentliche Gebäude usw.) in Frage. Aber selbst in diesem Bereich kann zumindest in unseren Breitengraden erst sehr langfristig mit einem wirtschaftlichen Einsatz von Photovoltaikanlagen gerechnet werden. Nach einer Studie des Instituts für Solare Energiesysteme (Räuber u. a. 1987) ergäben sich bei der größten berücksichtigten Anlage mit einer Leistung von 100 kW in Baden-Württemberg Stromerzeugungskosten von

1,55 DM/kWh	gegenwärtig,	
0,81 DM/kWh	im Jahr 2000	und
0,29 bis 0,47 DM/kWh	im Jahr 2020.	

Ein wirtschaftliches Einsatzpotential von mittelgroßen netzverbundenen Photovoltaikanlagen ergibt sich von daher selbst bei optimistischen Preisannahmen für das Jahr 2020 nur unter besonders günstigen energiewirtschaftlichen und anwenderbezogenen Einsatzbedingungen. Als potentielle Betreiber kämen nur größere Verbraucher in Frage, die keinen Überschußstrom in das Netz einspeisen müßten. Für Baden-Württemberg wird dieses Potential in einer Variante auf 300 MW beziffert (Nitsch u. a. 1987). In diesem Szenario würden Solarzellen-Module mit einer Gesamtfläche von rund 3 km^2 etwa 0,7 vH des (gegenwärtigen) Strombedarfs decken.

Mit einem größeren Beitrag der Photovoltaik kann hierzulande erst nach dem Jahr 2020 gerechnet werden, sofern dann die Wirtschaftlichkeitsschwelle überschritten wird. Bei einer Nutzung aller Flachdächer auf größeren Nichtwohngebäuden in der Nähe von Trafostationen (rund 30 vH aller Flachdächer) könnten Photovoltaikanlagen 2 vH des (gegenwärtigen) Strombedarfs decken (Nitsch u. a. 1987).

Nach dem Energiegutachten für Baden-Württemberg stellt die vorhandene Dachfläche keine Beschränkung für die dezentrale Photovoltaiknutzung dar. Mit der insgesamt geeigneten Dachfläche (im Jahr 2000) ließe sich zwar rechnerisch ein Stromerzeugungsanteil von 27 vH erreichen; die Leistung der Photovoltaikanlagen wäre in diesem Fall aber fast doppelt so hoch wie die Sommerhöchstlast im Jahr 1985 (Voß 1987). Beschränkt man die Photovoltaikleistung auf 20 vH der gesamten Engpaßleistung, so könnte maximal ein Deckungsanteil von etwa 6 vH des Stromverbrauchs im Jahr 1985 erreicht werden (ebenda).

5.5.5 Photovoltaik-Kraftwerke

Photovoltaikanlagen mit einer Leistung von 300 kW und mehr werden als zentrale Kraftwerke konzipiert, die Strom in ein größeres Verteilungsnetz einspeisen. In den achtziger Jahren sind folgende Pilotanlagen mit einer Gesamtleistung von 11,35 MW fertiggestellt worden (IEA 1987):

SOLARAS in Saudi Arabien	350 kW
Lugo Station in Kalifornien	1.000 kW
Insel Pellworm (EG) in Deutschland	300 kW
Georgetown University in Washington D. C.	300 kW
Carrisa Plain in Kalifornien	6.400 kW
Rancho Seco in Kalifornien	2.000 kW
NEDO in Japan	1.000 kW

In der Bundesrepublik Deutschland ist außerdem eine 340 kW-Anlage in Kobern-Gondorf an der Mosel als erste Stufe eines 1 MW-Projektes des RWE in Betrieb genommen worden; als zweite Stufe wird in Grevenbroich bei Köln eine Anlage mit einer Leistung von 350 kW errichtet. Untersucht werden bei der ersten Anlage unterschiedliche Solarzellentypen, Wechselrichterkonzepte, Stützkonstruktionen und die Optimierung des Gesamtsystems. Bei der zweiten Anlage sollen vor allem die Anlagenkosten vermindert werden. Gleichzeitig entsteht in Neunburg vorm Walde eine 500 kW-Anlage durch die Solar-Wasserstoff Bayern GmbH, an der die Bayernwerk AG zu 70 vH beteiligt ist. Mit dieser Anlage soll die elektrolytische Wasserstofferzeugung auf Basis der Photovoltaik erprobt werden (Solar-Wasserstoff Bayern GmbH 1987, Holzer 1986).

Die Stromerzeugungskosten von größeren Photovoltaikanlagen hängen im wesentlichen von den Modulkosten, den sonstigen Systemkosten, der Anlagenlebensdauer und den örtlichen Einstrahlungsbedingungen ab. Auf der Grundlage von im Jahre 1985 eingeholten Angeboten hat die Forschungsstelle für Energiewirtschaft durchschnittliche Stromerzeugungskosten von 3,57 DM/kWh ermittelt (FfE 1986). Diesem Betrag liegt die folgende Rechnung zugrunde:

Modulkosten		15.000	DM/kW
sonstige Systemkosten	+	15.000	DM/kW
Systemkosten	=	30.000	DM/kW
Annuitätsfaktor (20 Jahre, 8 vH)	×	10,2	vH/a
Kapitaldienst	=	3.060	DM/kW/a
sonstige Kosten	+	150	DM/kW/a
Fixkosten	=	3.210	DM/kW/a
Ausnutzungsdauer	:	900	h/a
durchschnittliche Stromkosten	=	3,57	DM/kWh

Nach dieser Rechnung liegen die Kosten der photovoltaischen Stromerzeugung um mehr als den Faktor 20 über denen konventioneller Kraftwerke.

Bei gleicher Herstellungstechnik der Siliziumscheiben können Module mittlerweile vor allem aufgrund fertigungsnaher Verbesserungen in der Pilotstufe mit einem höheren Wirkungsgrad und zu niedrigeren Kosten bereitgestellt werden. Unter sonst gleichen Bedingungen ergeben sich – ausgehend von Modulkosten von 8,5 DM/W – heute Stromerzeugungskosten von etwa 2 DM/kWh (Authier 1987). In dieser Höhe liegen auch die Kosten, die das Bayernwerk für die Anlage in Neunburg vorm Walde berechnet (VWD 26.1.1990).

In wenigen Jahren könnten Photovoltaikanlagen der nächsten Generation Strom schon wesentlich billiger erzeugen. Nach Schätzungen eines Photovoltaik-ad-hoc-Kreises, der in Zusammenhang mit dem Adhoc-Ausschuß beim BMFT »Solarer Wasserstoff« im Dezember 1987 einberufen wurde, könnten zu Mitte der neunziger Jahre je nach regionaler Sonneneinstrahlung folgende Stromerzeugungskosten erreicht werden (Ad-hoc-Ausschuß 1988, Nachtrag):

0,93 DM/kWh	bei	1.000 kWh/m²/a
0,78 DM/kWh	bei	1.200 kWh/m²/a
0,44 DM/kWh	bei	2.400 kWh/m²/a

Vorausgesetzt wird hierbei zum einen, daß photovoltaische Module mit gesägten Silizium-Scheiben in einer Größenordnung von einigen 10 MW pro Jahr zu 5 DM/W hergestellt werden, und zum anderen, daß die

Kapazität einer Photovoltaikanlage mindestens einige MW umfaßt. Nach der Jahrhundertwende könnten nach Schätzung der Ludwig-Bölkow-Systemtechnik GmbH folgende Stromerzeugungskosten realisiert werden (ebenda):

0,52 DM/kWh	bei	1.000 kWh/m²/a
0,44 DM/kWh	bei	1.200 kWh/m²/a
0,23 DM/kWh	bei	2.400 kWh/m²/a

Zur Erreichung derart niedriger Erzeugungskosten müssen nicht nur die Modulkosten, sondern darüber hinaus auch die sonstigen Systemkosten noch erheblich reduziert werden.

Für das Jahr 2020 schätzt das Institut für Solare Energiesysteme die Stromerzeugungskosten einer 1 MW-Photovoltaikanlage in Baden-Württemberg auf 0,45 DM/kWh; in einer optimistischen Variante werden Kosten von 0,28 DM/kWh errechnet. Dennoch werden Photovoltaikanlagen bei den klimatischen Gegebenheiten sowie der vorhandenen Versorgungsstruktur wohl erst nach dem Jahre 2020 wirtschaftlich in Konkurrenz zu herkömmlichen Kraftwerken treten können. Ungeachtet der mangelnden Wirtschaftlichkeit wird im Rahmen eines Maximalausbaus der Einsatz von 350 bzw. 370 Anlagen mit je 1 MW Leistung in Baden-Württemberg für denkbar gehalten (Räuber u. a. 1987, Nitsch u. a. 1987).

Nach den noch optimistischeren Zielwerten des amerikanischen Energieministeriums könnten die Stromerzeugungskosten bei hoher Sonneneinstrahlung (6 kWh/m² pro Tag) von derzeit 1 DM/kWh schon bis Ende der neunziger Jahre auf etwa 0,10 DM/kWh gesenkt werden (IEA 1987, Annex II). Die Erreichung dieses Zieles setzt allerdings nicht nur die Ausnutzung von Massenproduktionsvorteilen voraus, sondern auch entscheidende Durchbrüche bei der Solarzellentechnik. Stromerzeugungskosten von 0,10 DM/kWh (und darunter) sind deshalb wohl erst in einigen Jahrzehnten zu erreichen.

In einer jüngeren Systemstudie der DLR (Klaiß u. a. 1989) wird für den Zeitraum ab 2025 mit Stromerzeugungskosten von 8,7 Dpf/kWh in Nordafrika gerechnet. Vorausgesetzt wird hierbei ein Zellenwirkungsgrad von 19 vH und eine Massenfertigung von Modulen zu Kosten von 1 DM je Watt Spitzenleistung. Auch für Fundamente, Gestelle, Elektrik usw. werden starke Kostensenkungen unterstellt; bezogen auf die Kraftwerksnennleistung von 200 MW werden die gesamten Investitionsausgaben auf 2915 DM je Kilowatt veranschlagt. Die Ermittlung der genannten Stromerzeugungskosten beruht desweiteren auf einer Lebensdauer von 30 Jahren, einem realen Zinssatz von 4 vH, einer Ausnutzungsdauer von 2100 Stunden pro Jahr und jährlichen Kosten für Betrieb und Wartung in Höhe von 0,5 vH der Investition. Kosten für Landnutzung werden nicht berücksichtigt. Insgesamt muß diese Kostenschätzung als optimistisch angesehen werden.

5.6 Forschung und Entwicklung

Nach der Ölpreiskrise 1973/74 sind in vielen Ländern Forschung und Entwicklung auf dem Gebiet der Photovoltaik für terrestrische Anwendungen mit staatlicher Unterstützung aufgenommen bzw. intensiviert worden. Die staatlichen Fördermittel sind in den Ländern USA, Japan, Bundesrepublik Deutschland, Frankreich und Italien am höchsten; daneben stellt auch die EG beträchtliche Mittel bereit (Räuber, Jäger 1986).

Das BMFT hat in den Jahren von 1975 bis 1986 insgesamt rund 360 Millionen DM an Fördermitteln für Photovoltaik aufgewendet. Hiervon entfielen auf

Basismaterialien	115 Millionen DM
Zellen, Module	209 Millionen DM
Systemtechnik	15 Millionen DM
Auslandsprojekte	22 Millionen DM

Im Jahre 1987 sind Fördermittel in Höhe von 60 Mill. DM vergeben worden. Für 1988 und für 1989 sind jeweils 100 Mill. DM vorgesehen gewesen (BMFT Photovoltaik 1988).

Für den Zeitraum von 1988 bis 1992 hat der Ad-hoc-Ausschuß beim BMFT folgende Empfehlungen zur Weiterentwicklung der Photovoltaik erarbeitet (Ad-hoc-Ausschuß 1988):

Zur Erreichung kostengünstiger Hochleistungsmodule aus kristallinem Silizium bedarf es danach

- einer Intensivierung der angewandten Forschung zur Verbesserung der Materialqualität von multikristallinem Silizium und der Zellwirkungsgrade,
- der Weiterentwicklung von Produktionsverfahren zur Herstellung dünner Silizium-Scheiben,

- einer Fortführung von kostenreduzierenden Maßnahmen in der Modultechnik und
- der Vorbereitung einer Investitionsentscheidung bis hin zur Erstellung der Planungs- und Bauunterlagen für eine Produktionsanlage mit einer Jahreskapazität von einigen 10 MW.

Auf dem Gebiet der Dünnschichttechnik stehen Aktivitäten im Vordergrund, die zu höheren Modulwirkungsgraden, zu verbesserter Langzeitstabilität und zu kostengünstigen Herstellungsverfahren für großflächige Dünnschichtmodule führen:

- Verbesserung von Qualität, Stabilität, Abscheidegeschwindigkeit der Dünnschichtmaterialien, insbesondere des amorphen Siliziums;
- Entwicklung umweltverträglicher und kostengünstiger Materialien für die Nutzung des nahen Infrarots im Sonnenspektrum;
- Klärung von Grenzschichtproblemen bei Dioden und Entwicklung von effizienten Einzel-, Stapel- und Tandemzellen;
- Verfahrensentwicklung zur großflächigen Abscheidung sowie
- Verfahrensentwicklung für integrierte Module.

Die erforderlichen FuE-Aufwendungen werden für den Zeitraum 1988 bis 1992 auf insgesamt 650 Millionen DM geschätzt, von denen der Staat aus Gründen der Vorsorge deutlich über 50 vH finanzieren sollte. Das vorgeschlagene Finanzvolumen bewegt sich damit in der Summe durchaus in dem Rahmen, der vom BMFT für die nächsten Jahre abgesteckt worden ist.

Für den Zeitraum von 1993 bis 2000 könnte sich in Abhängigkeit von den bis dahin erzielten Erfolgen ein gleich hoher oder ein deutlich höherer Förderbedarf ergeben. Der Förderaufwand müßte sich nach Ansicht des Ausschusses vor allem dann erhöhen, wenn eine größere Pilotanlage zur Modulherstellung errichtet werden soll. Parallel dazu sollten angewandte Forschung und Entwicklung in der Dünnschichttechnik fortgeführt werden (Produktionsverfahren bei Bandsubstraten, neuen Zellkonfigurationen, der dynamischen Abscheidung, transparenten Elektroden und flexiblen Schutzschichten).

Angesichts der noch beträchtlichen Diskrepanz zwischen dem heute erreichten und dem langfristig angestrebten Entwicklungsstand der Photovoltaik steht die Forschungspolitik auf diesem Gebiet in einem Dilemma: Bei einer sehr langfristig orientierten Förderung mit zunächst geringen Mitteln könnten die beteiligten Unternehmen der Industrie das Interesse verlieren und einen technologischen »Fadenriß« in Kauf nehmen. Eine zu kurzfristig orientierte Förderung ist demgegenüber mit der Gefahr verbunden, daß die weiteren Entwicklungsarbeiten nach einigen Jahren aufgrund von Enttäuschungen ins Stocken geraten, bevor das eigentliche Ziel – nämlich die wirtschaftliche Photovoltaikanwendung in größerem Maßstab – erreicht wird.

Im Rahmen einer kontinuierlich angelegten Forschungspolitik kommt – neben produktions- und systemtechnischen Verbesserungen – der anwendungsbezogenen Grundlagenforschung eine Schlüsselstellung zu. Kriterien für die weitere Forschung auf dem Gebiet der Photovoltaik werden in Kapitel II behandelt.

6 *Sonstige Verfahren zur direkten Sonnenenergienutzung*

Seit Anfang der siebziger Jahre sind neben Techniken zur solarthermischen und zur photovoltaischen Sonnenenergienutzung verstärkt auch weitere Verfahren untersucht worden, mit denen Sonnenenergie direkt genutzt werden kann. Zu unterscheiden sind hierbei photochemische, photoelektrochemische und biologische Umwandlungsverfahren.

Im Auftrag des BMFT hat die Dornier System GmbH die technischen und wirtschaftlichen Aussichten dieser Verfahren, die sich überwiegend noch in der Grundlagenforschung befinden, untersucht (Hamer u. a. 1983). Nach dieser Studie stellt die photoelektrochemische Stromerzeugung das aussichtsreichste der untersuchten Verfahren dar. Abgesehen von der Biomassegewinnung werden darüber hinaus der solaren Methanolerzeugung gewisse Chancen eingeräumt, während die übrigen Verfahren, insbesondere solche, die mit Hilfe von Licht Wasserstoff bilden, zumindest für einen Einsatz in mittleren Breiten skeptisch beurteilt werden.

6.1 Photochemische Umwandlung

Bei der photochemischen Umwandlung wird die Sonnenenergie durch Moleküle absorbiert und nach instabilen Zwischenzuständen schließlich in chemische oder elektrische Energie umgewandelt. Der theoretische Wirkungsgrad beträgt etwa 20 vH bei der chemischen und etwa 30 vH bei der elektrischen Umwandlung; durch Verwendung von Tandemsystemen oder Hybridsystemen (insbesondere bei Kombination mit photothermischen Kollektoren) kann der Wirkungsgrad weiter erhöht werden (Hamer u. a. 1983). Als praktisch realisierbar werden Wirkungsgrade zwischen 10 und 20 vH angesehen; bisher liegen sie aber noch unter 1 vH. Probleme bereitet neben dem geringen Wirkungsgrad vor allem auch die mangelnde Stabilität des Farbstoffs.

Von den denkbaren Verfahren zur photochemischen Umwandlung
- unimolekulare Umlagerungen
- Photodissoziation von Wasser
- Photodissoziation anderer Substanzen
- bimolekulare photochemische Brennstoffproduktion
- photogalvanische Stromerzeugung
- photokatalytische Energieeinsparung

werden unter technischen Gesichtspunkten am ehesten der Wasserstoff- und der Methanolherstellung Chancen eingeräumt. Es ist allerdings ungewiß, ob dies selbst bei langfristiger Betrachtung zu konkurrenzfähigen Kosten möglich wäre. Die photochemische Stromerzeugung wird sich vermutlich nicht gegen photovoltaische bzw. photoelektrochemische Verfahren durchsetzen können.

6.2 Photoelektrochemische Umwandlung

Die photoelektrochemische Umwandlung beruht auf einer Wechselwirkung zwischen einem Halbleiter und einem Elektrolyt. Die Zellen können so aufgebaut werden, daß sie entweder Brennstoff oder Elektrizität erzeugen, wobei regenerative (stromerzeugende) Zellen direkt Strom liefern (homogener Typ) oder der Aufladung eines Elektrolyten dienen (heterogener Typ). Die theoretischen Wirkungsgrade entsprechen denen der photochemischen Umwandlung. Das Hauptproblem besteht hier in der geringen Stabilität aufgrund von Korrosion der Grenzflächen.

Mit regenerativen photoelektrochemischen Zellen sind bereits Wirkungsgrade von über 10 vH und eine Betriebsdauer von über einem Jahr erzielt worden. Realisierbar erscheinen Wirkungsgrade von 25 vH bei einfachen und von 30 vH bei Tandemzellen. Photoelektrochemische Zellen zur Stromerzeugung haben zwar noch längst nicht den Entwicklungsstand von photovoltaischen Zellen erreicht; es ist allerdings nicht auszuschließen, daß sie im nächsten Jahrhundert aufgrund niedrigerer Herstellungskosten mit diesen konkurrieren können.

Brennstofferzeugende photoelektrochemische Zellen stellen höhere Anforderungen an die Materialauswahl und an die Konstruktion als regenerative Zellen. Bisher konnten nur geringe Stabilitäten und Wirkungsgrade demonstriert werden. Die Erzeugungskosten von Wasserstoff könnten gegebenenfalls zwar etwas geringer sein als bei photochemischer Wasserspaltung. Eine technische Anwendung, die zumindest der solaren Stromerzeugung mit nachgeschalteter Elektrolyse überlegen wäre, ist in absehbarer Zeit allerdings nicht zu erwarten (Ad-hoc-Ausschuß 1988).

6.3 Biologische Umwandlung

Bei der biologischen Umwandlung wird Sonnenenergie durch Moleküle aus einem biologischen System absorbiert. Die möglichen Verfahren basieren auf dem Prozeß der natürlichen Photosynthese oder sind hiervon abgeleitet (Hamer u. a. 1983):
- Gewinnung von Biomasse durch Photosynthese,
- Gewinnung von Wasserstoff mit phototrophen Bakterien,
- Gewinnung von Wasserstoff durch Wasserspaltung (Biophotolyse),
- Energieerzeugung mit künstlichen biologischen Systemen.

Die Nutzung von Biomasse zählt zu den traditionellen Formen erneuerbarer Energiequellen. Biomasse trägt zu 13 vH zur Deckung des weltweiten Energiebedarfs bei; am Energieverbrauch der Entwicklungsländer, die zum Teil kaum über andere Energieträger verfügen, hat die Biomassenutzung insgesamt sogar einen Anteil von 43 vH (Hall, de Groot 1987). In der Bundesrepublik Deutschland entfällt bisher mit knapp 2 Millionen t SKE nur knapp 0,5 vH des Energieverbrauchs auf Biomasse (einschließlich Abfall); bei vollständiger Ausschöpfung des für das Jahr 2000 erwarteten wirtschaftlichen Potentials könnte sich dieser Anteil auf 2,2 bis 2,7 vH erhöhen (DIW, ISI 1987).

Biomasse kann unmittelbar durch Verbrennung energetisch genutzt werden oder in flüssige oder gasförmige Brennstoffe umgewandelt werden. Zur großtechnischen Biomassegewinnung eignen sich vor allem schnellwachsende Pflanzen in den Tropen oder Subtropen. Denkbar wäre auch eine großtechnische Zucht von Algen. Bei Ausschöpfung aller Möglichkeiten könnte Biomasse etwa das Doppelte des gegenwärtigen Weltenergieverbrauchs decken; als praktisch realisierbar erscheint ein Anteil von 22 vH (Hall, Slesser u. a. in McLaren, Skinner 1987).

Wasserstoff läßt sich mit Hilfe phototropher Bakterien gewinnen, indem organische Substrate wie z. B. Glucose oder Milchsäure unter Ausnutzung von Sonnenenergie in Wasserstoff und Kohlendioxid zerlegt werden. Da als Substrate aus Kostengründen nur Abfälle in Frage kommen und das geeignete Abfallaufkommen gering ist, kann kein größeres Potential für dieses Verfahren erwartet werden.

Wasserstoff kann auch durch Spaltung von Wasser mit Hilfe von Licht gewonnen werden. Diese Photolyse kann unter speziellen Bedingungen sowohl mit intakten Organismen als auch mit zellfreien Systemen erfolgen. Als intakte Organismen eignen sich neben Grünalgen vor allem Cyanobakterien (Blaualgen). In Labor- und Freilandversuchen konnte bisher eine Produktionsdauer von bis zu 30 Tagen erzielt werden; der erreichte Wirkungsgrad ist mit etwa 1 vH allerdings noch weit vom theoretischen Wert von 14 vH entfernt (Ad-hoc-Ausschuß 1988). Zur Erhöhung des Wirkungsgrades könnten im Rahmen der weiteren Forschung neben der Selektion natürlicher Bakterien auch gentechnische Verfahren beitragen. Die technische Anwendung erfordert außerdem Entwicklungsarbeiten zur räumlichen bzw. zeitlichen Trennung von Wasserstoff und Sauerstoff. Es ist noch ungewiß, ob die Biophotolyse gegenüber der photoelektrochemischen bzw. photochemischen Wasserstofferzeugung wirtschaftlich konkurrenzfähig wird.

Langfristig könnten sich künstliche, »biomimetische« Systeme mit Komponenten, die in biologischen Systemen vorkommen bzw. deren Funktion nachahmen, als geeignete Ansätze photolytischer Wasserspaltung erweisen (vgl. Kapitel III). Die hierfür erforderlichen Arbeiten sind noch im Stadium der Grundlagenforschung.

7 *Solare Wasserstoffenergiewirtschaft*

7.1 Einführung: Sonnenenergie und Wasserstoff

Die Nutzung der Sonnenenergie erfordert u. a. aufgrund der geringen Energiedichte den Einsatz von kapitalintensiven Techniken, die bisher – von speziellen Anwendungen abgesehen – noch nicht wirtschaftlich sind. Wie in den Abschnitten 2 bis 6 gezeigt wurde, bestehen begründete Hoffnungen, daß sich derartige Investitionen künftig für eine breite Palette von Einsatzbereichen lohnen könnten, wenn die Forschungs-

und Entwicklungsanstrengungen fortgesetzt und absehbare Massenfertigungsvorteile ausgeschöpft werden.

Das globale Energieangebot der Sonne ist gigantisch; es beträgt rein rechnerisch ein Vielfaches des weltweiten Energieverbrauchs. Vor allem bei der großtechnischen Nutzung der Sonnenenergie erwachsen allerdings aus der räumlichen Verteilung und den zeitlichen Schwankungen der Einstrahlung besondere Schwierigkeiten, Angebot und Nachfrage tatsächlich zum Ausgleich zu bringen. Da die zeitlichen Verläufe von Bedarf und Einstrahlung divergieren, ist eine Speicherung der Energie unentbehrlich. Wärme und Strom, die Hauptprodukte solartechnischer Umwandlungsprozesse, sind aber nur begrenzt bzw. nur mit hohem Aufwand speicherbar. Beim Transport der Energie von sonnenreichen und zugleich flächenreichen Regionen in Gebiete mit hoher Verbrauchsdichte sind außerdem zum Teil sehr große Entfernungen zu überbrükken.

Die Verwendung von Wasserstoff als (Sekundär-)Energieträger erscheint vor diesem Hintergrund als eine Lösung für die Anwendungsprobleme bei der großtechnischen Sonnenenergienutzung. Mit Hilfe von Wasserstoff könnte Sonnenenergie möglicherweise sogar zur Hauptquelle einer künftigen Energieversorgung werden, die ausschließlich auf unerschöpflichen Ressourcen beruht. Vorteile einer solchen globalen solaren Wasserstoffenergiewirtschaft sind:

- Wasserstoff läßt sich auf unterschiedliche Weise direkt oder indirekt (elektrolytisch, thermolytisch) aus Sonnenenergie erzeugen.
- Wasserstoff ist ein chemischer Energieträger, der sich auch für eine Langzeitspeicherung eignet.
- Wasserstoff kann als Gas oder als Flüssigkeit über weite Entfernungen transportiert werden.
- Wasserstoff läßt sich in vielen Bereichen direkt als Brennstoff bzw. Kraftstoff verwenden und kann auch in andere Energieformen umgewandelt werden (Brennstoffzellen, Kraftwärmekoppelung).
- Wasserstoff kann umweltfreundlich verwendet werden; in Abhängigkeit von der Verwendungstechnik können allerdings neben Wasserdampf auch Stickstoffoxide entstehen.

Die Vision einer Wasserstoffenergiewirtschaft ist nicht neu, sie hat aber in den vergangenen Jahren vor allem auch in der Bundesrepublik Deutschland eine zunehmende Bedeutung in der aktuellen energiepolitischen Diskussion erlangt. Die Popularität des Wasserstoffs resultiert zum einen aus der erhöhten Wahrnehmung von Risiken, die mit der Nutzung von fossilen Energieträgern und der Kernenergie verbunden sind, und zum anderen daraus, daß die bereits erzielten bzw. absehbaren Erfolge in der Solartechnik und in der Wasserstofftechnik die Realisierungschancen einer solaren Wasserstoffenergiewirtschaft erhöht haben.

In der Bundesrepublik Deutschland sind in mehreren Studien Vorschläge für eine solare Wasserstoffversorgung erarbeitet worden (z. B. Bockris, Justi 1982; Dahlberg 1987; Nitsch 1984; Winter, Nitsch 1986; Klaiß, Nitsch 1987; Nitsch 1987, Klaiß u.a 1989). Am ausführlichsten hat die Deutsche Forschungsanstalt für Luft- und Raumfahrt e. V. (DLR) in Stuttgart die Komponenten und das Gesamtkonzept eines solchen Energiesystems untersucht und der Öffentlichkeit vorgestellt (Winter, Nitsch 1986). Daneben haben auch andere Institutionen wie die DECHEMA und die VDI-Gesellschaft Energietechnik umfangreiche Studien bzw. Tagungsberichte über dieses Thema veröffentlicht (DECHEMA 1986, VDI 1987). Solarer Wasserstoff wird in jüngster Zeit nicht nur auf Fachkongressen (z. B. ISES 1987), sondern auch auf Veranstaltungen politischer Parteien (z. B. SPD-Fraktion im Bayerischen Landtag 1987), in Taschenbüchern (z. B. Scheer 1987), in nahezu allen energiewirtschaftlichen Fachzeitschriften sowie in zahlreichen Beiträgen der Tagespresse diskutiert.

Die Bundesregierung steht dem Wasserstoff insbesondere im Hinblick auf das CO_2-Problem »grundsätzlich positiv« gegenüber und fördert die Entwicklung von Komponenten, die (auch) in einer solaren Wasserstoffwirtschaft von Bedeutung sind (BMFT Wasserstoff – Energieträger mit Zukunft 1987): Photovoltaik, Solarthermik, Elektrolyse und Photo(elektro)chemie. Daneben fördert der BMFT übergreifende Systemprojekte wie das deutsch-saudiarabische HYSOLAR-Programm und das Projekt der Solar-Wasserstoff-Bayern GmbH.

Um seine Förderstrategie auf diesem Gebiet überprüfen zu lassen, hat der BMFT Ende 1986 einen Kreis von Sachverständigen berufen (Ad-hoc-Ausschuß 1988). Eine solare Wasserstoffenergiewirtschaft wird von diesen Sachverständigen als eine »denkbare Option« für das kommende Jahrhundert angesehen. Während kein unmittelbarer energiewirtschaftlicher Handlungszwang erkennbar sei, wird jedoch unter dem Aspekt der Vorsorge sowie unter industriepolitischen Gesichtspunkten eine höhere Beteiligung des Staates an der Finanzierung von Forschung und Entwicklung empfohlen.

Ein besonderes Energieprogramm »Solarenergie und Wasserstoff« ist im November 1987 von Abgeordneten und der Fraktion der SPD im Deutschen Bundestag gefordert worden (SPD 1987). Die erforderlichen Mittel für dieses Programm, das in der deutschen und europäischen Forschungs- und Technologiepolitik Priorität erhalten soll, müßten »mit wachsender Tendenz national den Umfang der heutigen staatlichen Aufwendungen für Kernenergie« und »national sowie auf europäischer Ebene langfristig dem Umfang entsprechen, der bisher für die Kernenergie aufgewendet worden ist«. Neben der forcierten Weiterentwicklung von Solar- und Wasserstofftechniken wird gefordert, unterschiedliche Szenarien zur Nutzung von Sonnenenergie und Wasserstoff zu erstellen, Technikfolgen abzuschätzen und organisatorische Maßnahmen wie z. B. die Umwidmung der Kernforschungszentren in Energieforschungszentren durchzuführen.

Engagierte Befürworter (z. B. Bölkow 1987) betonen die Notwendigkeit, schon gegenwärtig große Anstrengungen zu beginnen, damit in der Mitte des nächsten Jahrhunderts der Übergang zu einer solaren Wasserstoffenergiewirtschaft vollzogen werden kann. Kritiker (z. B. Traube 1988) bezweifeln hingegen vor allem, daß solarer Wasserstoff in absehbarer Zeit ökonomisch mit anderen Brennstoffen konkurrieren kann. Photovoltaisch-elektrolytisch erzeugter Wasserstoff wäre heute um einen Faktor von 50 bis 100 teurer als fossile Energieträger. Es ist jedoch nicht auszuschließen, daß nach der Realisierung der angestrebten Kostensenkungen langfristig eine großtechnische Wasserstoffversorgung auf Basis der Sonnenenergie auch wirtschaftlich sinnvoll werden kann.

7.2 Szenarien der langfristigen Energieversorgung

Die langfristige Entwicklung der weltweiten Energieversorgung ist vor allem nach der ersten Ölpreiskrise in einer Reihe von Weltenergiestudien untersucht worden (Horn 1988). Die wohl ausführlichste Analyse hat das Internationale Institut für Angewandte Systemanalyse (IIASA) in den Jahren von 1973 bis 1979 erstellt (Häfele 1981). In dieser Studie wird zum einen die globale Entwicklung nach Regionen differenziert über einen Zeitraum von 50 Jahren in zwei Szenarien (low, high) quantitativ abgebildet und zum anderen der noch weiter in der Zukunft liegende Übergang zu einem dauerhaften, selbsttragenden (sustainable) Energiesystem als eine technische Vision beschrieben.

Die Szenarien beruhen u. a. auf der Annahme, daß bis zum Jahre 2030 die Bevölkerung auf 8 Mrd. Menschen ansteigt und daß das Sozialprodukt real um 2,4 vH (low) bzw. 3,4 vH (high) jährlich zunimmt. Für das Jahr 2030 wird in dieser Studie ein Primärenergieverbrauch von 24,1 Mrd. t SKE (low) bzw. 38,4 Mrd. t SKE (high) errechnet. Der Energieverbrauch würde sich danach selbst im Szenario mit geringerem Wirtschaftswachstum und stärkerer Energieeinsparung (low) ausgehend von 11,6 Mrd. t SKE im Jahr 1986 mehr als verdoppeln.

In einer Studie für die Weltenergiekonferenz 1986 kam man noch zu einer ähnlichen Einschätzung der künftigen Entwicklung (Frisch 1986). Nach der Projektion für die Weltenergiekonferenz 1989 wird der Weltenergieverbrauch im Jahre 2020 um 50,7 bis 76,3 vH höher sein als 1985 (Frisch 1989). Bei konsequenter Ausnutzung von technischen Einsparpotentialen könnte der Energieverbrauch zwar nach anderen Studien langfristig auch bei weiterem Bevölkerungswachstum konstant bleiben oder sogar abnehmen (Horn 1988); eine solche Entwicklung erscheint aus heutiger Sicht allerdings als weniger wahrscheinlich – zumal dies erhebliche Anstrengungen der nationalen und internationalen Energiepolitik voraussetzen würde.

Im low-Szenario der IIASA-Studie wird der Primärenergieverbrauch im Jahr 2030 zu 66,7 vH durch fossile Energieträger, zu 23,1 vH durch Kernenergie (überwiegend Schnelle Brüter) und zu 6,5 vH durch Wasserkraft gedeckt. Die – überwiegend dezentrale – Nutzung der Sonnenenergie erreicht nur einen Anteil von 1,3 vH, und andere erneuerbare Energiequellen (vor allem Biogas, Geothermik, kommerzielles Brennholz) haben insgesamt einen Anteil von 2,3 vH. Das für realistisch gehaltene Potential erneuerbarer Energiequellen in Höhe etwa des gegenwärtigen Weltenergieverbrauchs würde hiernach selbst in 40 Jahren erst zu einem geringen Teil ausgeschöpft.

In der jüngsten Studie der Weltenergiekonferenz (Frisch 1989) wird für das Jahr 2020 mit einem Anteil der Kernenergie von bis zu 8,2 vH gerechnet; das ist deutlich weniger als in früheren Studien. Die Chancen erneuerbarer Energiequellen werden nunmehr für die nächsten Jahrzehnte ähnlich ungünstig eingeschätzt wie in der IIASA-Studie.

Nach der IIASA-Studie vollzieht sich der Übergang zu einer dauerhaften Wasserstoff-Elektrizitäts-Welt auf der Grundlage von Kernenergie und Sonnenenergie in zwei Stufen: Um das Jahr 2030 führt der erste Übergang zunächst zu einer modifizierten Kohlenwasserstoff-Wirtschaft, in der angesichts des globalen CO_2-Problems und einer zunehmenden Verknappung fossiler Energien Kohle durch Verflüssigung und Vergasung effizienter genutzt wird. Aufgrund einer begrenzten Aufbaurate von kapitalintensiven Großtechnologien wird der zweite Übergang erst um das Jahr 2080 erwartet. Nach diesem Zeitpunkt würde der Energieverbrauch nach der »technischen Vision« der IIASA-Studie nahezu ausschließlich mit Hilfe von Schnellen Brütern, Fusionsreaktoren und unterschiedlichen Solartechniken gedeckt, wobei Elektrizität und Wasserstoff als Sekundärenergieträger dienen.

In einer jüngeren Studie des IIASA ist die zukünftige Nutzung der Sonnenenergie in Westeuropa bis zum Jahr 2100 untersucht worden (Nakicenovic, Messner 1983). Wegen des besonders weiten Untersuchungshorizontes wurde nicht versucht, eine wahrscheinliche Entwicklung zu quantifizieren; die Analyse beruht stattdessen auf einer Betrachtung von drei extremen Szenarien:

- einem Szenario mit einem sehr hohen Kernenergieanteil (Nuclear Scenario),
- einem Szenario mit überwiegend zentraler Sonnenenergienutzung (Hard Solar Scenario) und
- einem Szenario mit überwiegend dezentraler Nutzung von Sonnenenergie und anderen erneuerbaren Energien (vor allem Windkraft und Biomasse) bei insgesamt geringerem Anstieg des Energieverbrauchs (Soft Solar Scenario).

Während sowohl im nuklearen als auch im »weichen« Solarszenario nach dem Jahr 2060 keine Energieimporte mehr nötig sind, erfordert das »harte« Solarszenario dauerhaft hohe Wasserstoffimporte aus der Sahara. In der Studie wird angenommen, daß Kosten für importierten Wasserstoff trotz der klimatischen Unterschiede so hoch sind wie die Erzeugungskosten im Inland, so daß eine ausreichende Gewinnspanne für die sonnenreichen Exportländer gewährleistet wird. Die Investitionen im Energiebereich müßten im »harten« Solarszenario um einen Faktor von 13 zunehmen; ihr Anteil am Bruttosozialprodukt von etwa 7 vH im Jahr 2100 erscheint dennoch nicht prohibitiv hoch.

Eine seriöse ökonomische Wirkungsanalyse ist über einen Betrachtungszeitraum von mehr als 100 Jahren nicht möglich. Aus technischer Sicht zeigt die Studie alternative Entwicklungspfade auf, die in sich – soweit dies untersucht werden konnte – konsistent sind und zu einer Energieversorgung ohne fossile Energieträger schon im nächsten Jahrhundert führen. Zur Erreichung dieses Ziels wären allerdings jeweils grundlegende Änderungen des Energiesystems, der Wirtschaftsstruktur und der Lebensweise in Westeuropa nötig.

Der Wasserstoff-Studie der DLR (Winter, Nitsch 1986) liegt ein Energieszenario »2030 Ausgleich« zugrunde, das sich von den Studien des IIASA in mehreren Punkten unterscheidet. Es wird davon ausgegangen, daß sich der Pro-Kopf-Verbrauch global betrachtet gegenüber dem Jahr 1980 (2,3 t SKE) nicht verändert, während die Nord-Süd-Differenzen verringert werden. Als Folge des Bevölkerungswachstums steigt der Primärenergieverbrauch weltweit ausgehend von der gegenwärtigen Höhe bis zum Jahr 2030 nur um 60 vH (auf 18,5 Mrd. t SKE). In der Bundesrepublik Deutschland wie auch in Westeuropa bleibt der Energieverbrauch dagegen in etwa unverändert.

Erneuerbare Energien erreichen in diesem Zukunftsentwurf bereits im Jahr 2030 bedeutende Anteile an der Deckung des Energieverbrauchs (Anteile am Endenergie- und nichtenergetischen Verbrauch):

	Elektrolyse-Wasserstoff	dezentrale Sonnenenergie (einschl. Umgebungswärme und Biomasse)
Welt	7,4 vH	14,8 vH
Westeuropa	12,3 vH	12,3 vH
BRD	14,0 vH	14,8 vH

Bis zur Mitte des nächsten Jahrhunderts könnte in Industrieländern mit ausgebauter Infrastruktur ein Wasserstoffanteil von 40 bis 50 vH erreicht werden. In der Bundesrepublik Deutschland entspräche dem ein jährlicher Wasserstoffverbrauch von rund 100 Mill. t SKE. Abgesehen von geringen Mengen, die dann mit Hilfe von Schwachlaststrom in inländischen Kraftwerken erzeugt werden, müßte solar erzeugter Wasserstoff aus sonnen- und vor allem flächenreichen Ländern importiert werden. In Entwicklungsländern könnte Wasserstoff für den eigenen Bedarf zunächst dezentral und später auch zentral aus Sonnenenergie (solarthermisch oder photovoltaisch) hergestellt werden. Das langfristige Potential der Nutzung von solarem Wasserstoff wird in der DLR-Studie weltweit auf 5 Mrd. t SKE veranschlagt.

Geeignete Landflächen für eine solare Wasserstofferzeugung sind ausreichend vorhanden (Winter, Nitsch 1986): In Betracht kommen vor allem Gebiete mit hoher Sonneneinstrahlung, geringer Vegetation, festem Boden, wenig Wind, geringem Niederschlag, verfügbaren Wasserquellen, unbedeutenden sonstigen Verwendungsmöglichkeiten und möglichst guter verkehrstechnischer Erschließbarkeit. Weltweit sind 1,9 Mill. km^2 gut geeignete Landflächen vorhanden, davon werden 0,6 Mill. km^2 sogar als sehr gut eingestuft. Der langfristige Höchstbedarf von 5 Mrd. t SKE Wasserstoff erfordert mit 0,71 Mill. km^2 weit weniger als die Hälfte der geeigneten Gesamtfläche.

Aus europäischer Sicht sind vor allem die Gebiete in Südeuropa, Nordafrika sowie im Nahen/Mittleren Osten von Interesse (Klaiß, Nitsch 1987):

	geeignet	davon sehr gut
Südeuropa	40.000 km^2	–
Nordafrika	840.000 km^2	400.000 km^2
Naher/Mittlerer Osten	430.000 km^2	155.000 km^2
Summe	1.310.000 km^2	550.000 km^2

Auf diese Gebiete entfällt der überwiegende Teil der weltweiten Landflächen, die für eine großtechnische Sonnenenergienutzung prädestiniert sind; die sehr gut geeigneten Landflächen befinden sich sogar zu über 90 vH in diesen Gebieten. Aus europäischer Sicht kommen außerdem weite Gebiete im Süden der Sowjetunion in Betracht.

7.3 Import von Solar-Wasserstoff

Das Gesamtsystem zum Import von solarem Wasserstoff besteht aus den Teilsystemen

- photovoltaische bzw. solarthermische Stromerzeugung,
- elektrolytische Wasserstofferzeugung sowie
- Transport und gegebenenfalls Speicherung von Wasser, Wasserstoff und Strom.

Die in der Studie der DLR (Winter, Nitsch 1986) zugrundegelegten Photovoltaikanlagen bestehen aus 144 Einheiten mit einer Leistung von jeweils 200 MW. Eine solche Anlage, die eine Landfläche von 576 km^2 erfordert, kann pro Jahr 60,55 TWh Strom erzeugen. Bei einem durchschnittlichen Gesamtwirkungsgrad der Elektrolyseanlage von 72 vH lassen sich hieraus 43,6 TWh Wasserstoff erzeugen; dem entspricht ein

Volumen von 14,8 Mrd. m^3 bzw. einem Energieäquivalent von 5,4 Mill. t SKE. Zur Deckung des langfristigen Wasserstoffpotentials in der Bundesrepublik Deutschland von 100 Mill. t SKE wäre in Nordafrika eine Landfläche von rund 11 000 km^2 nötig.

Das Verfahren der Wasserelektrolyse wird seit langem zur Wasserstofferzeugung angewendet. Wirtschaftlich konkurrenzfähig ist elektrolytische Wasserstofferzeugung gegenüber der Herstellung vor allem aus Erdgas allerdings nur bei äußerst niedrigen Strompreisen. Elektrolyse-Wasserstoff ist zwangsläufig teurer als Strom, seine Herstellung kann sich deshalb nur lohnen, wenn die Speicher- und eventuell auch Transportvorteile des Wasserstoffs gegenüber der Elektrizität ausgenutzt werden müssen. Transport und Speicherung von Sonnenenergie werden ausführlich in Kapitel V behandelt.

Für die Wasserversorgung kommen – soweit vorhanden – zunächst Grundwasserreservoire in Betracht. Eine längerfristige großtechnische Wasserstoffproduktion erfordert allerdings vor allem in Wüstengebieten einen Transport von entsalztem Meerwasser über größere Entfernungen.

Der erzeugte Wasserstoff läßt sich wie Erdgas über weite Entfernungen in Pipelines transportieren. Eine vergleichbare Erdgasleitung von Algerien nach Norditalien ist bereits vorhanden und könnte hierfür als Vorbild dienen. In der Aufbauphase könnte Wasserstoff auch Erdgas zugemischt werden.

Nach der von der DLR (Nitsch 1984; Winter, Nitsch 1986) konzipierten Ausbaustrategie könnten im Jahr 2030 35 Mill. t SKE und im Jahr 2056 100 Mill. t SKE solarer Wasserstoff in die Bundesrepublik Deutschland importiert werden. Der Wert der Anlagen zur Wasserstoffbereitstellung im Endausbau wird auf rund 1 500 Mrd. DM geschätzt. Bei einer angenommenen Ausbauzeit von 30 Jahren sowie einer gleichlangen Lebensdauer der Anlagen belaufen sich die Bruttoinvestitionen (nach einer Anlaufphase bis zum Jahr 2025) dauerhaft auf etwa 50 Mrd. DM pro Jahr.

7.4 Import von Solar-Strom

Als eine Alternative, eine Ergänzung oder eine Vorstufe des Solarimports mit Hilfe von elektrolytischem Wasserstoff könnte Strom auch unmittelbar importiert werden. Elektrische Energie wird bereits durch

Hochspannungs-Gleichstrom-Übertragung (HGÜ) über mehr als tausend Kilometer im Gigawattbereich transportiert. Technische Hindernisse stehen einer Anwendung für weitere Entfernungen und größere Leistungen als bisher nicht entgegen. Die Gesamtverluste beim Stromtransport aus Nordafrika über eine 3 300 km lange HGÜ-Leitung würden etwa 14 vH betragen (Voigt, in: Ad-hoc-Ausschuß 1988).

Wasserstoff läßt sich besser speichern als elektrische Energie. Der Import von solarem Wasserstoff wäre allerdings teurer als ein Solarstromimport. In welcher Form – Strom oder Wasserstoff – Solarenergie gegebenenfalls am sinnvollsten importiert werden sollte, hängt (abgesehen vom Überseetransport) vor allem davon ab, in welcher Form die Energie im Inland verwendet werden soll und in welchem Ausmaß hierbei Speichernotwendigkeiten auftreten.

8 Schlußfolgerungen

Vor allem aus Gründen des Umweltschutzes wird eine Umgestaltung des Energiesystems angestrebt, das gegenwärtig noch zu über 90 vH auf fossilen Energien und Brennholz beruht. Weitgehend unabhängig von der Einschätzung der langfristigen Bedeutung von Kernenergie ist nach alternativen Quellen für eine dauerhafte und umweltverträgliche Energieversorgung der Welt Ausschau zu halten. Neben erneuerbaren Energiequellen wie Wasserkraft, Windkraft, Biomasse und Umweltwärme, die Sonnenenergie in umgewandelter Form darstellen, könnte künftig auch die direkte Umwandlung der Sonneneinstrahlung in größerem Maße zur Deckung des Energiebedarfs beitragen. Techniken zur direkten Sonnenenergienutzung weisen hinsichtlich Entwicklungsstand und Anwendungsmöglichkeiten eine große Vielfalt auf. Zu unterscheiden sind insbesondere die Bereiche Solararchitektur, Solarkollektoren zur Warmwasserbereitung, solarthermische Erzeugung von Prozeßwärme bzw. elektrischer Energie, photovoltaische Umwandlung von Sonnenenergie und Umwandlungsverfahren, die auf photoelektrochemischen, photochemischen oder biologischen Effekten beruhen.

Während sich einige Umwandlungsverfahren noch im Stadium der Grundlagenforschung befinden, hat eine Reihe von Nutzungssystemen bereits die technische Anwendungsreife erlangt. Unter den gegenwärtigen Rahmenbedingungen der Energieversorgung beschränken sich die wirtschaftlichen Einsatzmöglichkeiten allerdings auf wenige Spezialanwendungen. Eine energiewirtschaftlich bedeutsame Sonnenenergienutzung setzt höhere Energiepreise und verbesserte Solartechniken voraus. Beträchtliche Kostensenkungen werden aufgrund von Größenvorteilen einer industriellen Serienfertigung erwartet. Dennoch kann auf Forschung und Entwicklung auch im Bereich der schon anwendungsnahen Solarsysteme nicht verzichtet werden.

Die erreichbare Energieausbeute wird bei der direkten Sonnenenergienutzung unmittelbar von dem jeweiligen ort- und zeitabhängigen Strahlungsangebot bestimmt. Konzentrierende Systeme (Solarturmanlagen, Rinnenkollektoren, Schüsselkollektoren) eignen sich zudem nur bei geringerem Anteil diffuser Strahlung. Außerdem ergeben sich aus der geringen Dichte der Sonnenenergie Beschränkungen durch die verfügbaren Flächen vor allem in Ballungsgebieten mit hoher Energieverbrauchsdichte. Vor diesem Hintergrund ist längerfristig über die dezentrale Nutzung von Sonnenenergie hinaus auch deren großtechnische Nutzung im Rahmen geeigneter Sekundärenergiesysteme (Elektrizitäts- bzw. Wasserstoffverbundsysteme) in Betracht zu ziehen. Aus der Sicht Westeuropas schließt dies grundsätzlich auch Optionen eines Importes von Sonnenenergie ein.

Vorliegende Systemstudien gehen hierbei von einer Erzeugung elektrischer Energie in solarthermischen bzw. in photovoltaischen Kraftwerken aus. Es ist noch ungewiß, ob künftig die Vorteile der Solarthermik oder die der Photovoltaik überwiegen werden. Mit der Solarthermik sind geringere Speicherprobleme verbunden, und auch gemessen an den Stromerzeugungskosten hat die Solarthermik – in Gebieten mit hoher direkter Sonneneinstrahlung – gegenwärtig einen Vorsprung. Es spricht aber einiges dafür, daß die Photovoltaik in den nächsten Jahrzehnten den Vorsprung der Solarthermik vermindern oder ausgleichen kann. Beide Bereiche erfordern noch umfangreiche Forschungs- und Entwicklungsarbeiten. Daneben sollten bei langfristiger Betrachtung auch Umwandlungsverfahren bedacht werden, die künftig auf der Grundlage biologischer Erkenntnisse entwickelt werden könnten.

Literatur

Ad-hoc-Ausschuß beim BMFT: Solare Wasserstoffenergiewirtschaft. Gutachten und wissenschaftliche Beiträge. Bonn, April 1988.

Advisory Group on Hydrogen Opportunities: Hydrogen. National Mission for Canada. Report prepared for the Government of Canada, June 1987.

Authier, B.: Kostendegressionspotentiale in der Photovoltaik. Manuskript Heliotronic GmbH. Burghausen, Mai 1987.

Bauer, G.: Photovoltaische Stromerzeugung. In: Winter, Nitsch (1986), S. 94 – 135.

Benemann, J.: Einsatzmöglichkeiten photovoltaischer Stromversorgungen. Interatom GmbH. Sonderdruck aus Energie und Automation 6/1985.

bfai: USA: Der Markt für Solarenergie. Beilage zu den NfA, März 1988.

Blank, H., Isenberg, G.: Erste Betriebserfahrungen mit einer Solarfarmanlage zur Prozeßwärmeversorgung einer Molkerei. In: Brennstoff Wärme Kraft. Heft 10/1987, S. 442 – 446.

BMFT: Erneuerbare Energien. Stand, Aussichten, Arbeitsziele. 2. überarbeitete Auflage. Bonn 1987.

BMFT: Wasserstoff – Energieträger mit Zukunft. Dokumentation 40/87. Bonn, August 1987.

BMFT: Förderbekanntmachung. Weiterentwicklung der Solarenergienutzung. Bonn, 15.04.1987.

BMFT: Bekanntmachung über die Förderung photovoltaischer Solarenergieanlagen. Bonn, 27. Oktober 1986.

BMFT: Photovoltaik – ein Forschungsschwerpunkt zur Erschließung der Sonnenenergie. Dokumentation 42/88. Bonn, 23.11.1988.

BMFT: Zusammenstellung der bisherigen Projektförderung durch den BMFT aus der Aktivität E211 Photovoltaik. Stand 31.10.1987.

Bockris, Ph. D., Justi, E. W.: Wasserstoff – Energie für alle Zeiten. München 1982.

Bölkow, L.: Das »Solar-Wasserstoff-Konzept«. In: SPD-Fraktion im Bayerischen Landtag (Hrsg.): Die Energie aus der Sonne. Protokoll eines Kongresses der SPD-Fraktion. München, Oktober 1987, S. 10 – 30.

Czakainski, M.: Die Energieversorgung Israels. Solarpioniere im Kampf gegen die Importabhängigkeit. In: Energiewirtschaftliche Tagesfragen 3/1988, S. 196 – 214.

Dahlberg, R.: Gespeicherte Sonne, die wir uns leisten können. In: H. Scheer (Hrsg.): Die gespeicherte Sonne. München 1987, S. 65 – 97.

DECHEMA (Hrsg.): Wasserstofftechnologie. Perspektiven für Forschung und Entwicklung. Frankfurt am Main 1986.

DFVLR: Solar Energy for High Temperature. Technology and Applications. Köln 1987.

Diekmann, J.: Volkswirtschaftliche Bewertung des Einsatzes und der Finanzierung von Solar- und Windkraftanlagen am Beispiel Portugals. Gutachten des DIW im Auftrag der M. A. N. Berlin, Juli 1985.

DIW, ISI: Deutsches Institut für Wirtschaftsforschung (DIW), Fraunhofer-Institut für Systemtechnik und Innovationsforschung (ISI): Erneuerbare Energiequellen. Abschätzung des Potentials in der Bundesrepublik Deutschland bis zum Jahr 2000. Oldenbourg Verlag. München 1987.

Eisenbeiß, G. (BMFT): Erneuerbare Energien in ihrer Langfristperspektive. Manuskript vom 07.09.1986.

FfE: Forschungsstelle für Energiewirtschaft: Zusammenstellung von Daten und Fakten für die Nutzung regenerativer Energiequellen in der Bundesrepublik Deutschland. Gutachten im Auftrag des BMFT. Bearbeitet von K. F. Ebersbach u. a. München, November 1986.

Frisch, J.-R.: Future Stresses for Energy Resources. Energy Abundance: Myth or Reality? World Energy Conference, Conservation Commission. London 1986.

Frisch, J.-R.: World Energy Horizons 2000 – 2020. World Energy Conference, Conservation and Studies Committee. Paris 1989.

Fritsch, B.: Mutmaßungen über »entfernte Zukunft«. Schriften des Instituts für Wirtschaftsforschung der ETH Zürich Nr. 80. Dokumentation Nr. 24 der Studiengruppe Energieperspektiven. Eidgenössisches Institut für Reaktorforschung. Würenlingen 1987.

Fuhse, W., Fuhse, A.: Untersuchungen zur Übertragbarkeit von Maßnahmen der passiven solaren Nutzung in den USA auf die Bundesrepublik Deutschland. BMFT-FB-T 84 – 284. Oldenburg 1984.

Georgescu-Roegen, N.: Energy Analysis and Economic Valuation. In: Southern Economic Journal. Vol. 45. No.4 April 1979, S. 1023 – 1058.

Geyer, M., Klaiß, H.: 194 MW Solarstrom mit Rinnenkollektoren. In: BWK 6/1989, S. 288 – 295.

Glaser, P. E.: Power from the Sun: Its Future. In: Science. Vol. 162 (1968).

Haaf, W., Mayr, G., Schlaich, J.: Atmosphärische Aufwindkraftwerke. BMFT-FB-T 81 – 113. Schlaich & Partner. Stuttgart 1981.

Häfele, W.: Energy in a Finite World. Vol. 2: A Global Systems Analysis. Report by the Energy Systems Program Group of the IIASA. Cambridge, Mass. 1981.

Hagedorn, G.: Kumulierter Energieverbrauch und Erntefaktoren von Photovoltaik-Systemen. In: Energiewirtschaftliche Tagesfragen 11/1989, S. 712 – 718.

Hall, D. O., de Groot, P. J.: Biomass Energy: The Parallel Requirements for Fuel and Food from Plants. In: D. J. McLaren, B. J. Skinner (ed.): Resources and World Development. Chichester u. a. 1987, S. 157 – 185.

Hamer, E. u. a.: Möglichkeiten der verstärkten energetischen Nutzung photochemischer, photoelektrochemischer und biologischer Umwandlungsverfahren. BMFT-FB-T 83 – 036. Dornier System GmbH Friedrichshafen, März 1983.

Harvey, L. D. D.: Environmental, Economic, and Technical Considerations in the Use of Hydrogen Fuel as a Substitute for Fossil Fuels. Rough Draft. Toronto, Canada, April 1987.

Holzer, J.: Solar-Wasserstoff-Projekt. In: Elektrizitätswirtschaft 24/1986, S. 949 – 951.

Horn, M.: Perspektiven der Weltenergieversorgung. Analyse von Verbrauchsszenarien und Ressourcenschätzungen. Gutachten des DIW für den Ad-hoc-Ausschuß beim BMFT. München, Wien 1988.

Höß, A., Kunz, W.: Ermittlung der Leistungsfähigkeit von Sonnenheizungs-Anlagen zur Warmwasser-Bereitung. In: Sonnenenergie und Wärmepumpe. Heft 2/1987. S. 17 – 42.

IEA: Renewable Sources of Energy. Paris 1987.

ISES: Solar World Congress 1987 Hamburg. Advances in Solar Energy Technology. Book of Abstracts Vol. 1 and 2. Hamburg 1987.

Jäger, F. (Hrsg.): Photovoltaik. Strom aus der Sonne. Technologie, Wirtschaftlichkeit und Marktentwicklung. Karlsruhe 1986.

Kalb, H.. Vogel, W.: Solarstrom per Fernleitung von Spanien nach Deutschland.
Teil I. In: Sonnenenergie 1/1986, S. 18 – 21.
Teil II. In: Sonnenenergie 2/1986, S. 25 – 28.

Kersten, R.: Fernheizung mit Solarenergie. Präsentation der Systemstudie O3E-4453A. Philips GmbH Forschungslaboratorium. Aachen, Februar 1985.

Klätte, G.: Stromerzeugung mit Solarzellen. Forschungs- und Entwicklungsprojekt des RWE. In: Energiewirtschaftliche Tagesfragen 6/1987, S. 480 – 484.

Klaiß, H. u. a.: Solare Großanlagen und Import solarer Energieträger. Teilstudie im Studienkomplex »Nutzung erneuerbarer Energiequellen« im Rahmen des Studienprogramms der Enquete-Kommission des Deutschen Bundestages »Vorsorge zum Schutz der Erdatmosphäre«. Stuttgart, Oldenburg, Ottobrunn, August 1989.

Klaiß, H., Nitsch, J.: Import solar erzeugter Energieträger. Einzelbericht zum Energiegutachten Baden-Württemberg. DFVLR Stuttgart, September 1987.

Klaiß, H., Nitsch, J. Geyer, M.: Solarturmkraftwerke – eine Option für den Exportmarkt? In: Zeitschrift für Energiewirtschaft. Heft 1/1986, S. 27 – 38.

Koelle, H. H.: On the Life Cycle Cost and Return on Investment of a 500 GW Global Space Solar Power System. 38th Congress of the International Astronautical Federation (IAF). Brighton, UK, October 1987.

Luboschik, U., Haas, W.: Erfahrungen mit solarbeheizten öffentlichen Freibädern. In: Sonnenenergie und Wärmepumpe. Heft 1/1987, S. 13 ff.

McLaren, D. J., Skinner, B. J. (Hrsg.): Resources and World Development. Dahlem Workshop Reports. Chichester, UK 1987.

Nakicenovic, N., Messner, S.: Die zukünftige Nutzung der Sonnenenergie in Westeuropa. Untersuchung des IIASA im Auftrag des BMFT. BMFT-FB-T 83 – 001. Wien, Februar 1983.

Nast, P. M., Schreitmüller, K.: Thermische Nutzung der Sonnenenergie. Einzelbericht zum Energiegutachten Baden-Württemberg. DFVLR. Stuttgart, Oktober 1987.

Nitsch, J.: Nutzungsmöglichkeiten der Solarenergie mittels Wasserstoff. In. Zeitschrift für Energiewirtschaft 1/1984. S. 53 – 62.

Nitsch, J.: Solarer Wasserstoff in einer zukünftigen Energiewirtschaft. In: H. Scheer (Hrsg.): Die gespeicherte Sonne. München 1987. S. 33 – 64.

Nitsch, J., Klaiß, H., Schott, T., Voigt, C.: Erneuerbare Energiequellen für Baden-Württemberg. Band I: Gesamtdarstellung, Zusammenfassung und Schlußfolgerungen. Teilgutachten zum Energiegutachten Baden-Württemberg. DFVLR. Stuttgart, September 1987.

Nitschke, J.: Nutzung von Wind- und Sonnenenergie zur Stromerzeugung in der Bundesrepublik Deutschland. In: Elektrizitätswirtschaft. Jg. 86 (1987), Heft 24, S. 1049 – 1052.

Plettner, B.: Nutzung der Wind- und Sonnenenergie. Der Königsweg der Energiewirtschaft? Siemens AG. München, im Januar 1987.

Plewnia, M.: Analyse photovoltaisch unterstützter Stromversorgungssysteme am Beispiel eines Einfamilienhauses. (Diss. Uni Stuttgart). KfA Jülich. Angewandte Systemanalyse Jül-Spez-415, September 1987.

Räuber, A.: Photovoltaische Energieerzeugung. Freiburg, Oktober 1989.

Räuber, A., Jäger, F.: Photovoltaik im Ländervergleich: Entwicklungsmöglichkeiten von Technologie, Wirtschaftlichkeit und Anwendermärkten. In: F. Jäger (Hrsg.): Photovoltaik 1986, S. 135 – 148.

Räuber, A., Holland, M., Holder, B.: Photovoltaik. Einzelbericht zum Energiegutachten Baden-Württemberg. FhG-Institut für Solare Energiesysteme. Freiburg, Oktober 1987.

Scheer, H. (Hrsg.): Die gespeicherte Sonne. Wasserstoff als Lösung des Energie- und Umweltproblems. München 1987.

Schindler, J., Strese, D.: Kostendegressionspotentiale in der Photovoltaik. Forschungsvorhaben der Ludwig-Bölkow-Systemtechnik GmbH. Ottobrunn, im Auftrag des BMFT (0328830 A), 1988.

Solar-Wasserstoff-Bayern GmbH: Projekt Solar-Wasserstoff. Gewinnung von Wasserstoff aus Solarenergie, seine Speicherung und energetische Anwendung. München, Februar 1987.

SPD: Antrag der Abgeordneten Dr. Scheer, ... und der Fraktion der SPD: Forschungs- und Entwicklungsprogramm Solarenergie und Wasserstoff. Deutscher Bundestag. Drucksache 11/1175 vom 12.11.1987.

SPD-Fraktion im Bayerischen Landtag (Hrsg.): Die Energie aus der Sonne. Protokoll eines Kongresses der SPD-Fraktion. München, Oktober 1987.

Sprengel, U.: Energieversorgung für die Raumfahrt. Das Potential von solardynamischen Systemen. In: Energiewirtschaftliche Tagesfragen 12/1987, S. 1014 – 1017.

Stiftung Warentest: Test Energie-Sonderheft 1984.

Stiftung Warentest: Solaranlagen. Mehr Leistung durch bessere Technik. In: Test. Heft 5/1987, S. 478 – 483.

Stoy, B.: Wunschenergie Sonne. 3. überarbeitete Auflage. Heidelberg 1980.

Strese, D.: Kostendegression für Photovoltaik-Großanlagen auf dem Stand heutiger technischer Kenntnisse. Ludwig-Bölkow-Systemtechnik GmbH. Ottobrunn Januar 1988.

Strese, D.: Einsatzmöglichkeit der Photovoltaik zur Entlastung des Energiemarktes. Ottobrunn, August 1989.

Traube, K.: Ökonomische Perspektiven für den Einsatz regenerativer Energien. Manuskript, Februar 1988.

Tributsch, H.: Die Solarzelle – Schlüsselelement für die Wirtschaftlichkeit solaren Wasserstoffs. In: H. Scheer (Hrsg.): Die gespeicherte Sonne. München 1987, S. 119 – 155.

VDI (Hrsg.): Wasserstoff-Energietechnik. Bilanz-Konzepte-Perspektiven. VDI Berichte 602. Düsseldorf 1987.

Urbanek, A.: Langzeit-Test des TÜV bestätigt Leistungsfähigkeit von Solaranlagen. In: Sonnenenergie und Wärmepumpe. Heft 2/1987, S. 8 – 16.

Voß, A. (Hrsg.): Perspektiven der Energieversorgung. Möglichkeiten der Umstrukturierung der Energieversorgung Baden-Württembergs unter besonderer Berücksichtigung der Stromversorgung. Gutachten im Auftrag der Landesregierung von Baden-Württemberg. Stuttgart, November 1987.

Weik, H. Engelhorn, H.: Dokumentation über die technische Nutzung der Sonnenenergie zur Wärme- und Stromgewinnung. 7. überarbeitete Auflage. Solar Energie-Technik GmbH. Altlußheim 1986.

Winter, C.-J., Nitsch, J. (Hrsg.): Wasserstoff als Energieträger. Technik, Systeme, Wirtschaft. Berlin, Heidelberg 1986.

Winter, C.-J., Klaiß, H., Grasse: Solarthermische Energiewandlung. Bonn, Juli 1987.

Ziesing, H.-J.: Marktchancen für Sonnenkollektoren. Ein Ausblick bis zum Jahr 2000. In: Sonnenenergie. Heft 1/1985, S. 19 – 24.

Kapitel II

Forschungsaspekte der Photovoltaik

JÜRGEN H. WERNER

1 Physikalische Prinzipien der Photovoltaik

1.1 Der photovoltaische Effekt

Bereits 1839 entdeckte Bequerel, daß an einer Substanz unter Belichtung eine Spannung entstehen kann. Doch erst seit einigen Jahrzehnten ist es möglich, diesen sogenannten *photovoltaischen Effekt* zur direkten Umwandlung von Sonnenlicht in elektrische Energie zu nutzen. Nur ein geeignetes Material ermöglicht es nämlich, die Strahlungsenergie des Sonnenlichts mit Wirkungsgraden im Prozentbereich in elektrische Spannungen und Ströme effektiv umzuwandeln. Anfang der fünfziger Jahre wurde entdeckt, daß Halbleiter dazu besonders gut geeignet sind; die ersten *Solarzellen* wurden hergestellt.

Die Arbeitsweise von Solarzellen ist in zahlreichen Artikeln und Büchern [1 – 5] beschrieben worden. Deshalb folgt hier nur eine kurze schematische Beschreibung:

Die Funktionsweise einer Solarzelle beruht auf zwei Effekten: Der *Erzeugung* von positiven und negativen Ladungsträgern durch die Absorption von Licht im Volumen eines Halbleiterkristalls und der *Trennung* dieser Ladungen mit Hilfe eines im Kristall eingebauten elektrischen Feldes. Oberseite und Unterseite eines ins Licht gehaltenen Kristalls, der mit einem geeigneten internen elektrischen Feld versehen ist, laden sich deshalb entgegengesetzt auf. Die zwischen den beiden Flächen entstandene Spannung kann man dann nutzen, indem man z. B. über einen Verbrauchswiderstand einen Strom fließen läßt und so elektrische Leistung entnimmt.

Heute werden zumeist Zellen aus Silizium eingesetzt, die wie in Abbildung 1 gezeigt aufgebaut sind. Das Licht wird im Volumen des Materiales absorbiert, wo es positive (Löcher) und negative Ladungsträger (Elektronen) erzeugt. Elektronen (n-Leitung) und Löcher (p-Leitung) werden dann an der Grenzfläche zwischen zwei unterschiedlich dotierten Bereichen getrennt. In der gezeigten Zelle wird das eingebaute elektrische Feld an der Grenzfläche zwischen p- und n-leitendem Gebiet (dem sogenannten pn-Übergang) zur Ladungstrennung ausgenutzt. Bei anderen Zelltypen werden die Ladungsträger z. B. an der Grenzfläche zwischen verschiedenartigen Halbleitern (Heterogrenzfläche), einem gleichrichtenden Metall/Halbleiterkontakt (Schottky-Kontakt) oder aber an einer Metall/Isolator/Halbleitergrenzfläche (MIS-Zellen) separiert. Die unter Belichtung entstehende elektrische Spannung wird zwischen den Kontaktfingern auf der Vorderseite und dem Metallkontakt auf der Rückseite abgegriffen.

1.2 Theoretische Grundlagen

Die prinzipiellen physikalischen Mechanismen in Solarzellen, insbesondere der Absorptionsprozeß und das Entstehen der Spannung, sind theoretisch wohl verstanden [1 – 5]:

1.2.1 Absorption

In einem Festkörper können die Elektronen nur Energiezustände in bestimmten Bereichen annehmen. Ähnlich zu Elektronen in Gasatomen, die sich ja nur auf bestimmten Kreisbahnen mit diskreten Energien um den Atomkern bewegen können, gibt es in einem Kristall erlaubte und verbotene Energie*bänder*. Das oberste von Elektronen besetzte Band (Valenzband) und das nächsthöhere Band (Leitungsband) werden durch die *Bandlücke* getrennt, die für Halbleiter typischerweise 0,1 bis 3 eV beträgt. Licht wird dann im Kristall absorbiert, wenn die Photonenenergie größer als die Bandlücke ist und die Energie eines Lichtquants (Photon) ausreicht, ein Elektron vom Valenzband ins Leitungsband anzuregen. Dadurch entsteht ein positiver Elektronenunterschuß (Loch) im Valenzband. Das Loch im Valenzband steht dann wie das Elektron im Leitungsband für den Stromtransport zur Verfügung. Für Licht mit Photonenergien, die geringer sind als die Bandlücke, ist der Kristall

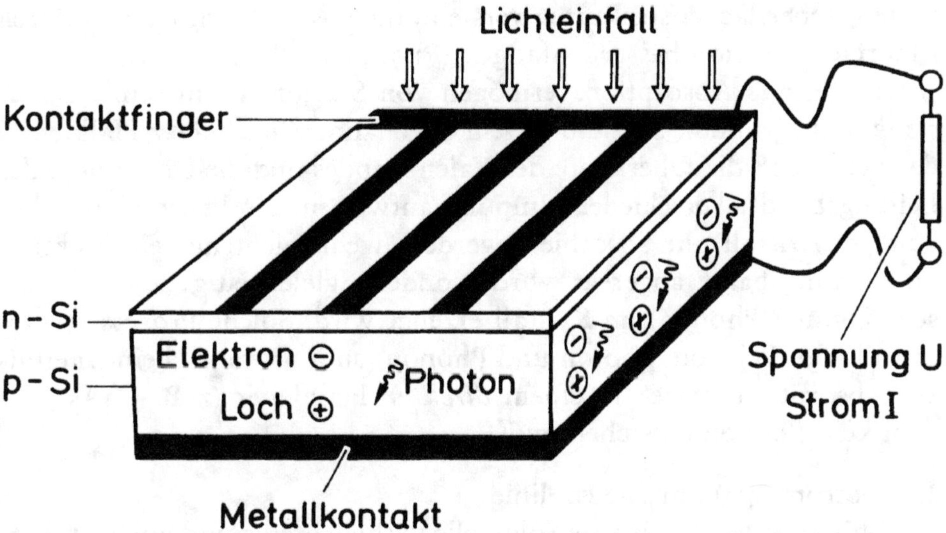

Abbildung 1: Schematischer Aufbau einer Solarzelle.

Die im Halbleiter absorbierten Photonen erzeugen Elektron/Lochpaare, die am pn-Übergang getrennt werden. Zwischen Ober- und Unterseite des Kristalls ensteht die Spannung U, die über einen Verbrauchswiderstand den Strom I treibt.

durchsichtig. Die Absorption des Lichtes ist mit Hilfe eines exponentiellen Gesetzes beschreibbar:

$$P(x) = P(0) \exp(-\alpha x) \qquad (1)$$

Das auf der Oberfläche des Kristalls (Ort $x = 0$) mit der Intensität P (0) auftreffende Licht hat in der Tiefe x auf den Wert P (x) abgenommen. Die Stärke der Abnahme wird durch die Absorptionkonstante α bestimmt. Beträgt α beispielsweise 10^4 cm^{-1}, so werden 90 vH der Photonen bereits in den ersten 2 bis 3 μm des Halbleiters absorbiert. In Solarzellenmaterialien sollte α möglichst groß sein, damit nur geringe Schichtdicken zur vollständigen Absorption des Sonnenlichts benötigt werden. Leider ist gerade diese Forderung beim meistverwendeten einkristallinen Silizium nicht erfüllt. Die Absorptionskante α von Silizium variiert zwischen 10^4 und 10^3 cm^{-1} im Wellenlängenbereich des sichtbaren Lichts. Allein aus diesem Grund müssen Silizium-Zellen mehrere hundert μm dick sein, wenn man sie nicht mit speziellen (und teuren) Oberflächenstrukturen versieht, die das Licht im Kristall durch Mehrfachreflexion besser einfangen (Photonenfallen).

Das geringe Absorptionsvermögen von Silizium ist in seiner *Bandstruktur* begründet. Silizium ist ein sogenannter *indirekter* Halbleiter; das heißt, daß die Oberkante des Valenzbandes und die Unterkante des Leitungsbandes verschiedene Impulse aufweisen. Ein Photon kann deshalb im Kristall nur absorbiert werden, wenn nicht nur ein Elektron ins Leitungsband angeregt wird, sondern gleichzeitig eine Wärmeschwingung (Phonon) im Kristall erzeugt wird. Solche Prozesse (Dreierstoß von Elektron, Photon und Phonon) sind unwahrscheinlicher als ein Absorptionsprozeß in einem *direkten* Halbleiter (z. B. GaAs), bei dem kein Phonon entstehen muß.

1.2.2 Strom-Spannungs-Kennlinie

Abbildung 2 zeigt für eine Solarzelle im belichteten und unbelichteten Zustand den Zusammenhang zwischen Strom I und Spannung U. Die Kennlinie läßt sich bei einer Temperatur T beschreiben durch

$$I = I_o \{\exp[(qU)/(AkT)] - 1\} - I_L . \qquad (2)$$

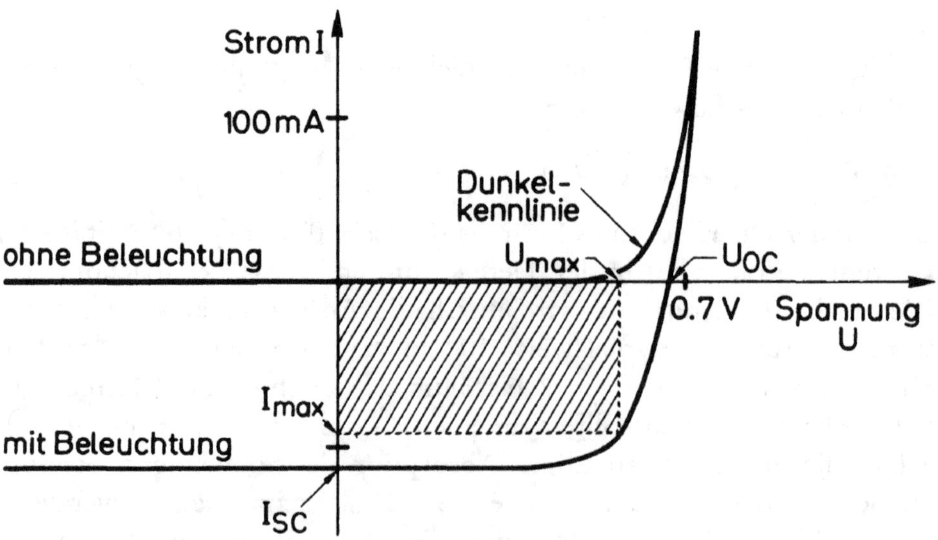

Abbildung 2: Strom/Spannungs-Kennlinie einer Solarzelle.

Der untere rechte Eckpunkt des schraffierten Rechtecks gibt den Punkt an, bei dem die entnommene Leistung maximal ist.

Die Größe I_L bezeichnet den Strom, der durch das Licht erzeugt wird, während der übrige Term in Gleichung (2) den Strom beschreibt, der auch im Dunkeln durch die Diode fließt. Der Sperrsättigungsstrom $I_o = I_{oo} \exp(-E_g/BkT)$ hängt von der Bandlücke E_g des Halbleitermaterials, der Boltzmannkonstanten k und der Konstanten B ab, die genauso wie die Konstante A in Gleichung (2) im Bereich zwischen 1 und 2 liegt. Die Größen A und B beschreiben das nicht-ideale Diodenverhalten [2].

Solarzellen werden durch vier Kenngrößen beschrieben: Leerlaufspannung U_{oc}, Kurzschlußstrom I_{sc}, Füllfaktor FF und Wirkungsgrad η. Die *Leerlaufspannung* U_{oc} der unbelasteten Zelle folgt aus Gleichung (2) für $I = 0$ zu

$$U_{oc} = A\,(kT/q)\ln(1 - I_{sc}/I_o). \tag{3}$$

Sie hängt vom *Kurzschlußstrom* $I_{sc} = -I_L$ ab und kann maximal einen Wert erreichen, welcher der Bandlücke E_g des Halbleiters entspricht. Die Solarzelle gibt die größte Leistung ab, wenn das Produkt von Strom I und Spannung U am größten ist. Dieser Punkt auf der Kennlinie ist gekennzeichnet durch die Größen I_{max}, U_{max} in Abbildung 2. Sie spannen das (schraffierte) Rechteck mit der größten Fläche auf, das innerhalb der Strom/Spannungs-Kennlinie einbeschrieben werden kann. Der sogenannte *Füllfaktor* $FF = (I_{max}U_{max})/(I_{sc}U_{oc})$ gibt dann ein Maß dafür, wie nahe die Kennlinie der Solarzelle einem Rechteck kommt. Der *Wirkungsgrad* η am Punkt maximaler Leistung ist gegeben durch

$$\eta = FF\,U_{oc}I_{sc}/P(0) \tag{4}$$

Je größer Leerlaufspannung U_{oc}, Kurzschlußstrom I_{sc} und Füllfaktor FF bei gegebener Photonendichte P(0) sind, umso größer ist der Wirkungsgrad η.

1.2.3 Der maximale Wirkungsgrad

Der Wirkungsgrad von Solarzellen ist aus mehreren Gründen prinzipiell nach oben begrenzt. So gehen z. B. beim Silizium schon allein 56 vH der durch die Sonne eingestrahlten Energie deshalb verloren, weil 24 vH der Photonen eine Energie unterhalb der Bandlücke aufweisen und deshalb gar nicht absorbiert werden und weitere 32 vH durch diejenigen Photonen verlorengehen, deren Energie die der Bandlücke übersteigt; die überschüssige Energie wird lediglich in Wärme umgewandelt. Um beide Verluste möglichst gering zu halten, sollte deshalb die Bandlücke des verwendeten Halbleiters dem Spektrum der Sonne angepaßt sein und zwischen 0,9 und 1,9 eV liegen, wobei unter idealisierten Bedingungen für Silizium mit einer Bandlücke von 1,1 eV ein maximaler Wirkungsgrad von 44 vH erreichbar wäre [6], wenn es nur diese beiden Verlustmechanismen gäbe. Tatsächlich zeigen aber genauere thermodynamische Überlegungen, daß selbst im besten Fall der Wirkungsgrad schon allein deshalb auf *maximal 30 vH* beschränkt sein muß, da das durch strahlende Rekombination im Halbleiter erzeugte Licht im Gleichgewicht mit dem eingestrahlten Licht der Sonne sein muß [6,7]. Falls Elektronen und Löcher auch noch durch Mechanismen rekombinieren, die *kein* Licht erzeugen (strahlungslose Rekombination), wird dieser Wert weiter reduziert.

Die intrinsische Obergrenze von maximal 30 vH hängt nur schwach von Material und Zellenaufbau ab. Verwendet man mehrere hintereinandergestapelte Zellen mit unterschiedlichen Bandlücken (Tandemzellen), kann dieser theoretische Höchstwert zwar überschritten werden, allerdings ist der Gewinn nicht sehr groß. So kommt man mit 3 verschiedenen Halbleitermaterialien mit optimal gewählten Bandlücken »nur« auf etwa 37 vH. Tandemsysteme mit mehr als 2 bis 3 unterschiedlichen Materialien bringen nur relativ wenig Energiegewinn, der sehr teuer erkauft werden müßte, da man theoretisch erst bei 26 verschiedenen Bandlücken die 50 vH-Marke überschreitet [8].

Diese theoretischen Höchstwerte für den maximal erreichbaren Wirkungsgrad werden durch unvermeidliche Verlustprozesse und den technischen Aufbau der Zelle reduziert. So wird z. B. ein Teil des Lichtes an der Oberfläche reflektiert, ein Teil der Zelle wird durch die Kontaktfinger an der Vorderseite abgeschattet, ein Teil der Elektron/Lochpaare wird nicht am pn-Übergang gesammelt, und es treten auch unvermeidliche Widerstände und Rekombinationsprozesse an den Kontakten, Oberflächen und im Volumen der Materialien auf. Selbst bei günstigen Annahmen über technologische Fortschritte in der Zelltechnologie werden deshalb wohl die experimentell erreichbaren Wirkungsgrade auf etwa 25 bis 27 vH für Einzelzellen beschränkt bleiben. Diesem Wert kommt man mit Hocheffizienzzellen aus Silizium allerdings heute schon recht nahe.

1.2.4 Optimierungsprinzipien

Hohe Ausbeuten erreicht man nur dadurch, daß man die optischen und elektrischen Eigenschaften von Zellen gleichzeitig optimiert. Dabei sind oft Kompromisse zu schließen. Zunächst einmal muß möglichst viel Licht in den Halbleiter kommen (geringe Reflexion) und es darf den Kristall möglichst auch nicht mehr verlassen (hohe Absorption, *Photonenfallen)*. Die Oberfläche der Zelle muß entsprechend entspiegelt und strukturiert werden, und der Halbleiter sollte möglichst dick sein, ohne allerdings die elektrischen Eigenschaften z. B. durch Serienwiderstände zu degradieren. Möglichst viele Photonen des Solarspektrums sollen ausgenutzt werden, deshalb sollten Halbleiter mit kleinen Bandlücken in Anwendung kommen. Andererseits soll auch die Spannung groß sein, was wiederum große Bandlücken erfordert. Bei den Leiterbahnen ist ein Kompromiß zu schließen zwischen möglichst geringer Abschattung (schmale Leiterbahnen) und möglichst geringem Widerstand (breite Leiterbahnen). Das Material soll einerseits einen möglichst hohen Widerstand haben, damit Ladungsträger eine hohe Lebensdauer haben; andererseits erfordert aber ein geringer Serienwiderstand niederohmiges Material. Auf der einen Seite sollen Solarzellen hohe Wirkungsgrade haben, was einkristalline Materialien verlangt – ohne Korngrenzen, an denen Ladungsträger rekombinieren und so für den Solarzellenstrom verloren gehen. Auf der anderen Seite soll das Material auch billig sein – also doch polykristallin oder amorph. Die Optimierung der Solarzelleneffizienz ist deshalb eine Aufgabe für Physik/Chemie, sowie der Technologie/Ökonomie. Großflächige terrestrische Anwendung verlangt außerdem die Beachtung ökologischer Gesichtspunkte.

1.3 Anforderungen an Solarzellenmaterialien

Im folgenden wird ein Forderungskatalog für ein optimales Photovoltaikmaterial als Grundlage für Empfehlungen und Maßstab zukünftiger Forschung aufgestellt. Der Katalog geht von einer großflächigen terrestrischen Anwendung aus und beachtet physikalisch-chemische, technisch-ökonomische sowie ökologische Gesichtspunkte.

1.3.1 Physikalisch-chemische Forderungen

1) *Bandlücke E_g zwischen 0,9 und 1,9 eV:* Der Wert von E_g muß dem Spektrum der Sonne angepaßt sein, um hohe maximale theoretische Wirkungsgrade zu ermöglichen. Mit großen Bandlücken werden zu

wenig Photonen absorbiert, deshalb wird der Kurzschlußstrom I_{sc} zu klein. Kleine Bandlücken liefern dagegen zu kleine Leerlaufspannungen U_{oc}, da der Sperrsättigungsstrom I_0 zu groß ist. Die höchsten (theoretischen) Wirkungsgrade werden deshalb bei einem mittleren Wert von $E_g = 1{,}5$ eV erreicht. Variable Bandlücken (z. B. durch Mischkristalle) für Tandemzellen wären wünschenswert, damit ein breiterer Teil des Solarspektrums effizient absorbiert werden kann.

2) *Hohe Absorptionskonstante α:* Aus Kostengründen sollte das absorbierende Halbleitermaterial möglichst dünn sein. Die Absorptionskonstante α muß folglich groß genug sein, damit alles Licht in der Schichtdicke d absorbiert wird. Die Dicke d sollte also größer sein als die Absorptionslänge $1/\alpha$; d. h. es muß $d > 1/\alpha$ gelten. Der verwendete Halbleiter sollte deshalb möglichst eine direkte Bandlücke aufweisen, um hohe Werte von α zu ermöglichen. Die hohen Absorptionskonstanten dürfen allerdings allein durch Prozesse verursacht werden, die auch ein Elektron/Loch-Paar erzeugen, und nicht etwa durch Absorption an Defekten. Typischerweise sollte $\alpha > 10^5\ \text{cm}^{-1}$ gelten, damit Dünnschichttechniken wie zum Beispiel Aufdampfen oder Tauchen zur Materialherstellung anwendbar sind.

3) *Hohe Werte für Diffusionslänge L_e der Minoritäten:* Alle in der Absorberschicht erzeugten Ladungsträger müssen zum trennenden Feld des pn-Übergangs kommen. Die Diffusionslänge muß folglich größer sein als die Schichtdicke d und deshalb auch als die Absorptionslänge $1/\alpha$; es wird $L_e > d > 1/\alpha$ gefordert. Hohe Werte für L_e verlangen hohe Werte der Beweglichkeiten und Lebensdauern der Minoritäten. Lange Lebensdauern erfordern eine radikale Reduzierung der Elektron/Loch-Rekombination durch nichtstrahlende Prozesse, z. B. an Kristalldefekten.

4) *Oberflächen und Grenzflächen elektrisch inaktiv:* Möglichst geringe Rekombination von Ladungsträgern an Versetzungen, Korngrenzen, Oxidgrenzflächen, Kontakten etc. ist eventuell durch Passivieren erreichbar. In manchen Halbleitern sind Korngrenzen z. B. aber auch entweder nur in n- oder nur in p-leitendem Material aktiv. Durch geschickte Wahl des Leitungstyps von Materialien in Heterostrukturen lassen sich dann unter Umständen hohe Wirkungsgrade trotz elektrisch aktiver Korngrenzen in polykristallinen Solarzellen erzielen.

5) *Korngröße g bei polykristallinen Materialien ausreichend:* Die Korngröße g muß größer sein als die Diffusionslänge L_e, damit mög-

lichst Rekombinationsprozesse an elektrisch aktiven Korngrenzen den Wirkungsgrad nicht wesentlich reduzieren. Unter Berücksichtigung von 2) und 3) erhält man deshalb die Anforderung $g > L_e > d > 1/\alpha$.

6) *Reinheit, Dotierbarkeit:* Das Zellmaterial sollte möglichst *gezielt* dotierbar sein, um pn-Übergänge herstellen zu können; außerdem muß es mit ohmschen Kontakten versehbar sein.

7) *Stabilität des Zellenmaterials und seines Oxids gegen Umwelteinflüsse:* Die verwendeten Materialien dürfen sich nicht an Luft oder durch den Einfluß von Wasser zersetzen (Rosten etc.), außerdem sollte auch keine Degradation unter Lichteinfluß (wie z. B. beim amorphen Silizium) auftreten; Lebensdauern im Bereich von Jahrzehnten werden gefordert.

1.3.2 Technisch-ökonomische Forderungen

1) *Verfügbarkeit:* Nur häufig vorkommende Elemente sollten für Zellen Anwendung finden, da große Flächen bedeckt werden müssen. Folgende 13 Elemente machen zusammen 99,62 vH der Erdhülle (Luft, Wasser und die oberflächlichen 16 km der Erdrinde) aus (Angaben in Gewichtsprozent [9]): O (50,5), Si (27,5), Al (7,1), Fe (3,18), Ca (2,79), K (2,58), Na (2,19), Mg (1,29), H (1,02), Ti (0,43), N (0,33), Cl (0,19), C (0,12). Weitere 8 Elemente ergeben zusammen noch einmal 0,35 vH: P, F, Mn, S, Ba, Sr, Zr, Ru; die verbleibenden 85 von 106 Elementen tragen zusammen nur die restlichen 0,03 vH bei. Materialien wie z. B. Ga, Cd oder In scheiden deshalb allein schon aus Gründen des Vorkommens für großflächige terrestrische Anwendungen aus. Dieser Aspekt scheint in der Diskussion oft nicht berücksichtigt zu werden. So beträgt z. B. der gesicherte Vorrat an ökonomisch und technologisch abbaubarem Cd in den USA 3×10^5 Tonnen. Bei einer Schichtdicke von 5 µm (z. B. in einer CdS oder CdTe-Zelle mit einem Wirkungsgrad von 10 vH) wären dann diese gesamten (hochgiftigen) Vorräte gerade ausreichend, um den elektrischen Energiebedarf der USA von 10^{12} W zu decken [10]. Das gesamte verfügbare Ga (z. B. für GaAs-Zellen) würde sogar nur für 1/50 bis 1/10 und In (z. B. für $CuInSe_2$ oder InP) sogar nur für 1/500 bis 1/100 des Bedarfs der USA an elektrischer Energie ausreichen! Demgegenüber sind die Vorräte an Silizium praktisch unerschöpflich.

2) *Geringer Preis des Ausgangsmaterials:* Die Kosten der Materialien hängen nicht notwendigerweise direkt vom Vorkommen in der Erdhülle

ab; ideal wären z. B. Abfallprodukte aus Prozessen der chemischen Industrie.

3) *Geringe Herstellungs- und Energiekosten:* Einfache technologische Verfahren wie Abscheiden aus der flüssigen Phase, Aufdampfen, Tauchen oder Sprühen zur Herstellung großer Flächen müssen einsetzbar sein, um die Kosten niedrig zu halten. Niedertemperaturprozesse mit geringeren Energiekosten sind bei der Herstellung bevorzugt anzustreben.

4) *Der Wirkungsgrad gefertigter Zellen sollte größer sein als 10 vH:* Die Kosten eines Solarzellenfeldes (fertig aufgestellte Solarzellenmodule mit Halterungen und Verkabelung aber ohne Spannungswandler und Speicherung) sind in erster Linie flächenproportional, wobei etwa 40 vH auf die prozessierten Einzelzellen entfallen [11]. Je höher der Wirkungsgrad der Zellen, umso geringer ist die benötigte Gesamtfläche des Solarzellenfeldes. Da höhere Wirkungsgrade zwar den Preis der Zellen steigern, gleichzeitig aber zu einer Ersparnis der Flächen von Zellen *und* Verkapselungen, Modulrahmen, Verdrahtungen, Halterungen usw. führen, kann ein Feld trotz höherer Herstellungskosten der Einzelzellen unter Umständen verbilligt werden. Verschiedene Untersuchungen zeigen, daß eine untere Grenze für den Wirkungsgrad gefordert werden muß: Es wurde abgeschätzt, daß Solarzellenfelder mit geringeren Zellwirkungsgraden als etwa 10 vH nicht wirtschaftlich betrieben werden können, da die unter gegenwärtigen ökonomischen Bedingungen erlaubten Kosten dann schon allein von den Kosten *ohne* Zellen erreicht werden [12].

1.3.3 Ökologische Forderungen

1) *Ungiftigkeit des Solarzellenmaterials selbst:* Weder das Absorbermaterial selbst noch seine wichtigsten Verbindungen (z. B. Oxide) sollten toxisch sein, da große Flächen (z. B. Dächer) bedeckt werden müssen. Insbesondere scheiden aber Verbindungen aus, die Schwermetalle wie Pb, Cd, Hg oder aber das Element As enthalten. Potentiell gefährlich für den Menschen sind auch folgende Elemente [13]: Rb, Cs, Sr, Ba, Ra, Y, V, Cr, Ru, Os, Ni, Cu, Ag, B, Tl, Ge, Sb, Se, Te, Br, Al. Am günstigsten erscheinen dagegen Elemente, die selbst dann unbedenklich sind, wenn sie in die Nahrungskette gelangen (z. B. Mg, Ca, Si, Fe, S, K, Mn, Zn, I) und/oder in geringen Konzentrationen als unschädliche Spurenelemente im menschlichen Körper vorkommen.

Interessanterweise sind gerade die in der Erdhülle häufig vorkommenden Elemente ökologisch am wenigsten schädlich; deshalb ist es von doppeltem Vorteil gerade solche Materialien auch für große Solarzellenfelder einzusetzen.

2) *Ungiftigkeit der Herstellungsprozesse:* Keine giftigen oder gefährlichen (z. B. explosive) Ausgangs-, Zwischen- oder Nebenprodukte (wie z. B. Silan, Phosphin bei bestimmten Herstellungsverfahren von amorphem Silizium).

3) *Wiederverwendbarkeit der Zellen- und Modulmaterialien:* Es sollten von vorneherein keine Wegwerfzellen oder -module hergestellt werden, sondern es ist ein modularer Aufbau von Arrayflächen anzustreben, damit defekte Einzelzellen und Modulteile ausgetauscht und die Materialien wiederverwendet werden können. Reinigungs- und Ätzmittel (z. B. Chlorkohlenwasserstoffe und Säuren) sind zu reinigen und in der Produktion wiederzuverwenden.

4) *Kein zusätzlicher Landschaftsverbrauch:* Photovoltaische Umwandlung erzeugt keinen Lärm, keine Abgase, kein Abwasser und äußerst geringe Gefahren für das Bedienungspersonal. Photovoltaik wird aber dann bedenklich, wenn die Aufstellung von Zellenfeldern ökologisch wertvolle Fläche wie Wälder und Wiesen verbraucht. Deshalb müssen nach Möglichkeit bereits überbaute Flächen oder aride Zonen ausgenutzt werden. Ökologische Gesichtspunkte legen deshalb auch nahe, daß photovoltaische Stromerzeugung in unseren Breiten *dezentral* betrieben wird.

2 *Materialforschung zur Optimierung – der Stand der Technik*

2.1 Einkristallines und polykristallines Silizium

Von allen bisher untersuchten Stoffen kommt Silizium dem idealen Solarzellenmaterial am nächsten, *obwohl* dieses Element ein indirekter Halbleiter ist. Silizium ist unerschöpflich, ungiftig, stabil, billig *und* zu hohen Wirkungsgraden fähig, zur Zeit allerdings nur bei Schichtdicken um einige hundert µm. In der Forschung bemüht man sich zur Zeit darum, genau diese Schwäche von Silizium auszugleichen. Es wird versucht, hohe Absorption bei Siliziumzellen mit Dicken von wenigen µm durch geschickte Formgebung der Zellen (Photonenfallen) zu realisieren, ohne Verluste im Wirkungsgrad hinnehmen zu müssen. Tatsächlich scheint es so, daß der Vorsprung von kristallinen und polykristallinen Si-Zellen gegenüber anderen Materialien immer größer wird – trotz vielfältiger Bemühungen auf dem Gebiet der Dünnschichtzellen.

Kürzlich wurden 23,2 vH Wirkungsgrad für einkristalline Siliziumzellen und 18 vH für polykristalline Zellen als neue Höchstmarken gesetzt [14]. In den letzten 6 Jahren ist damit der Wirkungsgrad um 1 vH pro Jahr gestiegen. Die Erfahrungen und Erfolge der Grundlagenforschung (insbesondere einer Forschungsgruppe um M. A. Green in Australien) werden heute zum Teil schon in die Zellproduktion deutscher Hersteller übernommen. Die neuerlichen Steigerungen der Wirkungsgrade beruhen auf drei verschiedenen Verbesserungen:

1) Passivierung der Rückseite durch SiO_2, das Rekombinationsverluste verhindert;
2) Starke Diffusion der Frontkontake zur Erhöhung der Leerlaufspannung;
3) Lichtfallen auf der Frontseite, die nicht absorbierte Lichtstrahlen wieder in die Zelle zurückspiegeln.

Der nächste Schritt wird sein, die Kontaktierung des Rückseitenkontaktes weiter zu verbessern (Rekombinationsverluste) und vor allem, die Zellen aus Kostengründen dünner und eventuell auch auf anderen Substraten zu realisieren; ein Wirkungsgrad von 25 vH erscheint jedenfalls erreichbar.

Bereits heute gibt es Module bei Solarzellenherstellern (Telefunken Systemtechnik) mit Wirkungsgraden von 18 vH (einkristalline Zellen) und 13,4 vH (polykristalline Zellen) in der Produktion. Hier betrug die Steigerung der Wirkungsgrade etwa 0,5 vH/Jahr in den letzten 9Jahren [15]. Die Führungsrolle der deutschen Industrie manifestiert sich auch in 15 vH Zell-Wirkungsgrad, welche ein deutscher Hersteller mit MIS-Zellen erreicht hat, die mit relativ einfachen technologischen Prozessen hergestellt werden können [16]. Module mit einkristallinen oder polykristallinen Zellen und Wirkungsgraden von 12 vH sind heute für Preise um 5 bis 6 US-Dollar je Watt erhältlich. Die tatsächlichen Kosten dürften allerdings höher liegen.

2.2 Amorphes Silizium für Dünnschichtzellen

Amorphes Silizium (a:Si) liegt mit einer Bandlücke von 1,6 eV nahe am optimalen Wert und weist außerdem noch hohe Absorptionskonstanten auf. Es kann zudem bei niedrigen Temperaturen in kontinuierlicher Fertigung auf nahezu jedes Substratmaterial abgeschieden werden [17]. Diesen bestechenden Vorteilen steht entgegen, daß es trotz großer weltweiter Bemühungen bisher nicht gelungen ist, a:Si-Zellen mit einem Wirkungsgrad oberhalb 13 vH (vergleichbar Modulen aus polykristallinem Silizium) und vor allem mit *stabilen* Werten herzustellen. Tatsächlich deuten alle bisher bekannten Ergebnisse darauf hin, daß a:Si unter Belichtung grundsätzlich instabil ist [18]. Das heißt, daß eine Solarzelle aus diesem Material *zwangsläufig* ihre Eigenschaften verschlechtern muß; man kann lediglich versuchen, diesen Prozeß zu verlangsamen. Typische Wirkungsgrade von heute käuflichen Modulen liegen bei 4 bis 6 vH, bei Preisen von 4 bis 5 Dollar je Watt und einer Verschlechterung des Wirkungsgrades (Degradation) von 10 vH im ersten Jahr. Die höchsten erreichten Zellwirkungsgrade bewegen sich um 12 vH [19]. Die Aktivitäten orientieren sich zur Zeit vor allem an dem Versuch, durch amorphe Mischkristalle aus SiGe oder SiC, Materialien mit variablen Bandlücken für Tandemzellen herzustellen. So berichtete Solarex kürzlich über erste Zellen aus SiGe mit einem Wirkungsgrad von 10,1 vH [20].

2.3 Andere Materialien für Dünnschichtzellen

Von den vielen den Physikern oder Chemikern bekannten Halbleitern wurden bisher nur relativ wenige auf ihre Eignung als Solarzellenmaterialien untersucht: Einige wenige Phosphide (β-ZnP_2, Zn_3P_4), Selenide (WSe_2), Sulfide (Cu_2S/CdS, FeS), Telluride (CdTe), GaAs/AlGaAs und einige wenige andere Materialien, zum Beispiel aber kein einziges Silizid. Bei den meisten dieser untersuchten Materialien lagen die Wirkungsgrade zum Teil weit unter 10 vH. So wurden auch die Untersuchungen an Cu_2S/CdSZellen nach 20Jahren intensiver Forschung praktisch aufgegeben [21]. Zellen aus GaAs, CdTe und $CuInSe_2$ haben dagegen die 10 vH-Marke deutlich überschritten. Der Verbindungshalbleiter GaAs kommt für großflächige terrestrische Photovoltaik aus Kostengründen (Vorkommen, komplizierte Technologie) und wegen der Toxizität von As kaum in Frage; GaAs-Anwendung ist auf Höchstleistungszellen z. B. im Weltraum oder aber in Konzentratoren beschränkt. Der höchste erreichte Wirkungsgrad von GaAs/AlGaAs-Zellen (ohne Konzentration des Lichtes) liegt bei 27,6 vH [22].

Die Hauptaktivitäten bei Dünnschichtzellen für terrestrische Anwendung konzentrieren sich zur Zeit auf CdTe und $CuInSe_2$. Die Forschung auf der Basis von CdTe profitiert von den Erfahrungen, die mit CdS gewonnen wurden; die Wirkungsgrade haben die 12 vH-Marke knapp überschritten [22], [23]. Unter ökologischen Gesichtspunkten ist der terrestrische Einsatz von Solarzellen auf Cd-Basis jedoch außerordentlich bedenklich, da er zu einer großflächigen Verbreitung dieses giftigen Schwermetalls führt, selbst wenn versucht wird, bei der Produktion der Zellen jegliche Gefährdung des Personals z. B. durch Schleusen auszuschließen. Zellen auf der Basis von $CuInSe_2$ erscheinen vielversprechender: Hier profitiert die Forschung von den Kenntnissen über Chalkopyrit-Halbleiter, die in ihrem Kristallaufbau dem Silizium ähnlich sind; Wirkungsgrade von knapp über 14 vH sind erreicht [22], [24]. Leider enthalten gerade diese besten Zellen auch geringe Anteile von Cd als Fenstermaterial [24]. Die potentiellen Vorteile von $CuInSe_2$ liegen in seiner hohen Absorptionskonstanten und in der Möglichkeit, durch Beimischung von Ga die Bandlücke von 1,04 eV bis 1,68 eV systematisch variieren zu können. Ein gewisser Nachteil dieser Solarzellen liegt allerdings in der beschränkten Verfügbarkeit der Ausgangsmaterialien Ga und In.

3 Empfehlungen

Forschung und Entwicklung müssen auf dem Gebiet der Photovoltaik künftig noch verstärkt staatlich gefördert werden. Diese Förderung sollte langfristig angelegt sein, stetig erfolgen und mit geringem administrativen Aufwand verbunden sein. Die Entwicklung der Wirkungsgrade und Zellkosten läßt keine drastischen Sprünge erwarten. Deswegen müssen Forschungsvorhaben eine langfristige Perspektive haben, wenn sie Erfolg haben sollen. In der Grundlagenforschung sind vor allem zwei Gebiete zu bearbeiten: Die Materialforschung und die Steigerung der Wirkungsgrade. In der Technologieentwicklung müssen Konzepte der Hocheffizienzzellen bei gleichzeitiger Kostensenkung in die Produktion eingeführt und zusätzlich die Systemtechnik verbessert werden. Politisch geboten erscheint vor allem eine bessere und kompetentere Darstellung des schon Erreichten und eine ständige Information der Öffentlichkeit, um die Markteinführung zu unterstützen.

3.1 Grundlagenforschung

3.1.1 Neue Materialien für Solarzellen

Vor allem in der *Materialforschung* scheint noch das größte Potential zu liegen. Für terrestrische Anwendungen der Photovoltaik ist allerdings Forschung an Materialien, die toxische oder selten vorkommende Elemente enthalten (z. B. Cd, As, In, Ga), bedenklich, auch wenn Materialien wie CdS und CdTe etabliert sind: Cd ist giftig *und* selten! Dagegen ist eine systematische Erfassung und Bewertung der Tausenden von bekannten Halbleitermaterialen unter den oben genannten Kriterien bezüglich der Eignung in Solarzellen am dringendsten; Forschung in dieser Richtung findet nur sehr vereinzelt statt (z. B. Universität Konstanz). Bis auf wenige Ausnahmen (z. B. CdS) ist die bisherige Auswahl des Materiales für Zellen bei kritischer Analyse entweder als ein Abfallprodukt der Mikro- und/oder Optoelektronik (z. B. Si und GaAs) zu bewerten oder aber offenbar von zufällig gefundenen hohen Wirkungsgraden abhängig (z. B. $CuInSe_2$). Es sollte deshalb versucht werden, eine breite systematische, wissenschaftliche Materialforschung aufzubauen, die auf die Photovoltaik zugeschnitten ist. In jedem Fall müssen zukünftige Zellen mit alternativen, neuartigen Materialien jedoch das Potential haben, Solarzellen aus Silizium überlegen zu sein. Materialien mit *schlechteren* intrinsischen Eigenschaften als Silizium (z. B. Vorkommen, Toxizität, Stabilität) sollten nur dann für zukünftige Solarzellenforschung in Betracht kommen, wenn andere sehr ungewöhnliche Vorteile erwartet werden können. Vielmehr sollte ein alternatives Solarzellengrundmaterial alle Vorteile des ein- und polykristallinen Silizium wie z. B. Verfügbarkeit, Ungiftigkeit, Stabilität, hohe Lebensdauer, keine Degradation, großflächige Herstellbarkeit, hohe potentielle Wirkungsgrade und eine passivierbare Oberfläche aufweisen. Zusätzlich muß verlangt werden, daß solche neuartigen Materialien den Nachteil der indirekten Bandlücke mit dem damit verknüpften relativ geringen Absorptionsvermögen von Silizium ausgleichen: Es sollte sich also möglichst um direkte, stark absorbierende Halbleiter handeln.

Es liegt nahe, zuerst mit der Erforschung der binären Verbindungen von Silizium oder aber mit Stoffkombinationen der am häufigsten auf der Erde vorkommenden Elemente anzufangen. Schon nach relativ kurzer Analyse stellt man fest, daß zum Teil erstaunliche Wissenslücken über die halbleitenden Eigenschaften relativ einfacher Verbindungen (z. B. $FeSi_2$ oder andere Silizide, SiP_2) bestehen, oder aber Daten existieren, die zwar Chemikern bekannt sind (z. B. über halbleitende Sulfide, Phosphide, Oxide), der Photovoltaikforschung aber nicht bewußt sind. Systematische Aufarbeitung von Wissen und neue Forschung in dieser Richtung muß jedoch langfristig angelegt sein und stetig gefördert werden, um nicht in Effekthascherei zu verfallen. Es ist kaum zu erwarten, daß innerhalb der nächsten zehn Jahre ein vollkommen neues, alternatives Material bis zur Prozeßreife mit hohen Wirkungsgraden entwickelt werden kann.

In den neuartigen und in den schon bekannten Materialien sind vor allem die Wechselwirkungen zwischen Licht, Ladungsträgern und Kristallgitter zu untersuchen. Es muß sichergestellt werden, daß keine Degradation auftritt wie im amorphen Silizium. Der Sammlungswirkungsgrad muß erhöht werden z. B. durch Einbau von Driftfeldern, insbesondere in Materialien mit niedrigen Beweglichkeiten (Sulfide, Silizide) und damit geringen Diffusionslängen. Daneben ist vor allem die Physik der Kontakte, Oberflächen und Grenzflächen wie Heterostrukturen, Schottky-Kontakte etc. zu studieren. Jede Solarzelle enthält mindestens eine Grenzfläche, von deren Eigenschaften die Effizienz der Ladungsträgersammlung entscheidend abhängt.

Oberste Priorität beim schon bekannten amorphen Silizium sollte die Erhöhung der Lebensdauer bei gleichzeitiger Steigerung des Wirkungsgrades haben. Es ist von Nachteil, daß bei diesen Zellen ein Teil der theoretisch möglichen Leerlaufspannung von vorneherein als Driftfeld geopfert wird. Amorphes Silizium erweist sich unter Belichtung (die ja gerade bei einem Photovoltaikmaterial besonders stark ist) als unvermeidlich instabil [18]. Deshalb wäre es außerordentlich riskant, wenn ein Großteil von Forschungsinitiativen und Geldern in der Projektförderung (z. B. durch Aufbau von Anlagen für die Großproduktion) von amorphem Material gebunden werden sollte.

3.1.2 Steigerung der Wirkungsgrade: Silizium als Leittechnologie

Im Rahmen der Studien zur *Steigerung der Wirkungsgrade* sollte die Siliziumzelle bis zur theoretischen Höchstgrenze bei gleichzeitiger Kostensenkung weiterentwickelt werden. Höchstleistungszellen mit Wirkungsgraden oberhalb von 20 vH stellen die Leittechnologie dar. Hier werden Erkenntnisse gewonnen, die auch der Optimierung anderer Zellen dienen. Die Verbesserung der Leerlaufspannungen ist von oberster Priorität. Verhinderung der Rekombination von Ladungsträgern an Oberflächen, Grenzflächen und an Kontakten (z. B. auch in MIS-Inversionsschichtzellen) spielt die größte Rolle, insbesondere dann, wenn die Zellen immer dünner werden. Rekombinationsmechanismen, die Wärme erzeugen, sind möglichst vollständig auszuschalten, bis schließlich die Elektron/Loch-Paare nur noch durch Lichterzeugung rekombinieren können. In der Realisierung dieser Forderung und der systematischen Erforschung und Beschreibung der Rekombination im Volumen und an den Grenz- und Oberflächen von Silizium ist allerdings noch sehr viel fundamentale Forschung zu leisten. Der stärkste Mangel liegt vor allem im fehlenden theoretischen Verständnis der strahlungslosen Rekombination. Daneben muß generell das Volumenmaterial Silizium weiter verbessert werden. Die Physik und Chemie der Defekte und Verunreinigungen ist systematisch zu studieren. Die zentrale Frage bei der Optimierung ist, welche Defekte sich der Verbilligung zuliebe noch tolerieren lassen, ohne die Ausbeute wesentlich zu senken.

Eine wichtige Frage bei Hocheffizienzzellen wird sein, wie die einzige Schwäche des Silizium, seine indirekte Bandlücke, ausgeglichen werden kann. Eine Reduzierung der Kosten erfordert geringere Schichtdicken und damit die Optimierung der Formgebung von *Lichtfallen*. Möglichkeiten zur Verbilligung dieser aufwendigen Technik müssen erforscht werden. Daneben ist zu studieren, ob und wie möglichst defektfreie und einkristalline Siliziumschichten für Solarzellen mit Schichtdicken unter 100 µm durch *Niedertemperaturprozesse* abgeschieden werden können. Die Technik der Flüssigphasenepitaxie [25] z. B. auch auf billigem polykristallinen Substrat erscheint hier am vielversprechendsten. Falls es gelänge, Siliziumzellen mit Wirkungsgraden oberhalb 20 vH durch geeignete Lichtfallen dünner und durch Niedertemperaturprozesse auch noch billiger herzustellen, würde es jedenfalls sehr schwer sein, mit Dünnschichtzellen aus irgendwelchen anderen Materialien dagegen zu konkurrieren. Die fruchtbare Konkurrenzsituation zwischen hocheffizienten Siliziumzellen und Dünnschichtzellen aus anderen Materialien sollte jedenfalls auch in der Forschungsförderung erhalten bleiben.

3.2 Technologieentwicklung

In der *Zelltechnologie und Modultechnik* können die Kosten nur durch eine Standardisierung von Zellen, Modulen und ganzen Prozessen sowie durch Massenproduktion gesenkt werden. Deshalb müssen auch die Pionierarbeiten, die deutsche Firmen im Bereich der Herstellung von Zellen und in der Fertigungstechnik leisten, nachhaltig unterstützt werden. Dünnere Schichten aus ein- oder polykristallinem Silizium müssen bei niedrigeren Temperaturen zu Zellen mit hohen Wirkungsgraden (Ziel 15 bis 20 vH) verarbeitet werden. Hier leisten die Erfahrungen, die in der Grundlagenforschung durch die Entwicklung von Hocheffizienzzellen gewonnen werden, wertvolle Dienste.

Solarzellenmodule werden mit Wandlern und Speichern zu kompletten *Systemen* verschaltet. Entscheidend ist jedoch nicht, bei allen einzelnen Komponenten den Betriebspunkt des maximalen Wirkungsgrades zu erreichen, sondern durch eine sinnvolle Abstimmung der Einzelelemente aufeinander einen optimalen Betrieb des Gesamtsystems zu erzielen. Dabei muß beachtet werden, daß diese Abstimmung von der Lastcharakteristik der Verbraucher erheblich beeinflußt werden kann. Nicht nur bei den Zellen und Modulen, sondern auch bei allen einzelnen Komponenten für die Steuerung, Regelung, Stromrichtung, Verkabelung und Energiespeicherung, aber auch für die Aufständerung, bedarf es noch erheblicher Forschungs- und Entwicklungsarbeiten, um zu kostengünstigen Systemen zu kommen.

3.3 Unterstützung der Markteinführung

Zu den Hauptaufgaben der Politik gehört neben der Forschungsförderung auch die Schaffung eines Klimas, das die Markteinführung der Photovoltaik in großem Maßstab erlaubt. Eine breit angelegte Aufklärungskampagne der Öffentlichkeit in drastisch vereinfachter Sprache ist notwendig. Die vielfältigen Anwendungsmöglichkeiten der Solartechnik müssen herausgestellt werden. Mit finanziellen Anreizen könnten breitere Käuferschichten gewonnen und so eine Massenproduktion in Gang gesetzt werden. Baurechtliche und energiewirtschaftliche Hemmnisse sollten überprüft werden. In unseren Breiten erscheint Photovoltaik als der einzige Weg, um Sonnenenergie zur Stromerzeugung zu nutzen. Die Markteinführung sollte deshalb nicht nur in südlichen Ländern, sondern auch hierzulande unterstützt werden.

Die Darstellung der Photovoltaik in der Öffentlichkeit sollte insgesamt verbessert werden. Fachkonferenzen für Spezialisten sind sehr wichtig, aber sie schaffen keinen Markt. Nur stetige Berichterstattung in klarer Sprache in den öffentlichen Medien und vor allem eine professionellere Darstellung der Möglichkeiten einer sauberen Energieversorgung überzeugen die breite Öffentlichkeit. Die Firmen sind dazu aufgerufen, geeignetes Unterrichtsmaterial für Schulen, Universitäten und die Lehrerausbildung zur Verfügung zu stellen.

4 Schlußfolgerungen

Im Aufbau einer auf die Photovoltaik zugeschnittenen Materialforschung liegt das größte bisher noch ungenutzte Potential für entscheidende Fortschritte. Für terrestrische Anwendungen der Photovoltaik sollten vorrangig solche Materialien untersucht werden, die weder toxische noch selten vorkommende Elemente oder Verbindungen enthalten. Besonders problematisch sind Elemente, die wie z. B. Cadmium giftig und selten sind. Es ist noch eine Vielzahl an bekannten Halbleitern systematisch anhand physikalisch-chemischer, technisch-ökonomischer und ökologischer Kriterien auf ihre Eignung für Solarzellen hin zu untersuchen.

Bisher stehen Materialien im Vordergrund, die sich – wie vor allem Silizium – in der Mikroelektronik bewährt haben. Alternative Grundmaterialien für Solarzellen sollten möglichst alle Vorteile von ein- bzw. mehrkristallinem Silizium wie Verfügbarkeit, Ungiftigkeit, Stabilität, hohe Lebensdauer, großflächige Herstellbarkeit und hohe Wirkungsgrade aufweisen. Gesucht sind insbesondere stark absorbierende Halbleiter mit einer direkten Bandlücke. Es liegt nahe, zunächst binäre Verbindungen von Silizium und Stoffkombinationen auch anderer häufig vorkommender Elemente zu untersuchen.

In der Entwicklung solcher neuartigen Materialien und in der Forschung an schon bekannten Halbleitern sind die Wechselwirkungen zwischen Licht, Ladungsträgern und Kristallgitter zu untersuchen. Anders als beim amorphen Silizium sollte möglichst keine Degradation auftreten. Der Sammlungswirkungsgrad kann z. B. durch Driftfelder erhöht werden. Dies gilt insbesondere für Materialien wie Sulfide und Silizide, die eine geringe Beweglichkeit der Ladungsträger und damit kleine Diffusionslängen aufweisen. Zu untersuchen ist auch die Physik der Kontakte, Oberflächen und Grenzflächen, von deren Eigenschaften die Effizienz der Ladungsträgersammlung entscheidend abhängt.

Beim amorphen Silizium, das bisher als Zellmaterial für photovoltaische Kleinanwendungen verwendet wird, hat die Erhöhung der Lebensdauer bei gleichzeitiger Steigerung des Wirkungsgrades Priorität. Angesichts seiner unvermeidlichen Instabilität sollte nicht ein allzu großer Teil der zur Verfügung stehenden Mittel in die Förderung von amorphem Material fließen.

Im Hinblick auf die anzustrebende Steigerung der Wirkungsgrade der Photovoltaik stellen hocheffiziente Siliziumzellen mit Wirkungsgraden von mehr als 20 vH die Leittechnologie dar. Besonders wichtig ist die Verbesserung der Leerlaufspannungen durch die Verhinderung der Rekombination von Ladungsträgern; das theoretische Verständnis der strahlungslosen Rekombination ist noch unzureichend. Zur Erreichung hoher Wirkungsgrade müssen Rekombinationsprozesse, die Wärme erzeugen, möglichst ausgeschaltet werden. Dies erfordert allerdings – ebenso wie die Physik und Chemie der Defekte und Verunreinigungen – noch viel Grundlagenforschung. Die fruchtbare Konkurrenz zwischen hocheffizienten Siliziumzellen und Dünnschichtzellen aus anderen Materialien sollte auch in der Forschungsförderung erhalten bleiben.

Der einzige Nachteil von Silizium besteht in seiner indirekten Bandlücke. Dieser Nachteil könnte durch dünnere Schichten bei gleichzeitiger Optimierung der Formgebung von Lichtfallen ausgeglichen werden. Vielversprechend sind Möglichkeiten, weitgehend defektfreie Siliziumschichten für Solarzellen mit Schichtdicken unter 100 Mikrometern durch Niedertemperaturverfahren (z. B. Flüssigphasenepitaxie) abzuscheiden.

Die Kosten der Photovoltaik könnten auch beim gegenwärtigen Stand der Technik durch Standardisierung und vor allem Massenherstellung von Zellen und Modulen noch beträchtlich gesenkt werden. Die Zell- und die Modultechnik weisen sowohl hinsichtlich der Wirkungsgrade als auch hinsichtlich der Kosten noch wesentliche Verbesserungsmöglichkeiten auf. Dies gilt auch für die Abstimmung der Komponenten in kompletten Anwendungssystemen, die außer den Modulen u. a. auch Halterungen, Wandler, Speicher und Elektrogeräte umfassen können. Die Beachtung der Systemaspekte ist eine wichtige Voraussetzung für eine nachhaltige Verbreitung der Photovoltaik, die zunächst vor allem auf dezentrale Anwendungen ausgerichtet ist.

Zu den Aufgaben der Politik gehört neben der Forschungsförderung auch die Schaffung eines Klimas, das die Markteinführung der Photovoltaik erleichtert. Baurechtliche und energiewirtschaftliche Hemmnisse sollten deshalb überprüft werden. Mit finanziellen Anreizen könnten breitere Käuferschichten gewonnen und so eine Massenproduktion in Gang gesetzt werden. Die Darstellung der Photovoltaik in der Öffentlichkeit sollte insgesamt verbessert werden. Hierzu sind die Politiker ebenso aufgerufen wie die Unternehmen, die letztlich für ein erfolgreiches Marketing verantwortlich sind.

Literatur

[1] M. Selders und D. Bonnet, Physik in unserer Zeit **10**, 3 (1979)

[2] H. J. Queisser und P. Wagner, *Photoelektrische Solarenergienutzung; Technischer Stand, Wirtschaftlichtkeit, Umweltverträglichkeit,* Hrsg. Rat von Sachverständigen für Umweltfragen (Kohlhammer Verlag 1980)

[3] M. A. Green, *Solar Cells – Operating Principles, Technology and Systems Applications,* (Prentice Hall, Englewood Cliffs, NJ 1982)

[4] P. Wagner, Microelectronics Journal **19**, 37 (1988)

[5] G. H. Bauer, in *Wasserstoff als Energieträger: Technik, Systeme, Wirtschaft,* Hrsg. C. J. Winter und J. Nitsch (Springer Verlag, Berlin 1989), S. 104–145; M. Kleemann und M. Melß, *Regenerative Energiequellen,* (Springer Verlag, Berlin 1988), S. 132–155

[6] W. Shockley und H. J. Queisser, J. Appl. Phys. **32**, 510 (1961)

[7] W. Ruppel und P. Würfel, IEEE Trans. Electr. Dev. **ED-27**, 877 (1980)

[8] N. A. Gokcen und J. J. Loferski, Solar Energy Materials **1**, 271 (1979)

[9] *Enzyklopädie Naturwissenschaft und Technik* (Verlag Modenerne Industrie, Wolfgang Dummer & Co, München 1979), S. 1119

[10] Ref.2, Seite 69; siehe auch H. J. Hovel, *Solar Cells,* Bd. 11 der Reihe *Semiconductors and Semimetals,* (Academic Press, New York 1975), S. 221, Fig.116

[11] A. Goetzberger und B. Voß, in *Viertes Nationales Symposium Photovoltaische Solarenergie,* (Ostbayrisches Technologie Transfer Institut, Staffelstein 1989)

[12] *Photovoltaic Systems Assessment: An Integrated Perspective,* EPRI AP-3176-SR, Palo Alto, CA, Electric Power Research Institute; E. A. DeMeo, D. F. Spencer and P. B. Bos, in *12th IEEE Phot. Spec. Conf.* (IEEE Baton Rouge 1976), S. 653; E. A. DeMeo, P. B. Bos, EPRI Special Report ER-589-SR, 1978

[13] G. T. Miller, *Chemistry: Principles and Applications,* (Wadsworth Publishing Company, Belmont 1976), S. 68d; K. Decker (persönliche Mitteilung)

[14] M. A. Green, A. W. Blakers und S. R. Wenham, in *9th Photovoltaic Solar Energy Conference,* Hrsg. W. Palz, G. T. Wrixon und P. Helm, (Kluwer Academic Publisher, Dordrecht 1989) S. 301, 328

[15] K.-D. Rasch and W. Schmidt in *9th Photovoltaic Solar Energy Conference,* Eds. W. Palz, G. T. Wrixon und P. Helm, (Kluwer Academic Publisher, Dordrecht 1989) S. 715

[16] W. Hoffmann, K. Jaeger, G. Luthardt und R. Hezel, in *9th Photovoltaic Solar Energy Conference,* Hrsg. W. Palz, G. T. Wrixon und P. Helm, (Kluwer Academic Publisher, Dordrecht 1989), S. 677

[17] W. Krühler, Metall **39,** 729 (1985)

[18] M. Stutzmann, W. B. Jackson und C. C. Tsai, Phys. Rev. B **32,** 23 (1985)

[19] W. H. Bloss, W. Knaupp und F. Pfisterer, in 6. *Internationales Sonnenforum Berlin 1988*

[20] R. R. Arya, M. S. Bennett, K. Rajan, A. Catalano, in *9th Photovoltaic Solar Energy Conference,* Hrsg. W. Palz, G. T. Wrixon und P. Helm, (Kluwer Academic Publisher, Dordrecht 1989), S. 251

[21] H. W. Schock in *Polycrystalline Semiconductors,* Hrsg. H. J. Möller, H. P. Strunk und J. H. Werner, (Springer Verlag, Heidelberg 1989), S. 246

[22] G. Zorpette, IEEE Spectrum, July 1989, S. 42,43

[23] S. Ikegami, *Technical Digest,* 3rd Int. PVSEC, Tokyo 1987, Jap. Convention Service, S. 677

[24] K. W. Mitchell, in *9th Photovoltaic Solar Energy Conference,* Hrsg. W. Palz, G. T. Wrixon und P. Helm, (Kluwer Academic Publisher, Dordrecht 1989), S. 292

[25] E. Bauser, in *Thin Film Growth Techniques for Low-Dimensional Structures,* Hrsg. R. F. C. Farrow, S. S. P. Parkin, P. J. Dobson, J. H. Neave und A. S. Arrott, (Plenum Publishing Corporation, 1987), S. 171

Kapitel III

Biomimetische Verfahren der Sonnenenergienutzung

ULRICH SIGGEL

1 Einleitung

Biomimetisch sind Verfahren, die bestimmte Merkmale biologischer Systeme (Strukturen, Prinzipien von Prozessen etc.) nachahmen oder von biologischen Kenntnissen Gebrauch machen. In einem Extremfall verwendet man rein biologische Systeme (Zellen, Zellverbände, Mikroorganismen), wobei man durch Züchtung oder Gentechnologie die Ausbeute verbessert oder den Prozeß in ganz bestimmte Richtungen lenkt. Als Beispiel seien die Kohlenwasserstoffe produzierenden Pflanzen genannt. Das andere Extrem bilden rein künstliche Systeme. Ihre Organisation und Funktion ist aber der Natur entlehnt, indem man z. B. künstliche Membranen und Photoreaktionen mit sequentiellem Elektronentransfer verwendet. Zwischen beiden Extremen liegt eine Vielzahl von gemischten Systemen.

Biomimetische Verfahren der Sonnenenergienutzung sollen die Energie der elektromagnetischen Strahlung der Sonne in nutzbare Energie umwandeln. Es kann sich dabei um elektrische Energie oder insbesondere um chemisch gebundene Energie handeln. Hierbei sind chemische Verbindungen besonders interessant, deren Energie leicht ausnutzbar oder durch einfache Verfahren konvertierbar ist. Dies sind verschiedenartige Brennstoffe, aber auch Düngemittel. Stickstoffdünger etwa wird wie die Brennstoffe in großen Mengen gebraucht, kann aber technisch aus Luftstickstoff und Wasserstoff nur in einem energetisch aufwendigen Verfahren hergestellt werden.

Im nächsten Abschnitt werden die Grundprinzipien der natürlichen Photosynthese aufgezeigt. Sie bilden die Vorlagen für biomimetische Verfahren mit dem Ziel der Umwandlung und Speicherung von Sonnenenergie.

2 *Der Mechanismus der Photosynthese als Vorbild für biomimetische Verfahren der Sonnenenergienutzung*

2.1 Der Gesamtprozeß der Photosynthese

Die Photosynthese ist derjenige Prozeß der Pflanzen und einiger Bakterien, bei dem das absorbierte Sonnenlicht in chemische Energie umgewandelt wird. Dabei entsteht die pflanzliche Biomasse, in den meisten Fällen gekoppelt mit freiwerdendem Sauerstoff (Substrat für die Atmung). Die Biomasse stellt nicht nur die Nahrung für die Lebewesen bereit, sondern auch die Energie für die Mehrzahl der menschlichen Aktivitäten in Form von Holz und von fossiler Biomasse (Kohle, Erdöl). So wird klar, daß die Photosynthese tierisches und menschliches Leben erst ermöglicht.

Der Gesamtprozeß kann als reduktiver Einbau von anorganischem Kohlendioxid in organische Verbindungen (CO_2-Fixierung) formuliert werden:

$$2\,H_2A + CO_2 \xrightarrow{h\nu} (CH_2O) + H_2O + 2\,A$$

Der Wasserstoffdonator H_2A ist nicht bei allen Organismen der gleiche. Bei der Mehrzahl der photosynthetisch aktiven Organismen, sowohl bei den höheren Pflanzen als auch bei den Cyanobakterien, wird als H_2A Wasser verwendet. Sauerstoff ist dann das Oxidationsprodukt A. In diesem Falle lautet die Reaktionsgleichung mit Zucker als Produkt:

$$2\,H_2O + CO_2 \xrightarrow{h\nu} 1/6\,(C_6H_{12}O_6) + H_2O + O_2$$

Die photosynthetischen Bakterien verwenden organische und anorganische H-Donatoren, so daß kein Sauerstoff freigesetzt wird. Im Falle von Schwefelwasserstoff H_2S lautet die Reaktionsgleichung:

$$2\,H_2S + CO_2 \xrightarrow{h\nu} (CH_2O) + H_2O + 2\,S$$

Die auf die Erdoberfläche auftreffende Sonnenenergie beläuft sich auf 0,4 bis $1 \cdot 10^{22}$ kJ/Jahr (davon 45 bis 55 vH im sichtbaren Bereich). Der größte Teil wird reflektiert. Nur 2 bis $4 \cdot 10^{18}$ kJ/Jahr (d. h. etwa 0,05 vH) werden durch Photosynthese in chemische Energie umgewandelt. Der menschliche Energieverbrauch beträgt etwa $4 \cdot 10^{17}$ kJ/Jahr, d. h. nur 10 vH der globalen Photosyntheseleistung. Daraus ergibt sich, daß genügend Sonnenenergie zur Verfügung steht und daß es angezeigt ist zu untersuchen, ob die photosynthetische Methode der Energieumwandlung nicht auch anders als über die Biomasse für den Menschen nutzbar gemacht werden könnte. Dazu sind die Ergebnisse der Photosyntheseforschung heranzuziehen. Zunächst sollen in Kurzform die Prinzipien der Photosynthese und anschließend deren Anwendbarkeit in biomimetischen Systemen beschrieben werden.

Die Gesamtheit der photochemischen und chemischen Reaktionen läuft in verschiedenen Reaktionsräumen ab.

Prinzip 1: *Kompartmentierung der Reaktionen*

Der Gesamtprozeß kann in die lichtabhängigen *Primärprozesse* und die lichtunabhängigen *Sekundärprozesse* unterteilt werden. Diese laufen in unterschiedlichen Kompartimenten ab. So besteht der Chloroplast der grünen Pflanzen aus dem Stromabereich mit wasserlöslichen globulären Enzymsystemen für die Dunkelreaktionen und, darin eingelagert, vesikulären Membransystemen, sog. Thylakoiden, für die Lichtreaktionen. Der wäßrige Innenraum der Thylakoide dient zur Speicherung und Anreicherung von Ionen und damit zur Herstellung von Konzentrationsdifferenzen.

Die *Sekundärreaktionen* führen zu einer Reduktion von Kohlendioxid mit Hilfe des Wasserstoffdonators NADPH und des energiereichen ATP:

$$CO_2 + 2\,NADPH + 3\,ATP^{4-} + 2\,H_2O \longrightarrow$$
$$1/6\,C_6H_{12}O_6 + 2\,NADP^+ + 3\,ADP^{3-} + 3\,Pi^{2-} + H^+$$

NADPH und ATP sind die Produkte der Primärreaktionen. Dabei wird mit Hilfe der Lichtenergie Wasserstoff vom Donator AH_2 auf $NADP^+$ übertragen. Gleichzeitig wird weitere Energie durch Bildung von ATP aus ADP und anorganischem Phosphat P_i konserviert (ATP ist das universelle Energiespeichermolekül der Biochemie).

$$2\,AH_2 + 2\,NADP^+ + 3\,ADP^{3-} + 3\,P_i^{2-} \xrightarrow{h\nu}$$
$$2\,A + 2\,NADPH + 3\,ATP^{4-} + 3\,H_2O$$

Bei den Bakterien tritt an die Stelle von NADPH das NADH mit entsprechender Funktion.

2.2 Die Primärreaktionen in den Reaktionszentren und der anschließende Elektronentransport

Bei höheren Pflanzen und Cyanobakterien ist Wasser der Wasserstoff-Donator. Bei diesen Organismen erfolgt eine Spaltung von Wasser in Sauerstoff und chemisch gebundenen Wasserstoff

$$2\,H_2O \longrightarrow O_2 + 2\,H_2 \text{ (gebunden)}$$

Für diese scheinbar einfache Reaktion ist eine Reihe von Teilreaktionen notwendig. Die Wasserspaltung wird durch eine Elektronenverschiebung vom Wasser zum endständigen Akzeptor $NADP^+$ realisiert. Dieser Elektronentransport wird angetrieben und initiiert durch zwei in Reihe geschaltete Photoreaktionen, die beide eine lichtinduzierte Ladungstrennung zwischen einem Donator P und einem Elektronenakzeptor A bewirken:

$$P + A \xrightarrow{h\nu} P^{\cdot +} + A^{\cdot -}$$

Prinzip 2: *Lichtinduzierte Ladungstrennung als primärer Schritt der Energiekonversion*

Um einen Rücktransfer des Elektrons im primären Radikalpaar zu verhindern, wird das Elektron schnell auf sekundäre und tertiäre Akzeptoren übertragen, während die positive Ladung zu weiteren Donatoren verschoben wird (Abbildung 1).

Prinzip 3: *Sequentieller Ladungstransfer*

Die Rückreaktion wird fast vollständig verhindert, indem die Reaktionsprodukte örtlich getrennt werden und der Elektronentransfer längs eines Gradienten von Redoxpotentialenverläuft, so daß die Rückreaktionen endergonisch sind. Die zwei photochemischen Zentren, in denen je eine Ladungstrennung abläuft, sind in Reihe geschaltet:

Prinzip 4: *Kopplung von zwei Lichtreaktionen*

Der reduzierte Akzeptor A_I von Lichtreaktion I reduziert über Zwischenstufen $NADP^+$. Der oxidierte Donator P_{II}^+ von Lichtreaktion II oxidiert letztendlich Wasser. Die Ladungen von A_{II}^- und P_I^+ rekombi-

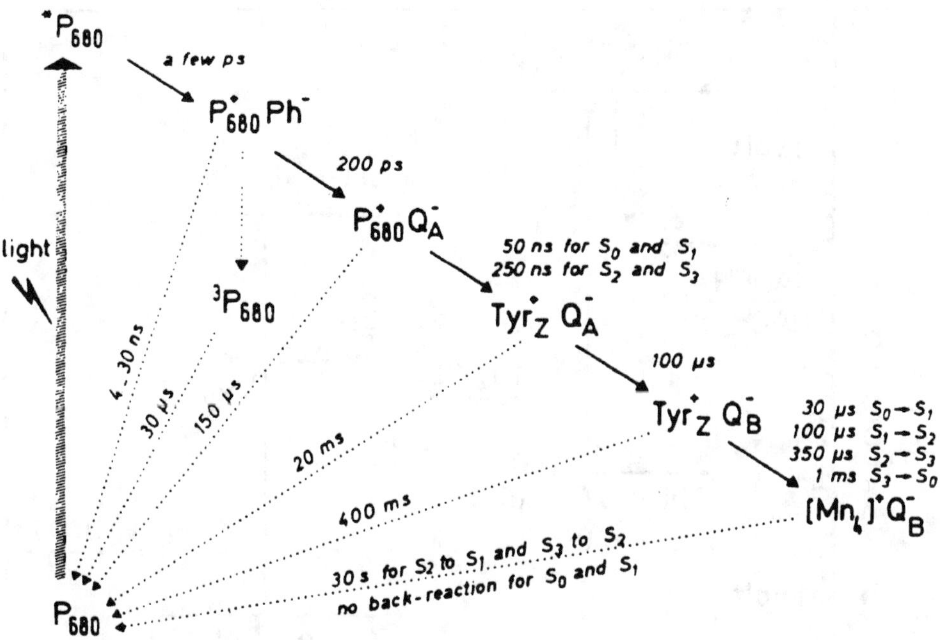

Abbildung 1: Elektronenfluß im Reaktionszentrum II [76]

nieren exergonisch u. a. über Plastochinon als Zwischenstufe. Das photochemisch aktive Molekül P ist für beide Lichtreaktionen ein spezielles Chlorophyll: Chl-a_I (oder P-700) für Lichtreaktion I und Chl-a_{II} (oder P-680) für Lichtreaktion II. Ordnet man die Komponenten nach ihrem Redoxpotential an, so erhält man ein Schema (Abbildung 2), in dem die energiekonvertierenden Lichtreaktionen durch ihren Übergang vom niedrigen zum höheren Energieniveau besonders ins Auge fallen.

Für eine hohe Ausbeute an Produktradikalen ist eine komplizierte Organisation der Reaktionspartner in einer Membran erforderlich. Diese wird durch den Einbau der redoxaktiven Komponenten in Proteinkomplexe realisiert. In diesen sind die Komponenten in optimierter Lage fixiert. Die Elektronenverschiebung erfolgt transmembran vom primären Donator an der Membraninnenseite über einen Elektronenüberträger zum stabilisierenden Akzeptor an der Membranaußenseite (Abbildung 3). Eine Überquerung der Membran in einem Schritt ist für das Elektron mit der angestrebten hohen Effizienz nicht möglich.

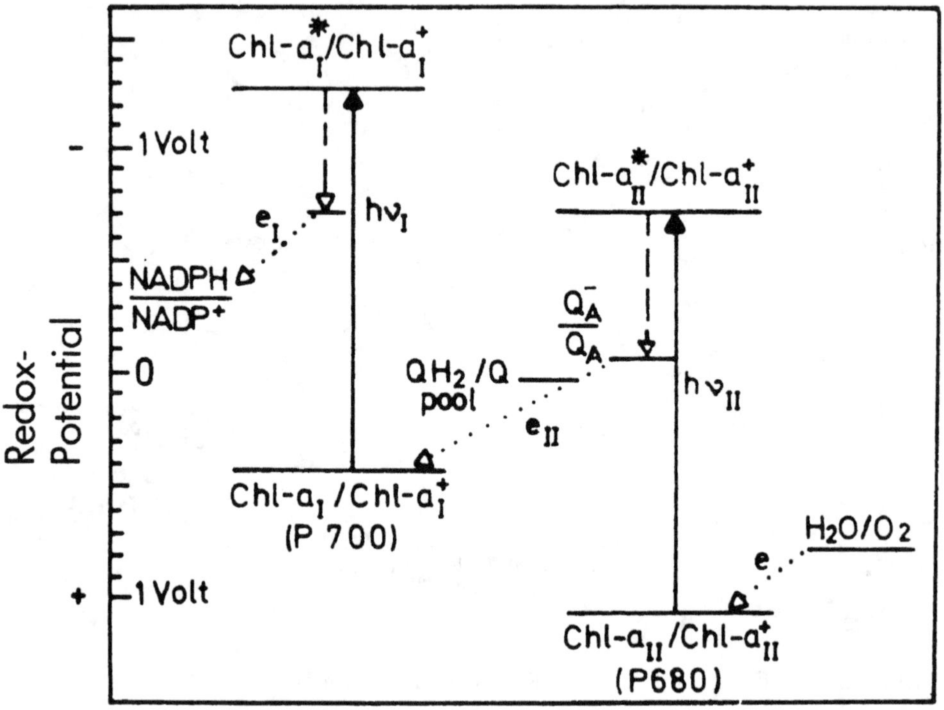

Abbildung 2: Energieschema des Elektronentransports [75]

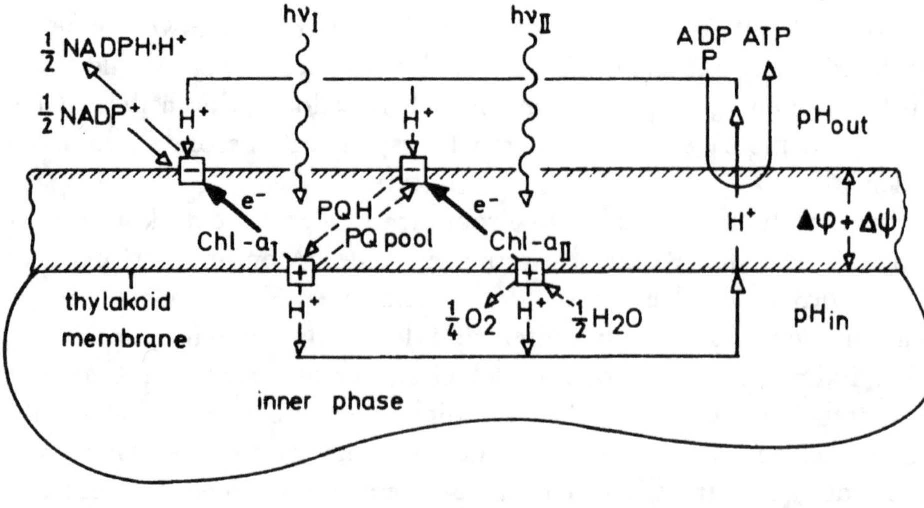

Abbildung 3: Schema des Elektronen- und Protonentransports [75]

Prinzip 5: *Vektorieller transmembraner Elektronentransport*

Genaue Kenntnisse über die wechselseitige Beziehung von Struktur und Funktion hat man bisher nur bei den Reaktionszentren der Purpurbakterien. Sie sind kristallisiert worden, so daß eine Röntgenstrukturanalyse durchgeführt werden konnte. Die besondere Effizienz des Elektronentransfers beruht darauf, daß die Vorwärtsreaktionen aktivierungsfrei, d. h. besonders schnell sind, während die Rückreaktionen eine (scheinbare) Aktivierungsenergie besitzen und dadurch wesentlich langsamer sind. Diese durch die Marcus-Theorie beschriebenen Verhältnisse sind nur bei bestimmten Abständen und Winkeln der Reaktanden realisiert, wie sie durch die Proteinhelices vorgegeben sind und auch während der Reaktionen aufrechterhalten werden (relativ starre Struktur).

2.3 Der Elektronentransport zwischen den Reaktionszentren

Der Elektronentransport verläuft in jedem der beiden Reaktionszentren transmembran von innen nach außen. Das bedeutet, daß die verbindende Reaktion zwischen den Zentren ebenfalls vektoriell, und zwar transmembran von außen nach innen erfolgen muß. Zwischen den Reaktionszentren überbrückt ein Pool von etwa 10 Molekülen Plastochinon (ein substituiertes Benzochinon) die Membran von außen nach innen. Das PQ wird zum Hydrochinon reduziert, so daß bei diesem Redoxcarrier der Elektronentransfer mit einem Protonentransfer gekoppelt ist. Der sekundäre Protonentransport durch das Plastochinon/Hydrochinon-System erfolgt also auch vektoriell. Es stellt eine mit Redoxenergie angetriebene Protonenpumpe dar. Nach erfolgter Protonierung durch Protonen aus der Außenphase verläßt PQH_2 seine Bindungsstelle am Reaktionszentrum II und gelangt in den Pool. An der Membraninnenseite wird es u. a. nach Bindung an den Cyt f/b-Komplex unter Protonenabgabe in die Innenphase der Thylakoide wiederum oxidiert. Die Elektronen gelangen schließlich zum Plastocyanin (Kupferprotein), das den Weitertransfer zum $Chl\text{-}a_I^+$ vermittelt.

2.4 Wasseroxidation

Wasser ist der endständige Elektronendonator, $NADP^+$ der endständige Elektronenakzeptor der Elektronentransportkette. Die Wasserspaltung erfolgt in einem Proteinkomplex, der eng mit dem Reaktionszentrum

II verbunden ist: dem Sauerstoff-entwickelnden Enzym (OEC). Für die Produktion von einem Molekül Sauerstoff werden vier Oxidationsäquivalente benötigt; 4 Protonen werden dabei freigesetzt:

$$2\,H_2O + 4\oplus \longrightarrow 4\,H^+ + O_2$$

Da jeder OEC-Komplex mit nur einem Reaktionszentrum gekoppelt ist, müssen nacheinander in 4 Photoreaktionen 4 Elektronen abgezogen werden. Der chemische Mechanismus ist noch nicht genau aufgeklärt. Sicher ist, daß ein Mangan-Protein-Komplex mit 2 bis 4 Manganzentren vorliegt (Cluster-Verbindung). Wahrscheinlich erfahren 2 Manganatome einen Wertigkeitswechsel von +2 nach +4. Erst nach dieser 4fachen Oxidation des Speichers wird in einer konzertierten Reaktion das Wasser oxidiert [78].

Prinzip 6: *Speicherung von vier Oxidationsäquivalenten zur Wasserspaltung*

Zwischen primärem Donator (Chl-a_{II}) und dem Mangankomplex liegt noch ein Elektronenüberträger, der kürzlich als die Aminosäure Tyrosin eines Proteins identifiziert wurde (bisher einziges Beispiel für eine derartige Proteinfunktion). Die bei der Wasserspaltung freigesetzten 4 Protonen werden ausschließlich in den Thylakoidinnenraum abgegeben. Zusammen mit der Protonentranslokation über den PQ-Pool (s.o.) werden pro Elektronentransfer vom Wasser bis zum $NADP^+$ $2\,H^+$ in die Innenphase gebracht.

Prinzip 7: *Vektorieller transmembraner Protonentransport*

2.5 $NADP^+$-Reduktion

$NADP^+$ wird an der Akzeptorseite der Reaktionszentren I durch Vermittlung von zwei wasserlöslichen, jedoch an die Membran adsorbierbaren Enzymen reduziert. Das Eisen-Schwefel-Protein Ferredoxin Fd überträgt nur einzelne Elektronen. Die Ferredoxin-NADP-Reduktase ist ein Flavoprotein und bindet nach Reduktion zum Semichinon und Disproportionierung zum Hydrochinon auch Protonen. Im letzten Schritt der Reaktionskette wird ein Proton vom reduzierten NADP gebunden.

Von besonderem Interesse (im Hinblick auf biomimetische Systeme) ist die Möglichkeit, statt $NADP^+$ auch Protonen zu reduzieren und so freien Wasserstoff zu gewinnen. Eine solche Reaktion kann unter künstlichen Bedingungen an bestimmten Algen und Bakterien stattfinden.

2.6 Protonentransport und Phosphorylierung

Für die CO_2-Reduktion wird ATP benötigt (s.o.). Die Synthese aus ADP und anorganischem Phosphat ist eine endergonische Reaktion, d. h. sie läuft nur bei Bereitstellung von freier Energie ab. Energie wird bei der Photosynthese über Ladungstrennungen konvertiert; zur Bildung von ATP müssen Elektronentransport und Phosphorylierung gekoppelt sein. Wie oben geschildert, wird über die Membran hinweg ein Konzentrationsgradient von Protonen erzeugt. Beim Rückstrom der Protonen in die Außenphase wird die freie Enthalpie der Protonen in einem besonderen Enzym, der ATPase, unter Bildung des energiereichen ATP umgewandelt und gespeichert.

Prinzip 8: *Kopplung von Protonentransport und Phosphorylierung*

Die freie Enthalpie ΔG_H^+ der Protonen besteht aus zwei Anteilen, der elektrischen Potentialdifferenz $\Delta\varphi$ und der logarithmischen Konzentrationsdifferenz ΔpH:

$$-\Delta G_H^+ = F \cdot \Delta\varphi + 2{,}3\,RT \cdot \Delta pH$$

Der genaue Mechanismus der hochorganisierten molekularen ATPase-Maschine ist noch unbekannt. Insbesondere ist nicht klar, ob die Protonen direkt am katalytischen Zentrum (durch Wasserabspaltung) wirken oder indirekt durch eine Konformationsänderung. Wahrscheinlich werden 4 Protonen pro ATP benötigt. Zusammen mit einer Protonenproduktion von maximal 3 Protonen pro Elektron könnten bei vollständiger Kopplung 1,5 ATP-Moleküle pro NADPH synthetisiert werden. Dies entspricht dem Bedarf für die CO_2-Reduktion.

2.7 Lichtabsorption und Energieleitung

Bisher wurden mit der primären Ladungstrennung, den folgenden Elektronentransferreaktionen und der Protonentranslokation alle Prozesse diskutiert, die sich an die Absorption des Lichtes anschließen. Diese Reaktion ist bei der Photosynthese komplizierter organisiert als bei in vitro-Systemen. Die Reaktionszentren selbst absorbieren zwar Licht, aber zu wenig für die erforderliche stationäre Photosyntheserate, die nur durch erhöhten Einfangquerschnitt erreichbar ist. Außerdem muß sichergestellt sein, daß beide Reaktionszentren gleich viele Lichtquanten erhalten. Schließlich muß überschüssige Lichtenergie im Falle starker Sonneneinstrahlung in Wärme umgewandelt werden.

Mit dieser dreifachen Funktion existiert ein Antennenpigmentsystem von nicht photochemisch aktiven Pigmenten, die nur Licht absorbieren und die Anregungsenergie zu den Reaktionszentren leiten (Energieleitung).

Prinzip 9: *Antennenpigmentsystem als Lichtfalle*

Chemisch bestehen die Antennen aus verschiedenen Chlorophyllen und akzessorischen Pigmenten, meist Carotinoiden. Bei höheren Pflanzen kommen 400 bis 700 Chlorophyllmoleküle auf ein Reaktionszentrum. Die Pigmente sind auf verschiedene Pigment-Protein-Komplexe verteilt. Ein Teil der Chlorophyllmoleküle (jeweils etwa 50) sind besonders eng mit den Reaktionszentren verbunden und bilden mit diesen den sog. Core-Komplex. Nur bei den Bakterien ist es bisher gelungen, die Proteinuntereinheit mit diesen Antennenpigmenten ganz vom Reaktionszentrum zu entfernen. Ein weiterer Teil der Pigmente ist in einem besonderen Proteinkomplex (LHC) eingelagert, der je nach Reduktionsgrad des Plastochinonpools vorzugsweise an den Core-Komplex von System I oder II gekoppelt ist. Außer zum Lichteinfang dienen Carotinoide auch dem Schutz des Systems, indem sie Triplettenergie vom Chlorophyll übernehmen und schnell in Wärme umwandeln.

2.8 Reduktion von Kohlendioxid

Die Reduktion von CO_2 mit den Produkten der Primärreaktionen erfolgt im reduktiven Pentosephosphat (RPP)-Zyklus, auch Calvin-Benson-Zyklus genannt. Primärer CO_2-Akzeptor ist das Ribulosebisphosphat (RuBP), das durch die Katalyse der RuBP-Carboxylase (Rubisco) in exergonischer Reaktion ($\Delta G' = -35{,}1$ kJ) in zwei Moleküle Phosphoglycerinsäure (PGA) umgewandelt wird. Wegen des Auftretens der C_3-Produkte heißt der Zyklus auch C_3-Zyklus. ATP wird bei der Bildung von RuBP und bei der Phosphorylierung von PGA gebraucht. NADPH reduziert Diphosphoglycerat (DiPG) zu Glyceraldehydphosphat (G3P). Nach dreimaligem Durchlauf des Zyklus kommt ein Molekül G3P als Endprodukt aus dem Zyklus heraus. Rubisco katalysiert nicht nur die CO_2-Fixierung, sondern auch eine eigentlich unerwünschte Oxidation von RuBP (Oxygenase-Reaktion). Durch diese Lichtatmung (Photorespiration), bei der CO_2 ausgeschieden wird, wird der Wirkungsgrad der Photosynthese erheblich verringert.

Die C_3-Pflanzen benutzen nur den C_3-Zyklus. Für einige schnellwachsende tropische Pflanzen (meist Gräser) ist dieser offenbar nicht ausreichend. Diese C_4-Pflanzen führen eine primäre CO_2-Fixierung auf dem C_4-Dicarbonsäureweg durch. Dabei wird Phosphoenolpyruvat (PEP) in Oxalacetat umgewandelt ($\Delta G' = -35{,}6$ kJ). Über eine Transcarboxylierungsreaktion ist der C_3-Zyklus nachgeschaltet. Er erfolgt mit besserer Effizienz (erhöhter CO_2-Partialdruck) bei unterdrückter Lichtatmung in den Gefäßbündelzellen.

Bei bestimmten Sukkulenten, den CAM-Pflanzen, wird in Anpassung an extremes Trockenklima die primäre CO_2-Fixierung bis zum Malat in der Nacht durchgeführt, während der C_3-Zyklus in den Chloroplasten bei geschlossenen Spaltöffnungen am Tage abläuft.

2.9 Effizienz der Photosynthese

Die Effizienz einer Photoreaktion mit angekoppelten Dunkelreaktionen kann durch zwei Größen charakterisiert werden.

Die Quantenausbeute Φ gibt Aufschluß über die Stöchiometrie der Gesamtreaktion und ist gleich dem Zahlenverhältnis von Produktmolekülen zu absorbierten Lichtquanten. Sie kann sowohl für die primäre Photoreaktion als auch für die Gesamtreaktion angegeben werden. Im letzteren Falle ist sie gleich dem Produkt der Ausbeutefaktoren aller aufeinanderfolgenden Teilreaktionen. Der Ausbeutefaktor ist nur dann gleich 1, wenn parallele Konkurrenzreaktionen entweder nicht vorhanden oder völlig vernachlässigbar sind. Die Quantenausbeute der primären Ladungstrennung in den Reaktionszentren ist nahezu 1. Für das Endprodukt Sauerstoff ergibt sich 1/8, da zwei Lichtreaktionen seriell gekoppelt sind und 4 Elektronen transportiert werden müssen.

Die Energieausbeute gibt an, welcher Anteil der eingestrahlten Energie im betrachteten Produkt gespeichert wird. Energieverluste entstehen notwendigerweise bei der Stabilisierung der Reaktionsprodukte durch energetische Absenkung (zur Vermeidung der Rückreaktionen). Außerdem müssen Verluste durch unvollständige Absorption und Lichtstreuung berücksichtigt werden. Beim Chlorophyll gewährleistet die Absorption in der roten Bande gute Energieausnutzung. Kurzwelliges Licht kann durch Absorption der blauen Bande zwar auch nutzbar gemacht werden, jedoch mit geringerem Wirkungsgrad. Der zweite Anregungszustand geht unter Energiedissipation strahlungslos in den ersten über. Natürlich führt auch eine nicht optimale Stöchiometrie zu schlechterer Energieausbeute. Bei der Photosynthese ist dieser Fall bei den Sekundärreaktionen gegeben. Die Energieausbeute ergibt sich durch Multiplikation aller Ausbeutefaktoren. Sie hängt von der Wellenlänge des eingestrahlten Lichtes ab. Bei Einstrahlung eines kontinuierlichen Spektrums von Licht mit einer relativen spektralen Verteilungsfunktion kann man eine mittlere Effizienz für die Energieausbeute angeben.

Bezieht man die Energie der Primärprodukte (O_2, NADPH, ATP) auf die absorbierte Sonnenenergie, so ist die Energieausbeute bei Einstrahlung in die rote Bande mit 44 vH recht hoch. Für Traubenzucker als Endprodukt der Sekundärreaktionen liegt die Ausbeute bei 34 vH. Bezogen auf die eingestrahlte Energie errechnet man eine mittlere Ausbeute von 9,5 vH, die bei Berücksichtigung der Atmung (insbesondere Lichtatmung) auf 5,8 vH absinkt. Die Wasserhyazinthe kommt mit 4 vH diesem theoretischen Wert sehr nahe. Für die gesamte Biomasse der Erde ergibt sich schließlich ein Wert von weniger als 0,1 vH.

Die Schlußfolgerung liegt nahe, daß die Verwertung von Biomasse zur Energieproduktion, was die Energieausbeute betrifft, kein effizienter Prozeß ist.

2.10 Photosynthetische Bakterien

Die Bakterien stellen das Experimentierfeld der Natur für die Evolution verschiedenartigster biochemischer Mechanismen dar. Einige Arten besitzen auch Photosysteme und führen photosynthetische Reaktionen durch. Diese sind sehr vielgestaltig und noch längst nicht für alle Arten aufgeklärt. Man kann zwei grundsätzliche Arten photosynthetischer Aktivität unterscheiden:

(1) Cyanobakterien besitzen 2 Photosysteme und spalten Wasser wie die höheren Pflanzen. Vom biomimetischen Aspekt ist interessant, daß manche Arten thermophil sind. Sie haben besonders hitzeunempfindliche Proteine und Enzyme entwickelt, die bei Verwendung in künstlichen Systemen entsprechend wenig altern sollten.

(2) Alle übrigen photosynthetischen Bakterien haben nur ein Reaktionszentrum und spalten kein Wasser. Das Reaktionszentrum der grünen Schwefelbakterien ist in seiner Funktion (Reduktion von Ferredoxin) dem RC I der höheren Pflanzen ähnlich, dasjenige der Purpurbakterien gleicht dagegen dem RC II.

Die Bakterien führen vielfach einen zyklischen Elektronentransport durch, bei dem naturgemäß keine Redoxprodukte auftreten, sondern nur ATP gebildet wird. Der nichtzyklische Elektronentransport ist von Art zu Art verschieden. Die Schwefel-Purpur-Bakterien fixieren CO_2 mit vorzugsweise anorganischen Wasserstoffdonatoren wie Schwefelwasserstoff und Sulfit. Die Nichtschwefel-Purpur-Bakterien leben vorzugsweise heterotroph und mit organischen Wasserstoffdonatoren für den nichtzyklischen Elektronentransport.

Interessant ist, daß auch Wasserstoff als Elektronendonator im nichtzyklischen Elektronentransport dienen kann. Andererseits können diese Bakterien auch zur Wasserstoffproduktion veranlaßt werden (vgl. Abschnitt 3.3.1).

Die Energieausbeute der Photosynthese ist bei den Bakterien im allgemeinen kleiner als bei den höheren Pflanzen.

3 Biomimetische Systeme

3.1 Diskussion der Photosynthese-Prinzipien

Zunächst sollen die in Abschnitt 2 aufgestellten Prinzipien noch einmal zusammengestellt werden:

(1) Kompartmentierung der Reaktionen
(2) Lichtinduzierte Ladungstrennung als primärer Schritt der Energiekonversion
(3) Sequentieller Ladungstransfer
(4) Kopplung von zwei Lichtreaktionen
(5) Vektorieller transmembraner Elektronentransport
(6) Speicherung von vier Oxidationsäquivalenten zur Wasserspaltung
(7) Vektorieller transmembraner Protonentransport
(8) Kopplung von Protonentransport und Phosphorylierung
(9) Antennenpigmentsystem als Lichtfalle

Im folgenden soll untersucht werden, ob und inwiefern von der Natur beschrittene Wege, wie sie insbesondere in den formulierten Prinzipien zum Ausdruck kommen, in Verfahren zur Sonnenenergienutzung integriert werden können.

Ziel der Verfahren

Die Natur bietet eine verwirrende Fülle von Produkten der Photosynthese an, die jedoch alle auf die Reduktion von CO_2 zurückgehen. Es liegt nahe, auch bei einer künstlichen Photosynthese eine Reduktion von CO_2 zu Kohlenwasserstoffverbindungen (z. B. Methan CH_4) oder Kohlenstoffverbindungen mit hohem Wasserstoffgehalt (z. B. Methanol CH_3OH) durchzuführen. Diese sind als Brennstoffe wertvoll. Man kann aber auch – und diesen Weg ist die Forschung gegangen – die Wasserspaltung zum Vorbild nehmen. Die Wasserspaltung in Sauerstoff und Wasserstoff ist eine hervorragende energiespeichernde Reaktion. Wasserstoff hat eine hohe Verbrennungsenthalpie und liefert als Verbrennungsprodukt nur Wasser, wenn der gleichzeitig produzierte Sauerstoff für die Verbrennung verwendet wird.

Prinzip der Konversion von Lichtenergie

Es ist eine ganze Reihe von Photoreaktionen bekannt, von denen isomere Umlagerungen auch bezüglich einer Energiekonversion diskutiert wurden. Die Photosynthese legt eine Ladungstrennung als primären Schritt nahe (Prinzip 2). Von der Forschung wird heute kaum ein anderer Weg beschritten.

Wege zur Stabilisierung der primären Reaktionsprodukte

Die Photosynthese erreicht eine optimale Quantenausbeute durch räumliche Trennung der Produkte und sequentiellen Ladungstransfer (Prinzip 3). Bei in vitro-Systemen in homogener Lösung kann ein streng sequentieller Elektronentransfer nicht realisiert werden. In einem homogenen Mehrkomponentensystem ist eine Vielzahl von Rückreaktionen möglich. Es fehlt auch die strukturelle Organisation der Reaktionszentren, die bis heute noch nicht nachgeahmt worden ist. Man muß zunächst einfachere Methoden der Produktentrennung wählen, etwa die Kompartmentierung des Reaktionsraumes (Prinzip 1) durch Vesikel oder andere Inhomogenitäten.

Wege zu den Endprodukten

Sind die gewünschten Endprodukte organische Verbindungen, so wird man versuchen, natürliche Enzyme einzusetzen, die heute vielfach isoliert und in reiner Form vorliegen. Für die Wasserspaltung muß man zur Bildung und Freisetzung von O_2 und H_2 Wege der Akkumulation von Oxidationsäquivalenten (Prinzip 6) eröffnen. Zur Zeit stehen nur die üblichen Katalysatoren zur Verfügung (Molekülaggregate wie RuO_2 etc.). Beim biomimetischen Verfahren wären wahrscheinlich Cluster-Moleküle am geeignetsten. Das Ziel, Wasserstoff und Sauerstoff ohne die Möglichkeit einer Rückreaktion der Endprodukte zu erzeugen, legt die räumliche Trennung der Produktionsorte unter Anwendung von zwei Lichtreaktionen (Prinzip 4) nahe. Energetisch würde bei thermodynamisch optimalem Wirkungsgrad (0,73 nach Duysens) ein Quant von 745 nm ausreichen (pro Redoxäquivalent).

3.2 Klassifikationen biomimetischer Verfahren

Die Vielzahl der möglichen biomimetischen Verfahren kann nach verschiedenen Gesichtspunkten eingeteilt werden. Wie schon in der Einleitung erwähnt, kann man die Einteilung nach der *Herkunft der Komponenten* vornehmen:

- Systeme mit Komponenten biologischen Ursprungs
- Künstliche Systeme
- Kombinationen von biologischen und künstlichen Systemen

In der Einleitung sind auch bereits die unterschiedlichen *Produkte* biomimetischer, energieumwandelnder Verfahren aufgeführt worden. Die Energie kann in folgenden Formen gewonnen bzw. gespeichert werden:

- Chemische Energie
  - Wasserstoff
  - Andere Brennstoffe (Methan, Methanol)
  - Stickstoffverbindungen für die Düngemittelherstellung (NH_3)
  - Wertvolle Aminosäuren und andere organische Säuren
- Elektrische Energie (z. B. Photoredoxbatterie)

  Zur Realisierung einer Photoredoxbatterie muß man die durch Licht getrennten Ladungen auf zwei makroskopische Elektroden übertragen.

Eine weitere Möglichkeit der Unterscheidung liegt in der *Art der Photoreaktion*:

- Photochemische Zellen (PC)
  Photochemische Zellen sind Systeme, in denen die Photoreaktion molekular erfolgt. Einzelne Farbstoffmoleküle, die in molekularer Verteilung vorliegen, werden optisch angeregt und so zur chemischen Reaktion gebracht.
- Photoelektrochemische Zellen (PEC)
  Bei ihnen liegt das photosensitive Material als Feststoff (Halbleiter) vor. Bei Anregung werden die Elektronen vom gemeinsamen Valenzband in das ebenfalls vielen Molekülen zugehörige Leitungsband angehoben.

Schließlich kann man die Systeme auch nach der *Art der Kompartmentierung* bzw. *Organisation der Komponenten* zusammenfassen.

- Kovalente Systeme (in homogener Phase)
  Supermoleküle mit kovalenter Verknüpfung zwischen Sensibilisator und ein oder mehreren Elektronendonatoren und -akzeptoren sind als Funktionsmodelle für Reaktionszentren synthetisiert worden.
- Heterogene Systeme aus membranmimetischen Agentien
  In der Natur wird eine Kompartmentierung der Zellen und Zellorganellen durch Membranen realisiert. Diese bestehen aus den amphiphilen Lipiden. Mit Hilfe von natürlichen und künstlichen Lipiden und Detergentien kann man Membransysteme aus ein, zwei oder mehreren monomolekularen Schichten aufbauen. Folgende Systeme sind untersucht worden:
  · Micellen und umgekehrte Micellen
  · Monomolekulare Schichten und organisierte Multischichten
  · Schwarze Lipidmembrane als Bespannung kleiner Öffnungen in Trennwänden
  · Vesikel: Doppelschichtige (BLM)-Vesikel und einschichtige (MLM)-Vesikel
- Andere heterogene Systeme
  · Polyelektrolyte: synthetische Polymere mit ionischen Gruppen zeigen an ihren Oberflächen ähnliche Eigenschaften wie Micellen und Vesikel.
  · Wirt-Gast-Systeme: Makrozyklische Glucosepolymere (Cyclodextrin) bieten spezielle Reaktionsräume in ihrem Innern.
  · Alumosilikate: Die anorganischen Zeolithe vereinen Eigenschaften von Polyelektrolyten und Wirt-Gast-Systemen.

- Kolloide: Halbleiterteilchen in kolloidaler Verteilung sind als Träger für Katalysatoren oder als photochemisch aktive Elemente verwendet worden.

3.3 Kultivierung biologischer Systeme

In den Abschnitten 2.5 und 2.10 ist erwähnt worden, daß manche Algen und Bakterien die Fähigkeit zur Wasserstoffproduktion besitzen. Es liegt nahe, diese Potenz auszunutzen. Obwohl die Züchtung H_2-erzeugender Mikroorganismen (ebenso wie die Züchtung von höheren Pflanzen zur Produktion von Biomasse) kein biomimetisches Verfahren ist, sollen die verschiedenen Mechanismen der Wasserstoffproduktion hier dennoch ausführlich dargestellt werden. Die Kenntnis der Mechanismen ist notwendig, wenn man bei der Modellierung von kombinierten oder, verglichen mit der Natur, veränderten Systemen zu besseren Produktausbeuten kommen will.

3.3.1 Wasserstoffproduktion

3.3.1.1 Grünalgen

Viele Grünalgen (Scenedesmus, Chlorella, Chlamydomonas) können unter anaeroben Bedingungen mit Hilfe des Enzyms Hydrogenase Wasserstoff entwickeln. Dabei wird die Hydrogenase während einer Induktionsphase meist erst gebildet. Voraussetzungen sind der Überschuß an Reduktionsäquivalenten und der Mangel an reduzierbaren Substanzen. Der photosynthetische Elektronentransfer führt zu reduziertem Ferredoxin, das die Elektronen an die Hydrogenase weitergibt. So können schließlich Protonen zu Wasserstoff reduziert werden (Abbildung 4a). Die Hydrogenaseaktivität nimmt mit der Sauerstoffproduktion rasch ab. Will man kontinuierlich Wasserstoff gewinnen, so muß diese Reaktion durch Verminderung der O_2-Konzentration verhindert werden. Das kann auf verschiedene Weise realisiert werden:

- Einstrahlung von Licht geringer Intensität (unterhalb des Kompensationspunktes für O_2)
- Anwendung von Licht-Dunkel-Zyklen
- Entfernung des O_2 durch einen Stickstoffstrom

In geringem Umfang gibt es auch einen zweiten Mechanismus der Wasserstoffbildung. Wasserstoffquelle sind endogene Substrate. Die Elektronen werden unter Ausschluß von Photosystem II in die Elektronentransportkette eingespeist (wahrscheinlich über Plastochinon).

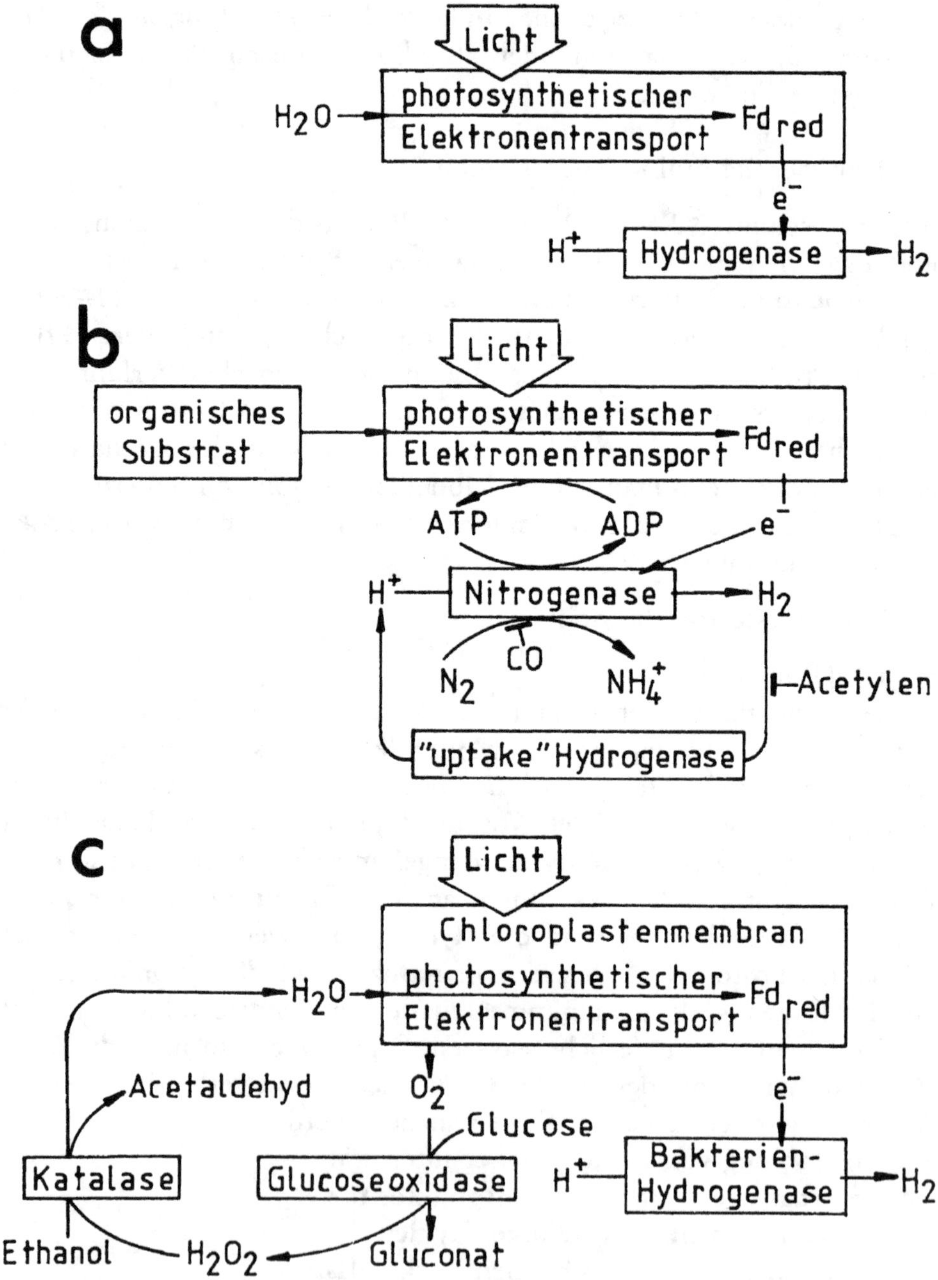

Abbildung 4: Wasserstoffbildung bei unterschiedlichen biologischen Systemen [74]
a) ATP-unabhängige Hydrogenase bei Grünalgen
b) ATP-abhängige Nitrogenase bei Blaualgen
c) künstliches zellfreies System

3.3.1.2 Cyanobakterien

Obwohl die Cyanobakterien wie die Algen zwei Photosysteme besitzen, verläuft die Wasserstoffproduktion meist nach einem ganz anderen Mechanismus. Das wirksame Enzym ist die Nitrogenase, die mit der Hydrogenase die Sauerstoffempfindlichkeit gemeinsam hat. Zur Wasserstoffbildung sind aber noch weitere Bedingungen zu erfüllen. Im Normalfall reduziert die Nitrogenase Stickstoff zu Ammoniumverbindungen. Eine Reduktion Protonen zu H_2 erfolgt nur bei Mangel an Stickstoffakzeptoren. Aber auch dann wird i. a. nur geringe Nettoproduktion von H_2 gemessen. Eine spezielle Hydrogenase (»uptake«-Hydrogenase) oxidiert nämlich einen Teil des gebildeten Wasserstoffs wieder zurück zu Protonen. Damit die Nitrogenase vor Sauerstoff geschützt ist, befindet sie sich in speziellen Zellen (Heterocysten) mit dicken Wänden, die für O_2 impermeabel sind. Der photosynthetische Apparat ist nur durch das Photosystem I vertreten. Wasserstoffdonator ist nicht das Wasser; die Elektronen werden aus organischen Substraten in die Elektronentransportkette eingespeist und über Ferredoxin an die Nitrogenase abgegeben (Abbildung 4b). Außer Reduktionsäquivalenten benötigt diese noch ATP. Dieses wird durch eine zyklische Phosphorylierung oder durch die Atmung (oxidativer Glucoseabbau) geliefert. Sollen geeignete Organismen (Anabaena und andere fädige Cyanobakterien) Wasserstoff produzieren, so müssen die störenden Reaktionen unterbunden werden, etwa durch

- Inhibierung der »uptake«-Hydrogenase durch Azetylen,
- Verhinderung der N_2-Reduktion durch Stickstoffentzug oder CO-Zugabe.

Es gibt aber auch Cyanobakterien (z. B. Nostoc, Oscillatoria) ohne Heterocystenzellen. Die Atmung muß in diesen Fällen so viel Sauerstoff verbrauchen, daß dessen Konzentration gering bleibt. Im Labor kann die Nitrogenaseaktivität durch Spülen mit Argon induziert werden. Eine geeignete Bakterienart ist Phormidium, die keine »uptake«-Hydrogenase besitzt.

Anders liegen die Verhältnisse bei den einzelligen Cyanobakterien (z. B. Synechococcus). Diese führen im Normalfall eine aerobe N_2-Fixierung durch. Bei Stickstoffentzug kann eine Wasserspaltung unter Freisetzung von Wasserstoff und Sauerstoff im Verhältnis 2:1 erfolgen. Die Fähigkeit dazu wird in einer Induktionsperiode entwickelt, während der Licht hoher Intensität eingestrahlt wird. Zu Beginn der Induktionsperiode und bei Belichtung mit niedriger Intensität sind Kohlehydrate die Wasserstoffquelle. Das H_2/O_2-Verhältnis ist dann viel größer als l. Außerdem wird CO_2 freigesetzt (im Grenzfall im Verhältnis $H_2/CO_2 = 2$).

3.3.1.3 Photosynthetische Bakterien

Viele anaerobe Bakterien produzieren mit Hilfe einer reversiblen Hydrogenase Wasserstoff im Verlauf von Gärungsreaktionen. Dies soll hier nicht betrachtet werden, da diese Reaktionen im Dunkeln ablaufen.

Auch viele photosynthetische Bakterien können unter Luftausschluß Wasserstoff produzieren. Das verantwortliche Enzym ist die Nitrogenase, das durch geeignete Kulturbedingungen aktiviert werden muß. Wie bei den Cyanobakterien werden ATP und ein Elektronendonator benötigt. ATP wird durch die zyklische Phosphorylierung geliefert. Donatoren sind diverse Carbonsäuren oder Sulfide. Die grünen Schwefelbakterien können in einem nichtzyklischen lichtgetriebenen Elektronentransport Ferredoxin reduzieren (mit Sulfid als Donator). Purpurbakterien benötigen zur Bereitstellung von NADH einen lichtgetriebenen umgekehrten Elektronentransport (mit einem pH-Gradienten als Energielieferanten), wobei z. B. Succinat der Donator ist. Ferredoxin bzw. NADH reduzieren schließlich die Nitrogenase.

3.3.1.4 Perspektiven

Die gemeinsame Schwierigkeit, die einer effektiven Wasserstoffproduktion entgegensteht, liegt bei den meisten Organismen in der Inaktivierung der verantwortlichen Enzyme durch Sauerstoff (Ausnahme: einige einzellige Cyanobakterien). Es ist heute noch schwierig, eine H_2-Produktion über einen längeren Zeitraum ausreichend schnell zu halten, d. h. alle Nebenreaktionen zurückzudrängen. Der energetische Wirkungsgrad liegt bei 1 vH. Folgende Themen sind weiterhin zu bearbeiten:

- Suche nach geeigneten Organismen (mit hoher Enzymkonzentration und geringer O_2-Empfindlichkeit). Wasserspaltende Arten (Cyanobakterien oder Algen) sind zu bevorzugen. Purpurbakterien wären interessant, wenn sie den benötigten Elektronendonator aus Abfällen entnehmen.
- Aufklärung des Reaktionsmechanismus für jede einzelne Art.
- Verbesserung der Eigenschaften durch gentechnische Methoden. Weitere Verbesserungen sind durch kombinierte Systeme zu erwarten.

- Anwendung zellfreier Systeme mit Sauerstoffentfernung durch Glucoseoxidase. Ein Beispiel mit einer Kombination von bakterieller Hydrogenase und der Elektronentransportkette von Chloroplasten zeigt Abbildung 4c.
- Vergrößerung der Stabilität durch Immobilisierung von Zellen.

Wasserstoffprojekte werden u. a. von folgenden Gruppen durchgeführt: Böger (Konstanz), Carr (Liverpool), Grimme (Bremen), Hall (London), Melandri (Bologna), Mitsui (Miami), Rechenberg (Berlin), Stewart (Dundee), Trebst (Bochum), Veeger (Wageningen), Vignais (Grenoble).

3.3.2 Stickstoff-Fixierung

Die Stickstoff-Fixierung durch symbiotische Bakterien an den Wurzelhaaren der Lugimosen und deren Bedeutung für die Landwirtschaft sind schon lange bekannt. Neueren Datums ist die Kenntnis von der oben erwähnten lichtabhängigen Stickstoff-Reduktion durch die Nitrogenase von Cyano- und Purpurbakterien. Untersuchungen zur Nutzbarmachung dieser Reaktion stehen noch in den Anfängen.

3.4 Künstliche Systeme

3.4.1 Essentielle Reagentien eines künstlichen Photosystems

Zur Realisierung einer lichtinduzierten Ladungstrennung sind zwei Komponenten notwendig: Der lichtabsorbierende Farbstoff (Sensibilisator S), der vom angeregten Zustand aus die chemische Reaktion auslöst, und ein Reaktionspartner. Die Richtung des Elektronentransfers wird durch die relative Lage der Redoxpotentiale vom angeregten Sensibilisator und seinem Reaktionspartner bestimmt. So kann der Reaktionspartner Elektronendonator D oder Elektronenakzeptor A sein. Im Hinblick auf den Weitertransfer des Elektrons werden die Donatoren und Akzeptoren allgemein als Elektronenüberträger oder Relaisverbindungen bezeichnet.

Bei der Auswahl der chemischen Komponenten erweist sich das biomimetische Prinzip als nicht besonders praktikabel. Die biologischen Vorbilder (z. B. Chlorophyll, Carotinoide) sind in freier Form nicht sehr stabil. Man wird daher künstliche Reagentien auswählen, an die je nach gewünschter Reaktion spezielle Forderungen zu stellen sind. Allgemein gilt für alle Komponenten, daß sie möglichst stabil und möglichst billig sein sollen. Sensibilisatoren und Relaisverbindungen sind für photochemische Zellen zur Wasserspaltung entwickelt worden.

3.4.1.1 Sensibilisatoren

Photophysik: Die Absorption soll möglichst breitbandig sein und im sichtbaren Bereich zwischen 400 und 750 nm liegen. Der reaktive angeregte Zustand soll eine möglichst lange Lebensdauer haben, wie z. B. der Triplettzustand, der aber den Nachteil hat, daß er von Sauerstoff effizient gelöscht wird.

Thermodynamik: Die angestrebte Reaktion muß vom angeregten Zustand S^x aus exergonisch sein. Das soll am Beispiel der Wasserspaltung erläutert werden.

Die Gleichgewichtsredoxpotentiale für Wasserstoff- bzw. Sauerstoffentwicklung sind bei pH = 7:

$$E_0^7(H_2) = -0{,}41\ V \qquad E_0^7(O_2) = +0{,}81\ V$$

Falls der angeregte Zustand oxidativ gelöscht wird, muß gelten:

für den angeregten Zustand: $E_0(S^+/S^x) < -0{,}41\ V$
für den Grundzustand: $E_0(S^+/S) > +0{,}81\ V$

Die Energiedifferenz zwischen beiden Niveaus beträgt $\Delta G^\circ = 1{,}22$ eV. Bei maximal möglichem Wirkungsgrad der Photoreaktion (0,73 nach Duysens) müßte ein Quant mit einer Energie von 1,67 eV (entsprechend $\lambda = 745$ nm) absorbiert werden.

Kinetik: Die gewünschten Reaktionen sollten relativ schnell verlaufen, damit die die Ausbeute herabsetzenden Nebenreaktionen vernachlässigbar werden.

In der folgenden Tabelle sind einige oft verwendete Sensibilisatoren mit ihren Eigenschaften aufgeführt:

Farbstoff	λ_{max}/nm	τ_T/µs	Φ_T	E_T/eV	E_0/V S^+/S	E_0/V S^+/S^x	mögliche Reaktion des anger. Zust.
$Ru(bipy)_3^{2+}$	452	0,65	1	2,1	1,3	−0,8	red + ox
Proflavin	445	20	–	2,1	–	–	red
$ZnTMPyP^{4+}$	560	655	0,9	1,57	1,2	−0,4	red + ox
$ZnTPPS^{4-}$	555	1500	0,84	1,61	0,87	−0,75	red + ox
Chlorophyll a	661	1000	0,6	1,33	0,8	−0,5	red + ox

Dabei bedeuten:

λ_{max}: Lage des Absorptionsmaximums, τ_T: Lebensdauer des Triplettzustandes, Φ_T: Quantenausbeute der Triplettbildung, E_T: Energie des Triplettzustandes, E_o: Redoxnormalpotential.

3.4.1.2 Relaisverbindungen

Wegen des hohen Redoxpotentials der O_2-Elektrode gibt es keine passenden Elektronenüberträger, die zwischen dem Wasser und dem Sensibilisator vermitteln. Dagegen existiert eine Reihe von Akzeptoren, die in der Lage sind, Protonen zu reduzieren: Die Viologene bilden stabile, positiv geladene Radikalkationen. Das viel benutzte Methylviologen ist nicht in allen Punkten optimal. Es ist unter dem Einfluß von Katalysatoren (z. B. Rhodium) hydrierbar; das Radikal ist membrangängig, was nicht immer erwünscht ist. Der Rhodium-bipyridyl-Komplex $Rh(bipy)_3^{3+}$ kann in zwei Reaktionsschritten zum einwertigen Komplex reduziert werden. Dieser reagiert mit Protonen ohne Beteiligung eines Katalysators unter Wasserstoffentwicklung. Wie bei der Photosynthese können auch Chinone als Akzeptoren dienen, wenn keine Wasserstoffentwicklung angestrebt wird.

Da die Katalysatoren für die durchzuführene Reaktion spezifisch sind, werden sie an der entsprechenden Stelle besprochen.

3.4.2 Vorstufen zu biomimetischen Systemen

Ein vollständiges biomimetisches System sollte mindestens ein verwertbares Produkt liefern. Ein solches System benötigt mehrere Teilreaktionen. Um eine Ladungstrennung in einem organisierten System beurteilen zu können, muß zunächst das Ergebnis dieser Reaktion in homogener Lösung bekannt sein.

3.4.2.1 Ladungstrennung in homogener Lösung

Wenn aus Sensibilisator S und Akzeptor A zwei getrennte Radikalionen erhalten werden sollen, müssen 4 verschiedene Prozesse nacheinander ablaufen:

(1) Absorption eines Quants durch den Sensibilisator und Bildung des angeregten Zustandes $S^{\times}$

(2) Bildung eines Stoßpaares durch Diffusion von $S^{\times}$ und A (Transportschritt)

(3) Elektronentransfer unter Bildung eines geminalen Radikalpaares in seinem Lösungsmittelkäfig

(4) Auseinanderdiffusion der beiden Radikale. Diese Diffusion muß schneller sein als der Rücktransfer des Elektrons, wenn Produkte nachweisbar sein sollen. Deshalb spielt die Ladung der Radikale eine große Rolle.

Die Quantenausbeute für die Bildung getrennter Radikalionen Φ_{ion} berechnet sich (ausgehend vom Triplettzustand) aus 3 Ausbeutefaktoren:

$$\Phi_{ion} = \Phi_T \cdot \Phi_q \cdot \Phi_s$$

wobei: Φ_T Quantenausbeute für die Besetzung des Triplettzustandes

Φ_q Ausbeute für die Bildung des Radikalpaares. Mit diesem Faktor werden zwei Reaktionsschritte beschrieben: Transport und Elektronenübergang.

Φ_s Ausbeute für die Trennung des Radikalpaares in freie Radikale.

Natürlich sind die Produktradikale nicht sehr stabil, sondern reagieren langsam in einer Reaktion 2. Ordnung zu den Ausgangsstoffen zurück, wenn keine Nebenreaktionen auftreten.

In der folgenden Tabelle sind die Meßdaten für 3 Standardreaktionen zwischen Methylviologen und drei verschiedenen Sensibilisatoren zusammengefaßt.

System	Φ_T	Φ_q	Φ_s	Φ_{ion}	Quelle
$Ru(bipy)_3^{2+}/MV^{2+}$	1,00	0,76	0,30	0,23	[1]
$ZnTMPyP^{4+}/MV^{2+}$	0,90	1,00	0,83	0,75	[2]
$ZnTPPS^{4-}/MV^{2+}$	0,84	1,00	$<0{,}01$	$<0{,}01$	[2]

Auffällig ist der Unterschied zwischen dem positiv und dem negativ geladenen Porphyrin. Er wird mit der Abstoßung bzw. Anziehung der gebildeten Radikale im Lösungsmittelkäfig und der daraus resultierenden unterschiedlichen Effizienz des Trennungsvorgangs erklärt.

3.4.2.2 Kovalente Donator-Akzeptor-Komplexe in homogener Lösung

Die Synthese von kovalenten Supermolekülen stellt einen Versuch dar, die Funktion von Reaktionszentren ohne Beteiligung von Proteinen nachzuahmen. Ist die Molekülkette starr, so erfolgt der Elektronentransfer nur längs der Bindungen. Querreaktionen sind also ausgeschlossen. Wegen der komplizierten und teuren Synthesen sind diese Systeme zunächst nicht von praktischem, aber von großem theoretischen Interesse. Es sind bisher keine Versuche unternommen worden, an das biradikalische Produkt der Photoreaktion katalytische Reaktionen anzukoppeln. Folgende Supermoleküle wurden u. a. hergestellt:

bifunktionelle Supermoleküle:	Porphyrin-Chinon [3], [4] Porphyrin-Viologen [5]
Triaden:	Dimethylanilin-Porphyrin-Naphthochinon [6] Benzochinon-Porphyrin-Carotin [7]
Tetraden:	Akzeptor-Porphyrin-Porphyrin-Donator [8a], [8b]

Die Arbeiten haben folgendes Ergebnis erbracht:

(1) Die Ladungstrennung erfolgt aus dem Singulettzustand heraus und liefert nachweisbare Produkte.
(2) Die Geschwindigkeit des Elektronentransfers hängt von der Entfernung zwischen Donator und Akzeptor ab, die man durch die Anzahl der Brückenatome bzw. Brückenmoleküle variieren kann.
(3) Bei starrer Verknüpfung gilt die von Marcus vorhergesagte quadratische Abhängigkeit des Logarithmus der Geschwindigkeitskonstanten von der freien Enthalpie der Reaktion.
(4) Bei bifunktionellen Molekülen ist die Rückreaktion sehr schnell. Erst bei polyfunktionellen Supermolekülen wird die Lebensdauer des ladungsgetrennten Zustandes erheblich. Bei Triaden liegt sie im Mikrosekundenbereich (bei einer Ladungstrennung im Pikosekundenbereich).

3.4.2.3 Ladungstrennung in Micellensystemen

Geht man von homogenen zu micellaren Systemen über, so läßt sich die Rückreaktion der Radikale nach lichtinduzierter Ladungstrennung in erstaunlicher Weise verlangsamen (z. B. Faktor 10^3). Der Grund liegt in der Trennung der Reaktionsprodukte. Eines der Radikale wandert etwa in die Micelle ein, wenn die Photoreaktion in der wäßrigen Phase stattgefunden hat [9], oder aber eines der Radikale wandert in die wäßrige Phase aus, bei Ladungstrennung in der Micelle [10]. Es ist jedoch kaum versucht worden, katalytische Reaktionen an die Ladungstrennung anzukoppeln. Wahrscheinlich sind die Micellen zu labil, so daß kein höherer Organisationsgrad für ein komplexeres System erzielt werden kann.

3.4.2.4 Ladungstrennung in Vesikelsystemen

Lichtinduzierte Ladungstrennungen unter Einsatz von Vesikeln sind zum Teil ausführlich untersucht worden. Vesikel sind stabiler als Micellen und stellen außerdem noch eine innere wäßrige Phase als weiteren

Reaktionsraum zur Verfügung. Die Funktion der Vesikel kann unterschiedlich sein:

(1) *Reaktionen in der Vesikelmembran [11]:* Derartige Reaktionen sind für hydrophobe Reaktionspartner geeignet, die sich in Wasser nicht oder nur unzureichend lösen würden. Die Diffusion ist langsamer als in Wasser, weshalb die gebildeten Radikale auch langsamer rekombinieren. Die Quantenausbeute ist ähnlich wie in homogener wäßriger Phase. Eine Stabilisierung der Produkte kann durch Auswanderung eines Radikalions aus der Membran erfolgen.

(2) *Reaktionen an der Vesikeloberfläche [12]:* An geladenen Oberflächen liegen je nach Ionenladung der Reaktanden besondere lokale Konzentrationen vor, die sich von denen in der wäßrigen Phase stark unterscheiden. Die Trennung der Produktradikale kann, verglichen mit einer Reaktion in homogener Phase, ein ganz anderes Ergebnis haben (z. B. sehr langlebige Produkte).

(3) *Elektronentransfer über die Grenzfläche Membran/Wasser:* Sind die Reaktionspartner in zwei verschiedenen Phasen, Membranphase und wäßriger Phase, gelöst, so muß bei Reaktion ein Elektronentransfer über die Grenzfläche erfolgen. Man verspricht sich von dieser Anordnung eine bessere Trennung der Produkte. Es treten überraschende Effekte auf, die noch wenig untersucht sind. So verhalten sich innere und äußere Oberfläche einer Lezithinvesikel in quantitativer Hinsicht völlig verschieden [13]. Die Reaktionskonstante kann um den Faktor 10^3 differieren, die Radikalausbeute um den Faktor 10.

(4) *Transmembraner Elektronentransfer:* Ein effizienter transmembraner Elektronentransfer ist charakteristisch für die Photosynthese. Die Reaktanden verbleiben dabei im wesentlichen in der Membranphase. Bei der künstlichen Photosynthese verändert man vielfach die Aufgabe der Membran. Die Membran trennt z. B. zwei Komponenten einer Reaktionskette und soll unerwünschte Rückreaktionen verhindern. Allerdings entsteht dadurch die Aufgabe, die Vorwärtsreaktion durch die Membran zu realisieren. Es hat sich herausgestellt, daß freie Elektronen die Membran praktisch nicht überqueren. Man benötigt einen Mediator, der eine Relaisverbindung oder der Sensibilisator selbst sein kann. Für den Elektronentransfer gibt es zwei Mechanismen. Entweder der Mediator diffundiert [17] (z. B. Methylviologen), oder es erfolgt ein Elektronenaustausch zwischen zwei amphiphilen, in der inneren und äußeren Monoschicht der Membran lokalisierten Mole-

külen (Beispiele: Chlorophyll [15], C_{16}-Viologen [12], C_{16}-Rutheniumbipyridylkomplex [14]). Dieser transmembrane Elektronentransfer ist der kritische Punkt einer Ladungstrennung in einem 3-Komponentensystem mit Ausnutzung aller drei Phasen der Vesikel. Er ist noch nicht zufriedenstellend realisiert worden, was angesichts des von der Natur für diese Reaktion betriebenen Aufwandes nicht verwundert.

Die Quantenausbeute für die Radikalbildung ist bei einer Reihe von Photoreaktionen 10^{-3} oder kleiner. Mit dem System Naphthochinonderivat/Chlorophyll/Thiol wurde als höchster Wert 0,2 erreicht [16]. Deshalb wurde die Verwendung von 2 Elektronenakzeptoren vorgeschlagen, die dann in zwei verschiedenen, aber benachbarten Phasen gelöst sein müssen. Im folgenden 4-Komponentensystem [18] wurde eine Quantenausbeute von 0,1 erreicht:

$$EDTA/Ru(bipy)_3^{2+}/C_{18}-V^{2+}/MB \text{ (Methylenblau)}$$

3.4.3 Wasserspaltung in künstlichen Systemen

3.4.3.1 Wasserstoffentwicklung in quasi-homogenen und Membransystemen

Elektronenakzeptoren wie die Viologene reagieren meist nicht direkt mit Protonen. Zur Entwicklung von Wasserstoff wird ein Katalysator benötigt. Die Wirksamkeit der Katalysatoren wird zunächst in homogener wäßriger Phase untersucht. Möchte man die störende Wirkung einer gleichzeitigen Sauerstoffentwicklung vermeiden, so muß man statt Wasser einen anderen Donator anbieten, und zwar eine Verbindung, die irreversibel oxidiert wird. Ein solches System ist allerdings nur für Laboruntersuchungen interessant, nicht aber für die praktische Nutzung. Der Donator wird ständig verbraucht; selbst wenn der Donator billig zur Verfügung steht, sammelt er sich in oxidierter Form als unerwünschter Abfall an.

Katalysatoren und Elektronendonatoren für die H_2-Produktion [19], [20]

Damit ein Wasserstoffmolekül entstehen kann, müssen auf dem Katalysator mindestens 2 Ladungen akkumuliert werden. Das ist sowohl auf Molekülen (homogene Katalyse) als auch auf Molekülaggregaten (heterogene Katalyse) möglich. Es sind viele Edelmetalle (Ag, Au, Ni, RuO_2, Pd, Pt) getestet worden. Platin hat die besten Eigenschaften.

Die Aktivität hängt vom Verteilungs- und vom Redoxzustand ab. Kolloidale Lösungen, die durch Kunststoffbeschichtung (PVA, Carbowax) stabilisiert werden, sind am aktivsten. Das nullwertige Platin wird durch Reduktion oder Photoreduktion aus einem zweiwertigen Salz hergestellt. Für die Aktivität sollen Anteile von Pt^{2+} und sogar Pt^{4+} notwendig sein.

Neuerdings wurden Katalysatoren auf Rhodiumbasis entwickelt [21], die unempfindlich gegen O_2 sind. Es handelt sich um Polymerkugeln (300 bis 500 Å Durchmesser), die hochdisperses Rhodium enthalten (Bereiche von 10 bis 20 Å), das durch Reduktion aus Rhodium-Äthylendiaminkomplexen gebildet wird. Auch Heteropolyanionen (12 Mo oder W, 1 P oder Si, 40 O-Atome) sind untersucht worden [21]. Diese Verbindungen haben Clusterstruktur wie die aktiven Zentren der Hydrogenasen und Nitrogenasen. Sie können bis zu 6 Elektronen aufnehmen und bilden über Hydride auch Wasserstoff. Die Ankopplung an eine Photoreaktion ist allerdings noch nicht gelungen. Man kann auch die Hydrogenasen zur Wasserstoffproduktion einsetzen, wenn der Sauerstoff aus dem System entfernt worden ist.

Als Elektronendonatoren sind u. a. verwendet worden:

EDTA	Äthylendiamin-tetraessigsäure
TEOA	Triäthanolamin
	Cystein

Tertiäre Amine wie TEOA gehen nach zweimaliger Elektronenabgabe und anschließender Hydrolyse mit Aufbrechen der C-N-Bindung in ein sekundäres Amin und einen Aldehyd über.

H_2-Produktion in quasi-homogenen Systemen [28]

Unter quasi-homogenen Systemen werden solche Systeme verstanden, in denen alle Komponenten mit Ausnahme des meist heterogenen Katalysators homogen gelöst sind. Diese Nomenklatur dient der Abgrenzung gegen die im Prinzip ähnlich aufgebauten mikroheterogenen Halbleitersysteme. Es sind sehr viele Kombinationen von Sensibilisator, Donator, Akzeptor und Katalysator untersucht worden. In der folgenden Tabelle sind diejenigen aufgeführt, bei denen die Quantenausbeute angegeben wurde. Die Daten sind wichtig für den Vergleich mit organisierten Systemen.

Sensibilisator	Akzeptor	Donator	Katalysator	pH	Quantenausbeute Φ_{H_2}[Mol/einstein]	Quelle
$Ru(bipy)_3^{2+}$	MV^{2+}	EDTA	Pt-PVA	5	0,13	[19]
$Ru(bipy)_3^{2+}$	MV^{2+}	EDTA	Pt		0,02	[22]
$Ru(bipy)_3^{2+}$	MV^{2+}	EDTA	Pt		0,02 – 0,05	[23]
$Ru(bipy)_3^{2+}$	–	TEOA	PtO_2		0,44 (in Acetonitril)	[24]
Akridingelb	MV^{2+}	EDTA	PtO_2		0,01 – 0,16	[25] [26]
$ZnTMPyP^{4+}$	MV^{2+}	EDTA	Pt-PVA		0,30	[27]

Erstaunlich ist die sehr hohe Quantenausbeute für das positive Zinkporphyrin mit Methylviologen als Akzeptor. Nach 4 Stunden Belichtung sinkt sie jedoch wegen Hydrierung des MV^{2+} auf 0,05.

H_2-Produktion in heterogenen Systemen

Die Kombination von heterogenen Katalysatoren mit Membransystemen ist bisher noch kaum in Angriff genommen worden. 1983 ist es gelungen, in polymerisierte Lezithin-Vesikel ein katalytisch aktives Pt-Kolloid einzubauen [29]. Die Methode wurde später auf andere Vesikel übertragen. Dabei werden Platinkationen im Innern von Lezithin-Vesikeln zu Platinclustern reduziert. In dem Vierkomponentensystem

$$EDTA/Ru(bipy)_3^{2+}/Rh(bipy)_3^{3+}/Pt/H^+$$

wurde bisher nur eine Quantenausbeute von nur 0,02 erreicht [30], weil alle Reaktionen in einer Phase stattfinden und so vielfältige Möglichkeiten der Rückreaktion bestehen. Die Rhodiumverbindung wirkt in einwertiger Form selbst schon als Katalysator der H_2-Entwicklung. Platin beschleunigt die Reaktion aber erheblich (maximal Faktor 20).

Völlig neue Möglichkeiten bietet die Anwendung von Zeolithen (Abbildung 5). Man kann Pt in die Kanäle eines anorganischen Polyelektrolyten einlagern. In den Kanälen befinden sich außerdem die Viologenakzeptoren in eindimensionaler Kette. Das sensibilisierende Zinkporphyrin sitzt auf den Enden der Kanäle und adsorbiert außerdem den negativen Donator EDTA. Bei pH = 4 wird Wasserstoff produziert [31], solange EDTA vorhanden ist. Für eine spätere Kombination mit einer Sauerstoffproduktion könnte von Bedeutung sein, daß der Elektronentransfer aus dem Singulettzustand heraus erfolgt.

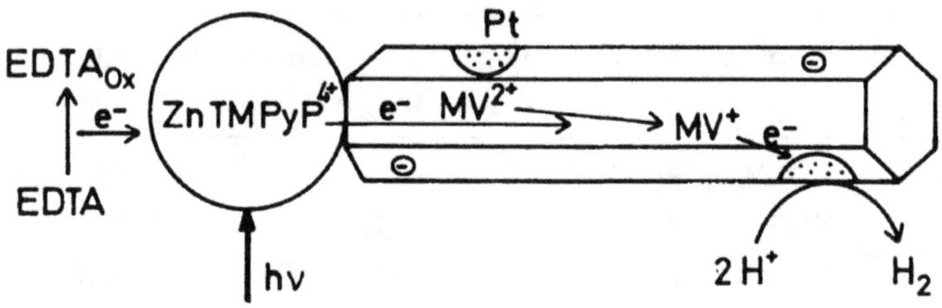

Abbildung 5: H_2-Entwicklung in einem Zeolithsystem [31]

3.4.3.2 Sauerstoffentwicklung in quasi-homogenen und Membransystemen

Die Entwicklung von Sauerstoff ist, verglichen mit derjenigen von Wasserstoff, die schwierigere Reaktion, weil 4 Oxidationsäquivalente gespeichert werden müssen. Einfache Moleküle für eine homogene Katalyse existieren daher nicht. Die Suche nach dem optimalen Speicher (Katalysator) ist immer noch im Gange. Die Aktivität der Katalysatoren wird zunächst in homogener Lösung untersucht. Um Wasserstoffbildung und Rückreaktion zu vermeiden, wird ein Akzeptor benötigt, der irreversibel reduziert wird.

Katalysatoren und Akzeptoren für die O_2-Produktion

Der gebräuchlichste Katalysator ist kolloidales Rutheniumdioxid RuO_2 [33], [34]. Die Aktivität hängt wie bei den H_2-Katalysatoren vom Verteilungsgrad ab. Kürzlich wurde auch das analoge Sulfid RuS_2 vorgeschlagen [35]. Zwei russische Gruppen haben sich besonders um die Entwicklung neuer Katalysatortypen bemüht. Folgende Stoffklassen wurden untersucht:

(1) Teilweise hydrolysierte Komplexe von Übergangsmetallen (Co, Fe, Ni, Cu) mit NH_3, Bipyridyl und Phenanthren als Liganden [21]. Co-bipyridyl-Komplexe besitzen die größte stöchiometrische Effizienz. Die Sauerstoffbildung erfolgt über Dihydroxo- bzw. Oxokomplexe der 3- und 4-wertigen Metallionen. Leider liegen die pH-Optima zwischen 9 und 10. Nur Kobalt ist schon bei pH = 7 brauchbar. Man verwendet im einfachsten Falle $Co^{II}SO_4$ [36]; die Aufoxidation erfolgt durch den oxidierten Donator.

(2) Komplexe von Kobalt und Eisen mit Derivaten von Phthalocyanin und Porphyrin [21]. Bei ihnen ist allerdings die Ligandenoxidation problematisch.

(3) Höhere Oxide von Mangan, Eisen, Kobalt, Nickel und Kupfer. MnO_2 entwickelt schon bei pH = 8 Sauerstoff, aber nur mit 25 vH der stöchiometrischen Ausbeute [32].

In den vergangenen Jahren sind sehr viele mono-, bi- und tetranukleare Mangankomplexe synthetisiert worden. Die besten Beispiele simulieren die optischen und magnetischen Eigenschaften des photosynthetischen Wasserspaltungskomplexes recht gut. Von einigen Komplexen wurde berichtet, daß sie auch Wasser oxidieren. Eine Übersicht über diese wichtige biomimetische Forschungsrichtung gibt [58].

Als Elektronenakzeptoren werden folgende Verbindungen verwendet:

Peroxidisulfat ($S_2O_8^{2-}$)	(wird zu Sulfat reduziert)
MnIV-pyrophosphat	
$Co^{III}(NH_3)_5Cl^{2+}$	(wird zum zweiwertigen Hexaquokomplex reduziert)

O_2-Produktion

Lichtinduzierte Wasseroxidation mit RuO_2 als Katalysator [34, 37] wurde zuerst im quasi-homogenen System durchgeführt, das außerdem den Sensibilisator und einen Elektronenakzeptor enthält, z. B.:

$$Co^{III}(HN_3)_5Cl^{2+}/Ru(bipy)_3^{2+}/RuO_2/H_2O$$

Für diese Reaktion ist die Quantenausbeute $\Phi_{O_2} = 0{,}03$ (d. h. 0,12, falls auf die Ladungseinheit bezogen wird [38]). Da die Quantenausbeute für die Bildung des oxidierten Sensibilisators 0,31 beträgt, errechnet man für die katalytische Reaktion eine Ausbeute von 0,39. Beide Reaktionsschritte sind also vergleichbar erfolgreich, jedoch noch verbesserungswürdig. Mit dem Kobalt-hydroxy-Katalysator erhält man für das obige System die etwas geringere Ausbeute von $\Phi = 0{,}02$ [36].

Erst kürzlich wurde eine O_2-Produktion auch an einem Vesikelsystem realisiert [39]. Wird Lezithin mit Metallsalzen der Übergangsmetalle bei geeignetem pH beschallt, so werden die Metallionen unter Oxidation als Hydroxide auf der gebildeten Lezithinmembran ausgefällt. In dieser Form sind die Oxide katalytisch viel aktiver als ohne Membranbindung (Faktor 100). Insbesondere hat das Manganderivat schon bei pH = 7 eine gute Aktivität bezüglich O_2-Bildung. Gebundenes RuO_2 katalysiert dagegen die Oxidation des Membranmaterials. Für das System

$$Mn^{IV}\text{-pyrophosphat}/Ru(bipy)_3^{2+}/MnO_2\text{-Lezithin}/H_2O$$

wurde eine O_2-Produktion mit einer Quantenausbeute gemessen, die fast derjenigen für die Bildung von oxidiertem Donator ($\Phi = 0{,}26$) entspricht [32]. Mit freiem MnO_2 ist die O_2-Entwicklung dagegen gering.

3.4.3.3 Zyklische Wasserspaltung in quasi-homogenen und Membransystemen

Eine zyklische Wasserspaltung setzt die stöchiometrische Bildung von O_2 und H_2 voraus. Belichtet man ein quasi-homogenes System aus Sensibilisator (Ruthenium-Komplex), Akzeptor (MV^{2+}) und den Katalysatoren für H_2- und O_2-Entwicklung (Pt und RuO_2), so ist wegen der Wechselwirkung der Komponenten und Produkte die Quantenausbeute für die Wasserspaltung sehr gering ($1{,}5 \cdot 10^{-3}$)[40].

An einem Vesikelsystem ist noch keine zyklische Wasserspaltung realisiert worden. Die besprochenen Einzelreaktionen müssen erst optimiert werden. Es ist schon früh vorgeschlagen worden, in Anlehnung an die Photosynthese 2 Photoreaktionen zu koppeln [41]. Beide Reaktionssysteme wären durch eine Membran zu trennen (Abbildung 6). Entwickelt man diese Idee weiter, dann sollten Sauerstoff- und Wasserstoffsystem mit ihren Katalysatoren und Sensibilisatoren in zwei verschiedenen Vesikeln untergebracht werden (Abbildung 7) [42]. Ihre Kopplung müßte dann durch eine Relaisverbindung in der wäßrigen Phase erfolgen. Teile dieses Ensembles sind schon realisiert. Dieses Konzept mag es vielleicht auch ermöglichen, Wasserstoff und Sauerstoff

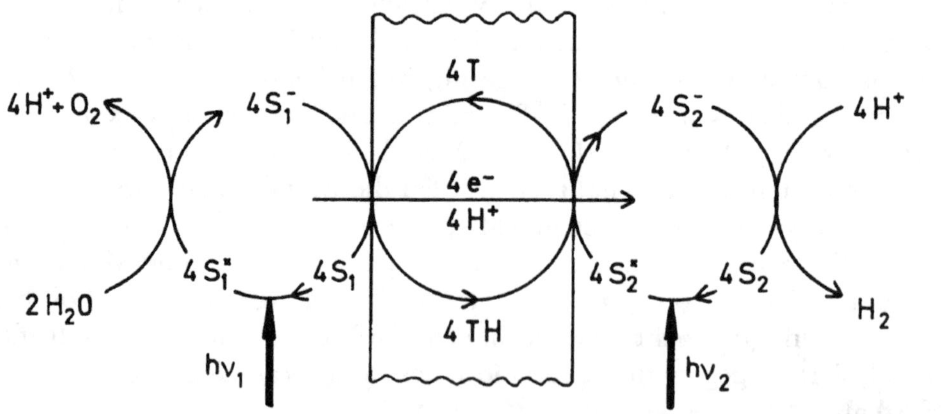

Abbildung 6: Trennung von 2 künstlichen Photosystemen durch eine Membran [41]

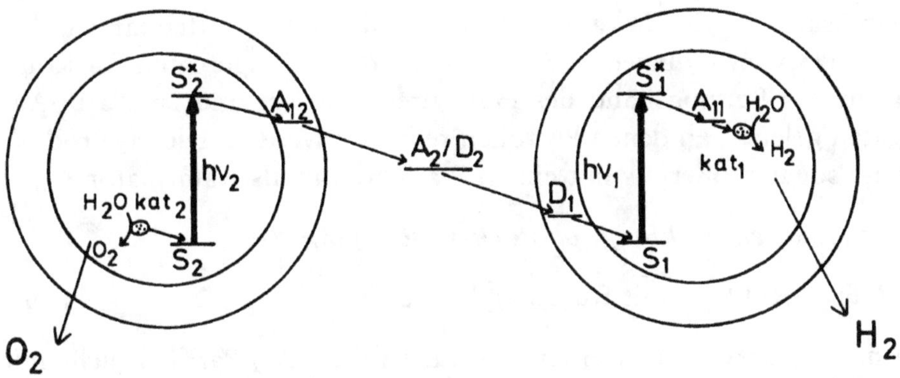

Abbildung 7: Trennung von 2 künstlichen Photosystemen durch Lokalisierung in verschiedenen Vesikeln [42]

nicht als Gemisch, sondern getrennt an verschiedenen Orten zu erzeugen. Das wäre ein Weg, um die Rekombination von H_2 und O_2 am Katalysator zu vermeiden.

3.1.3.4 Wasserspaltung in mikroheterogenen Systemen

Die Aufgabe, 2 Katalysatoren mit je einem Reaktanden und je einem Substrat in definierter Weise zur Reaktion zu bringen, kann möglicherweise auch anders als unter Verwendung eines trennenden Membransystems gelöst werden. Man benutzt Halbleiter in kolloidaler Verteilung als Träger für die Katalysatoren. Bei der Diskussion der einzelnen Reaktionen wird gezeigt werden, daß sich die Halbleiter über die Trägerfunktion hinaus aktiv am Ladungstransport beteiligen. Entweder man deponiert auf der Oberfläche jedes einzelnen Halbleiterteilchens sowohl Platin (für H_2) als auch RuO_2 (für O_2), oder es wird ein mit RuO_2 dotiertes Teilchen nur mit Pt beladen. Die am meisten verwendeten Materialien sind:

TiO_2	(Titandioxid)
CdS	(Cadmiumsulfid)
$SrTiO_3$	(Strontiumtitanat)

Folgende Reaktionen wurden mit Halbleiterteilchen durchgeführt:

(1) *Wasserstoffentwicklung (photochemisch) [40]:*

TiO_2-RuO_2-Pt mit EDTA + $Ru(bipy)_3^{2+}$ + MV^{2+}

Sensibilisator ist der bekannte Rutheniumkomplex. Offenbar werden Elektronen vom reduzierten Akzeptor (und vom angeregten Ru-Komplex) in das Leitungsband des Halbleiters injiziert und zu Platin-Aggregaten geleitet, an denen Protonen reduziert werden. Die H_2-Produktion ist sogar größer als mit einem Platinkolloid als Katalysator.

(2) *Sauerstoffentwicklung (photochemisch) [43]:*

$$TiO_2\text{-}RuO_2 \quad \text{mit } Ru(bipy)_3^{2+} + S_2O_8^{2-}$$

Soll nur O_2 entwickelt werden, so dürfen die TiO_2-Partikel nicht mit dem Pt-Katalysator beladen werden. Sensibilisator ist wieder der Ru-Komplex. Es erfolgt ein Lochtransfer vom oxidierten Sensibilisator zum Katalysator RuO_2, der das Wasser oxidiert. Die Protonenfreisetzung und die Reduktion vom Ru^{3+}-Komplex erfolgen gleichzeitig. Die Steigerung der Aktivität von RuO_2 durch die Wechselwirkung mit TiO_2 legt nahe, daß die TiO_2- Partikel wie bei der H_2-Entwicklung nicht nur als passive Träger fungieren.

(3) *Zyklische Wasserspaltung (photochemisch):*
In einer Reihe von Veröffentlichungen ist über die simultane Entwicklung von Sauerstoff und Wasserstoff berichtet worden [40], [44] (Abbildung 8). Für das System

$$TiO_2\text{-}RuO_2\text{-}Pt \quad \text{mit } Ru(bipy)_3^{2+} + MV^{2+}$$

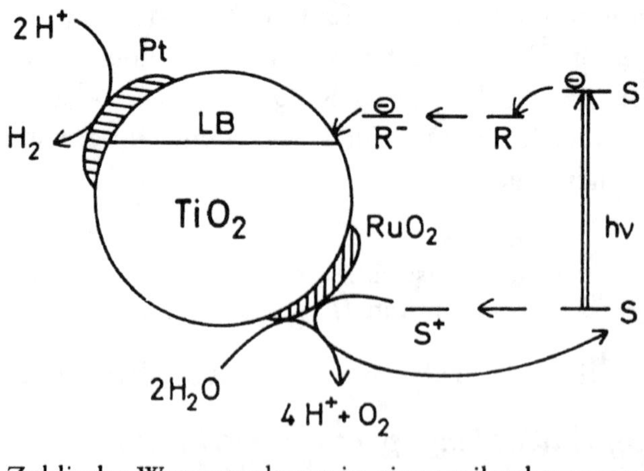

Abbildung 8: Zyklische Wasserspaltung in einer mikroheterogenen photochemischen Zelle [44]

wurde eine Quantenausbeute von $\Phi_{H_2} = 0{,}0015$ (bei 25 °C) bzw. 0,06 (bei 75 °C) angegeben. Noch effizienter wird das System, wenn ein oberflächenaktiver Sensibilisator (Ru-Komplex mit C_{12}-Kette) verwendet wird [45], der sich an die TiO_2-Partikel anlagert ($\Phi_{H_2} = 0{,}05$, mit jetzt stöchiometrischer O_2-Produktion). In diesem Fall kann auf das Methylviologen als Relais verzichtet werden. Die publizierten Ergebnisse konnten jedoch später nicht alle reproduziert werden. Insbesondere entsteht kein freier Sauerstoff. Zwar wird Wasser gespalten. Der Sauerstoff reagiert wahrscheinlich jedoch mit Elektronen des Leitungsbandes unter Bildung einer Peroxoverbindung an der Teilchenoberfläche zurück [46]. Die Peroxoverbindung bildet sich bei mit dem Sensibilisator derivatisierten TiO_2-Oberflächen. Bei Verwendung von löslichem Ru-Komplex ist das Ergebnis nicht klar. Nach neueren Untersuchungen [47] erfolgt eine Elektroneninjektion vom angeregten Sensibilisator in das Leitungsband vom TiO_2 nur bei spezieller Wechselwirkung mit der Oberfläche wie z. B. Derivatisierung.

Für einen kontinuierlichen Betrieb müssen die TiO_2-Oberflächen regeneriert werden. Im Labor kann das durch Ausfällen des Wasserstoffperoxids durch Bariumionen erfolgen. Ein für die technische Anwendung praktikables Verfahren ist noch nicht angegeben worden.

(4) *Zyklische Wasserspaltung (photoelektrochemisch):*

Bei Einstrahlung von hinreichend kurzwelligem Licht beobachtet man an geeigneten Halbleiterteilchen auch ohne Sensibilisatoren, Relaisverbindungen und Katalysatoren eine Wasserspaltung. Die Ausbeute ist gering, kann aber durch die schon oben besprochenen Katalysatoren wesentlich gesteigert werden. Der Halbleiter ist selbst der Sensibilisator einer Photoreaktion. Mit Hilfe der Lichtenergie wird ein Elektronen-Loch-Paar gebildet. Elektronen und Löcher diffundieren im Leitungs- bzw. Valenzband an die Oberfläche. Bei geeigneter energetischer Lage dieser Bänder können die Elektronen Wasser reduzieren und die positiven Löcher Wasser oxidieren. Wegen der kurzwelligen Absorption ist die Energieausbeute auch bei optimaler Produktausbeute klein. In dieser Hinsicht wären Substanzen mit möglichst kleiner (aber noch ausreichender) Bandlücke zu bevorzugen. Leider sind diese meist instabil. In Abbildung 9 ist die zyklische Wasserspaltung zusammen mit den hier nicht beschriebenen Teilreaktionen schematisch dargestellt. Eine simultane H_2- und O_2-Entwicklung ist an $SrTiO_3$-Partikeln mit aufgelagertem

Rhodium-Katalysator beobachtet worden [48]. Allerdings wird die Geschwindigkeit erst bei erhöhter Temperatur (80 °C) erheblich, so daß Wasserdampf als wirksames Substrat vermutet wird.

O_2- und H_2-Entwicklung wurde auch an mit Katalysatoren beladenen Partikeln aus TiO_2 [49] und CdS [50] beobachtet. Die angegebenen Quantenausbeuten für das TiO_2-System sind erstaunlich hoch:

$$\Phi_{H_2} = 0{,}14 \text{ (mit Pt allein)} \quad \Phi_{H_2} = 0{,}4 \text{ (mit } RuO_2 + Pt)$$

Auch hier muß die Behauptung einer O_2-Produktion zumindest für einige Systeme zurückgenommen werden. An den TiO_2-Partikeln kommt es wie im Falle der photochemischen Zellen zur Bildung von Peroxoverbindungen des Titans an der Oberfläche [51].

3.4.3.5 Wasserspaltung in makroheterogenen Systemen

Man kann die beschriebenen Halbleiter natürlich nicht nur als Kolloide sondern auch als makroskopische Elektroden verwenden. Man kommt dann allgemein zu Brennstoffe erzeugenden Zellen, insbesondere zu wasserspaltenden photoelektrochemischen Zellen. Halbleiterelektrode und Gegenelektrode tauchen in dieselbe oder in zwei verschiedene Elektrolytlösungen. So besteht die Möglichkeit, Wasserstoff und Sauerstoff getrennt zu entwickeln und aufzufangen. Wegen der im Vergleich zu den Kolloiden großen Schichtdicke des Halbleitermaterials muß man beachten, daß die Ladungstrennung nur in der Bandbeugungszone stattfindet.

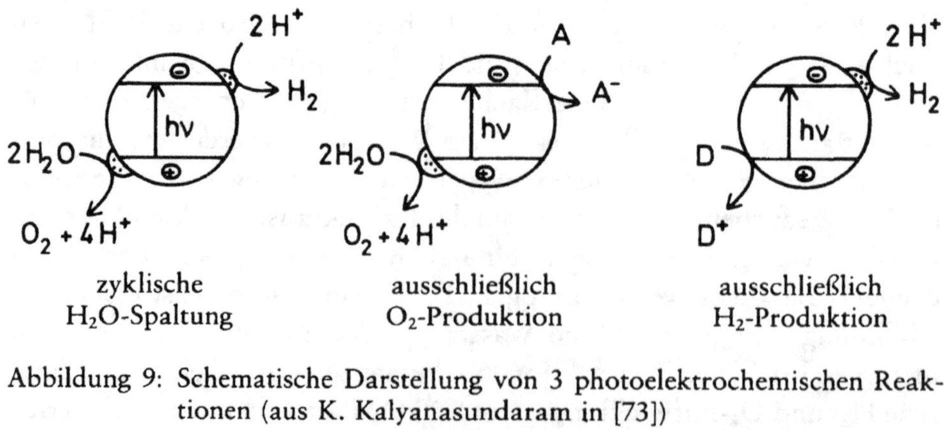

Abbildung 9: Schematische Darstellung von 3 photoelektrochemischen Reaktionen (aus K. Kalyanasundaram in [73])

Die makroheterogenen Systeme sind schon viel länger untersucht worden als die mikroheterogenen. Die Fülle der Ergebnisse kann hier nicht dargestellt werden, zumal diese Systeme nicht zu den biomimetischen gehören.

3.4.4 Photochemische Kohlendioxid-Reduktion

Aus den vorhergehenden Kapiteln geht hervor, daß die Realisierung einer photochemischen Wasserspaltung wegen der Rückreaktion der Produkte und Zwischenprodukte erhebliche Schwierigkeiten bereitet. Es liegt daher nahe, nach Alternativen der Energieumwandlung zu suchen. Wiederum gibt die Photosynthese die Anregung. Sie ist überwiegend mit der Reduktion von Kohlendioxid verbunden. Es wird versucht, diese Reduktion auf anderen Wegen und mit anderen Produkten als in der Biologie für die Energiekonversion auszunutzen. Kohlendioxid kann zu einer Vielzahl von organischen Verbindungen reduziert werden. Besonders interessant ist die Reduktion zu Methan, die bei einem relativ positiven Redoxpotential abläuft ($E_0 = -0{,}24$ V):

$$CO_2 + 8\,H^+ + 8\,e \longrightarrow CH_4 + 2\,H_2O\,.$$

Dabei müssen offenbar 8 Elektronen kooperieren, so daß nur heterogene Katalyse in Frage kommt. Die Realisierung der Reaktion gelang mit Hilfe von kolloidalen Katalysatoren von metallischem Ruthenium oder Osmium. Die Elektronen werden durch das folgende Photosystem geliefert [52]:

$$\mathrm{TEOA/Ru(bipy)_3^{2+}/Viologen/Ru/CO_2}$$

Triäthanolamin TEOA ist Elektronendonator, ein Viologenderivat ist Elektronenakzeptor. Die Quantenausbeute beträgt $\Phi = 5{,}7 \cdot 10^{-4}$. In größerer Menge entsteht Wasserstoff ($\Phi = 2{,}6 \cdot 10^{-3}$). Diese Nebenreaktion kann durch Bipyrazin verhindert werden. Dementsprechend entsteht in einem modifizierten Reaktionssystem mit einem Rutheniumbipyrazinkomplex als Sensibilisator kein H_2 ($\Phi = 4 \cdot 10^{-4}$).

3.4.5 Photochemische Stickstoff-Reduktion

Ebenso wie die Versuche zur CO_2-Reduktion stecken auch diejenigen zur photochemischen N_2-Reduktion zu Ammoniak noch in den Anfängen [53]. Kürzlich wurde ein interessantes photoelektrochemisches System vorgestellt (Abbildung 10) [54].

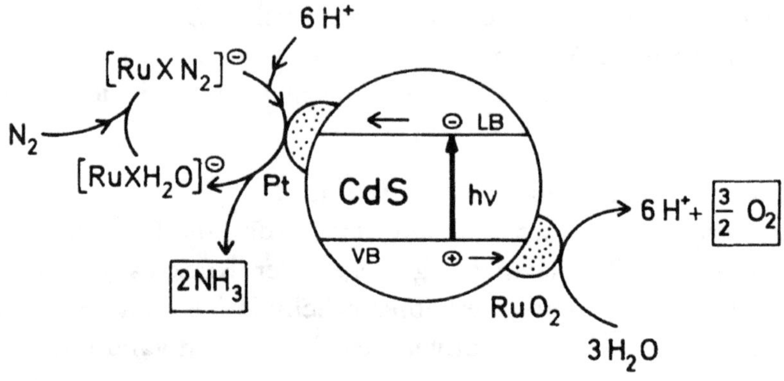

Abbildung 10: Photoelektrochemische Reduktion von Stickstoff [54]

Cadmiumsulfid ist der sensibilisierende Halbleiter. Die CdS-Partikel sind mit Platin und Rutheniumdioxid beladen. RuO_2 oxidiert Wasser; am Platin erfolgt die Reduktion eines Komplexes des Rutheniumkations mit Äthylendiamintetraessigsäure und Stickstoff, wobei Ammoniak gebildet wird.

3.5 Kombination von biologischen und künstlichen Systemen

3.5.1 Kopplung von Enzymen mit künstlichen Photosystemen

Zur Durchführung chemischer Reaktionen kann man anstelle der technischen Katalysatoren auch die viel spezifischeren natürlichen Enzyme einsetzen und sie mit künstlichen Photosystemen koppeln. Es sind Biomodelle der Photosynthese [56] realisiert worden, bei denen keine Brennstoffe produziert werden, sondern die in chemische Energie umgewandelte Lichtenergie zu Synthesezwecken eingesetzt wird. Dazu wird ein künstliches Photosystem mit ein oder mehreren Biokatalysatoren kombiniert. Das Photosystem besteht aus dem Porphyrin $ZnTMPyP^{4+}$ oder dem Rutheniumkomplex $Ru(bipy)_3^{2+}$ als Sensibilisator, Methylviologen als Relais und einem Elektronendonator. Mit diesem System können NAD und NADP reduziert werden, wenn als Biokatalysatoren Lipoamiddehydrogenase LipDH bzw. Ferredoxin-NADP-Reductase FDR zugegeben sind. Die reduzierten Koenzyme NADH und NADPH kann man entweder zur Reduktion von Ketosäuren zu Hydroxysäuren, zur reduktiven Aminierung von Ketosäuren zu Aminosäuren oder zur reduktiven Carboxylierung von Ketosäuren einsetzen [55]. Letztere ist eine Umkehrung der biologischen Abbaureaktion der oxydativen Decarboxylierung. Es wird dabei CO_2 fixiert. Die angeführten Reaktionen müssen durch die natürlichen Enzyme katalysiert werden. Diese lassen sich durch geeignete Wahl der Reaktionsbedingungen (Temperatur, Immobilisierung auf Kunststoff) über längere Zeit (mindestens 40 Stunden) aktiv halten.

Beispiele:

(1) Einfache Reduktion

Pyruvat	→ Lactat	mit NADH	($\Delta G° = 29$ kJ/Mol, mit ME)
Acetoacetat	→ β-Hydroxybutyrat	mit NADPH	($\Delta G° = 63$ kJ/Mol, mit ME)
Butanon	→ Butanol	mit NADPH	($\Delta G° = 138$ kJ/Mol, mit EDTA)

(2) Reduktive Aminierung

Pyruvat	→ Alanin	mit NADH	($\Delta G° = 0$, mit ME)
α-Ketoglutarat	→ Glutamat	mit NADPH	($\Delta G° = 100$ kJ/Mol, mit EDTA)

(3) Reduktive Carboxylierung

Pyruvat	→ Malat	mit NADPH	($\Delta G° = 48$ kJ/Mol, mit ME)

α-Ketoglutarat → Isozitrat ($\Delta G° = 0$, mit DTT)

(4) Reduktion von CO_2 zu Ameisensäure (Quantenausbeute $\Phi = 1{,}6 \cdot 10^{-2}$)

Die angegebenen $\Delta G°$-Werte betreffen die gespeicherte freie Enthalpie der Gesamtreaktion zwischen Elektronendonator und Ketosäure bei photochemischem Ablauf (zum Vergleich: Wasserspaltung $\Delta G° = 119$ kJ/Mol). Die Elektronendonatoren sind Mercaptoäthanol (ME), Dithiothreitol (DTT) und Äthylendiamintetraessigsäure (EDTA).

Der Mangel der realisierten Reaktionen ist, daß sich als unerwünschtes Nebenprodukt ein oxidierter Donator ansammelt. Erst wenn dieser Donator durch Wasser ersetzt wird, das dann zu O_2 oxidiert wird, werden die Reaktionen für die Energiekonservierung interessant.

3.5.2 Immobilisierte Zellen und Membranen

Eine zweite Möglichkeit besteht in der Verwendung von Membranen und ganzen Zellen vorzugsweise von Mikroorganismen in immobilisierter Form [57]. Zur Immobilisierung stehen sowohl natürliche (Agar, Alginat, Carrageenan) als auch synthetische (Polyurethan- und Polyvinylschäume) Matrizen zur Verfügung. In jedem Falle sind es Polymere mit einer lockeren Struktur. Die Mikroorganismen wachsen in dem

Porensystem und auf der Oberfläche adsorbiert. Gegenüber freien Zellkulturen bieten immobilisierte folgende Vorteile:

- Höhere Langzeitstabilität der Zellen
- Höhere Reaktionsgeschwindigkeiten. Bei Polyvinylschäumen wird z. B. die Permeabilität der Zellwände von Cyanobakterien erhöht, was die Reaktivität vergrößert.
- Ermöglichung höherer Zelldichten
- Leichtere Trennung von Zellen und ausgeschiedenen Produkten (z. B. in einem Flußsystem)
- Ebenso leichte Abtrennung und Wiederverwendung eines Katalysators.

Dieser Zweig der Biotechnologie entwickelt sich schnell und kann als Spezialfall der Biomimese angesehen werden. Es existiert bereits eine breite Produktpalette (N_2, NH_3, ATP, Glycerin, Glykol, Glutamat, Polysacharide) bei einer Vielzahl von Organismen (Cyanobakterien, Purpurbakterien, Algen, Thylakoide höherer Pflanzen). Besondere Aufmerksamkeit verdienen die Cyanobakterien, die leicht zu züchten sind und die insbesondere NH_3 und H_2 produzieren können. Die H_2-Produktion kann bei immobilisierter Anabaena im Vergleich zu freien Kulturen verdoppelt werden, wobei zur Aktivität der Nitrogenase die der Hydrogenase kommt. Noch größer ist der Steigerungsfaktor (40) bei der NH_3-Produktion. Hier wirken mehrere Faktoren zusammen. Neben der oben erwähnten Permeabilitätssteigerung ist die Vermehrung der Heterocystenzellen die Ursache. Es wird aber noch nicht der hohe Anteil erreicht, den Anabaena als Symbiont des Wasserfarnes erreicht. Die Ammoniumausscheidung tritt ein, wenn der Einbau in Aminosäuren durch einen Enzyminhibitor verhindert wird. Man kann aber auch Mutanten, denen das Enzym fehlt, verwenden. Dieses Beispiel zeigt, wie man durch Immobilisierung und extreme Reaktionsbedingungen die Stoffproduktion quantitativ und qualitativ verändern kann.

3.5.3 Künstliche Proteine

Es ist bemerkenswert, daß bisher die meisten biomimetischen Anordnungen zur Photosynthese keine Proteine enthalten bis auf die in den diskutierten Verfahren. Tatsächlich stehen ihrer Verwendung in diesem Zusammenhang erhebliche Schwierigkeiten entgegen. Für die Effizienz natürlicher Photosynthese spielen Proteine jedoch eine entscheidende Rolle, nicht nur bei den Reaktionen in wäßriger Phase, sondern auch in und an der Membran, zumal bei der optimalen Anordnung der Reaktionspartner für die primären photochemischen Reaktionen. Deshalb erscheint die Vermutung nicht unbegründet, daß letztlich auch in biomimetischen Systemen Proteine für ein technisch effizientes Verfahren mindestens hilfreich, möglicherweise sogar notwendig sind. Auf lange Sicht ist es denkbar, daß nicht nur natürliche sondern darüber hinaus künstliche oder künstlich veränderte Proteine in biomimetischen Systemen der Sonnenenergienutzung Verwendung finden könnten.

Um Proteine mit bestimmten, in künstlichen Systemen erwünschten Funktionen und Eigenschaften zu erzeugen, müßte man eigentlich »nur« wissen, welche dreidimensionale Proteinstruktur aus einer vorgegebenen Aminosäuresequenz durch Faltung entsteht, sowie welche Aggregationseigenschaften und katalytischen Fähigkeiten dem gefalteten Protein entsprechen. Theorien der Faltung von Polypeptidketten und der Wirkung gefalteter Ketten stehen aber noch aus. Zwar kennt man bereits einige Regeln für die Faltung bestimmter Teilbereiche der Proteinmoleküle und für deren Wechselwirkung mit Membranen. Was katalytisch aktive Zentren von Enzymen angeht, so gibt es darüber einen stetigen Erkenntnisfortschritt, und der Übergang zu absichtlichen, konstruktiven Veränderungen der Enzymspezifität durch veränderte Aminosäuresequenzen der Proteine ist in einigen Fällen vollzogen. Insgesamt sind die Grenzen der Berechenbarkeit des Struktur-Funktions-Zusammenhanges aber derzeit doch noch ziemlich eng gezogen.

Für die theoriegeleitete Modifikation von Proteinen besteht eine Hauptschwierigkeit in der Integration heterogenen Teilwissens

(1) über Beziehungen zwischen Aminosäuresequenzen in Peptiden und ihrer Faltung,
(2) über Aggregationseigenschaften gefalteter Proteine untereinander und mit anderen Liganden,
(3) über Strukturen von Reaktionszentren in Enzymen,
(4) über Konsequenzen von Mutationen auf Struktur, Wechselwirkung und Katalyse.

Obwohl das jeweilige Teilwissen in sich nicht informativ genug ist, um Proteine mit bestimmten Funktionen effektiv zu konstruieren, könnte die kombinierte Einbeziehung derartiger Teilinformationen in Verbindung mit einer experimentellen »Evolutionsstrategie« [77] durch Versuch und Irrtum unter Umständen durchaus zu konstruktiven Lösungen zur Umwandlung von Licht in chemisch gebundene Energie beitragen. Die Entwicklung immer leistungsfähigerer Computer, besonders der Parallelcomputer, könnte hierfür neue Perspektiven eröffnen.

3.6 Übersicht über Arbeitsgruppen

Bundesrepublik Deutschland

(1) *Institut für Solarforschung, Hannover*
Memming: Photoelektrochemie
(2) *Hahn-Meitner-Institut, Berlin*
Henglein: Halbleiterteilchen
Tributsch: Photoelektrochemie
(3) *Max-Planck-Institut Biophys. Chemie, Göttingen*
Möbius: Aufgezogene Schichten
(4) *Inst. f. Phys. & Theor. Chemie, TU München*
Michel-Beyerle: Elektronen-Transfer in kovalenten Donator-Akzeptor-Komplexen
(5) *Inst. f. Anorg. Chemie, Univ. Erlangen*
Kirsch: Photoreaktionen von Halbleiterpulvern
(6) *Inst. f. Organ. Chemie, Univ. Regensburg*
Daub: Multifunktionelle Verbindungen für Photoreaktionen
(7) *Fritz-Haber-Institut, Berlin*
Willig: Langmuir-Schichten
(8) *Inst. f. Organ. Chemie, FU Berlin*
Fuhrhop: Vesikelbildner, Chinone, Porphyrine
(9) *Inst. f. Organ. Chem., Univ., Mainz*
Ringsdorf: künstliche Vesikel

Abgesehen von der Photoelektrochemie wird biomimetische Forschung in Deutschland kaum betrieben. Jedenfalls treten mögliche Gruppen bei EG-Förderung, NATO Advanced Study Meetings, Conferences on Photochemical Conversion and Storage of Solar Energy nicht hervor. Sicher gibt es Gruppen mit geeigneter Grundlagenforschung (Membranen, Polymermembranen, Komplexverbindungen, Photosynthese-Institute). Sie widmen sich jedoch nicht hauptsächlich den biomimetischen Problemen.

Übriges Europa (nur wichtige Institute, mit Israel)

(1) The Royal Institution, London
Harriman, Porter: Porphyrin-Photochemie

(2) *Ecole Polytechnique Fédérale, Lausanne*
Grätzel: Biomimetik (ganz breit)
(3) *Ist. di Chimico, Fisica Applicata, Univ. Parma*
Pelizzetti: Photochemie
(4) *CNR, Centre di Fotochimica, Ferrara*
Scandola: Photochemie
(5) *Univ. Louis Pasteur, Straßburg*
Lehn: Supramolekulare Chemie
(6) *Ist. di Sciense Ch., Univ. Bologna,*
Maggi: Photochemie
(7) *Laboratoire de Physique Solides, Mendon*
Garochov: Photoelektrochemie
(8) *Bureau de Rech. Géologiques, Orléans*
Fripiat: Photoelektrochemie
(9) *Inorg. Chem. Lab, Univ. Oxford*
Goodenough: Photoelektrochemie
(10) *Organ. of Applied Scientific Research, Utrecht*
Mackar: Photoelektrochemie
(11) *Inst. of Catalysis, Novosibirsk*
Parmon/Zamaraev: Katalysatoren
(12) *Inst. of Chem. Physics, USSR Acad. Scien., Moscow*
Shilov, Shafirovitch: Vesikel, Katalysatoren
(13) *Dept. of Org. Chem., Hebrew Univ., Jerusalem*
Willner: Biomimetik
(14) *Dept. of Phys. Chem., Univ. of Cambridge*
Archer: Photochemie
(15) *Lab. de Physique Solide, Univ. de Paris-Sud*
Amouyal: Photoelektrochemie
(16) *Weizmann Inst.of Sciences, Rehovot*
Tenne: Photoelektrochemie
(17) *Dept. of Phys. Chem., Hebrew Univ., Jerusalem*
Rabani: Polyelektrolyte

Vereinigte Staaten von Amerika

(1) *Dept. of Chem., Univ. of California-Berkeley*
Calvin: Biomimetische Systeme
Samorjai: Photoelektrochemie

(2) *Dept. of Biochem., Univ. of Arizona-Tucson*
Tollin: Chlorophyll in Vesikeln
(3) *Dept. of Chem., Univ. of New York-Syracuse*
Fendler: fast alle biomimetischen Systeme
(4) *Dept. of Chem., Univ. of California-Santa Barbara*
Ford: Halbleiterpartikel
(5) *Dept. of Chem. & Biol., Oregon Graduate Center, Beaverton*
Hurst: Vesikel
(6) *Dept. of Physiol., Michigan State Univ. East Lansing*
Tien: Photoelektrochemie
(7) *Dept. of Chem., Univ. of Texas-Austin*
Mallouk: Zeolithe
(8) *Argonne Natl. Lab., Argonne*
u. a. Wasielewski: kovalente Modellverbindungen
(9) *Sol. Energy Res. Inst., Golden, Colorado*
Nozik: Photoelektrochemie

Japan

(1) *Dept. of Org. Synthesis, Kyushu Univ., Higashi-ku*
Matsuo: Biomimetik
(2) *Dept. of Chem., Osaka Univ., Toyonaka,*
Mataga: Photochemie
Kunitake: Vesikelbildner
Kawai: Photoelektrochemie
(3) *Koto Univ.*
Honda: Photoelektrochemie

4 *Schlußfolgerungen*

Als »biomimetisch« bezeichnet man technische Verfahren, die Merkmale biologischer Systeme nachahmen oder von biologischen Kenntnissen Gebrauch machen. Das Flugzeug ist in mancher Hinsicht ein biomimetisches Produkt: Für dessen Erfindung und Entwicklung nutzten die Gebrüder Wright Erkenntnisse über den Gleitflug der Vögel und seine Steuerung; zugleich gingen sie z. B. beim Antrieb aber völlig andere Wege als die biologische Evolution.

Was die Nutzung der Sonnenenergie angeht, so beruht der Energieverbrauch überwiegend auf Produkten der Photosynthese wie Holz, Kohle und Öl. Langfristig gesehen stellt sich auch für die angestrebte großtechnische Nutzung der einfallenden Sonnenstrahlung die Frage, welche Aussichten dabei – neben Solarthermik und Photovoltaik – biomimetische Verfahren bieten, besonders hinsichtlich des Mechanismus der Photosynthese der Pflanzen und Bakterien.

Beim Vergleich konkurrierender Systeme der Sonnenenergienutzung ist zu beachten, daß die Photovoltaik beachtliche Wirkungsgrade bei der Umwandlung von Lichtenergie in elektrische Energie erreicht. Ein biomimetisches System zur Erzeugung von Elektrizität müßte also sehr effizient und preiswert sein, um der Photovoltaik überlegen zu werden. Das ist für die voraussehbare Zukunft kaum zu erwarten. Trotzdem sollte man auf längere Sicht die vektorielle transmembrane Ladungstrennung und die damit gekoppelte Spannungserzeugung, die in den Reaktionszentren der Photosynthese mit einer Ausbeute von fast 100 vH abläuft, im Auge behalten.

Die biomimetische Erzeugung chemisch gebundener Energie erscheint hingegen aus heutiger Sicht aussichtsreicher als die elektrischer Energie, zumal die Umwandlung photovoltaisch gewonnener in chemische Energie – jedenfalls bislang – aufwendig und verlustreich ist. Zwar sind auch bei der natürlichen Photosynthese trotz hoher Ausbeute der primären Ladungstrennung die Folgereaktionen in Lösung bei der Bildung energiereicher Kohlenstoffverbindungen eine Schwachstelle der Effizienz. Es ist aber denkbar, daß künstlich modifizierte Organismen bzw. rein biomimetische Verfahren Lichtenergie gezielter in chemische Bindungsenergie verwandeln und damit energiereiche bzw. energieaufwendige Chemieprodukte (z. B. Treibstoffe und stickstoffhaltige Düngemittel) effizienter gewonnen werden können.

Für die Gewinnung chemisch gebundener Energie aus modifizierten photosynthetisch aktiven Organismen ist die Forschung an wasserstoffbildenden Cyanobakterien ein wichtiges Beispiel. Solche Bakterien können mit Hilfe der Sonnenenergie Stickstoff »fixieren« (d. h. zunächst reduzieren) und Wasser in gebundenen Wasserstoff und Sauerstoff zerlegen. In natürlichen Systemen entsteht wenig freier Wasserstoff; die Forschung zielt deshalb auf Modifikationen, die die Synthese hauptsächlich in die Richtung der Produktion von Wasserstoff oder wasserstoffreichen Kohlenstoffverbindungen lenkt. Ein Problem dabei ist die hemmende Wirkung des entstehenden Sauerstoffes. Es gibt aber Aussichten auf eine Reduktion der Sauerstoffempfindlichkeit.

Die Entwicklung praktikabler biomimetischer Verfahren hängt zunächst von Fortschritten in bestimmten Bereichen der Grundlagenforschung ab. Hierzu gehört die weitere Aufklärung der Mechanismen und Teilschritte natürlicher Photosynthese. Der bisherige Erkenntnisgewinn auf diesem Gebiet zählt zu den bedeutenden naturwissenschaftlichen Leistungen der letzten Jahrzehnte.

Der Mechanismus der photosynthetischen Primärreaktionen kann auf folgende Prinzipien zurückgeführt werden:

(1) Kompartmentierung der Reaktionen
(2) Lichtinduzierte Ladungstrennung als primärer Schritt der Energiekonversion
(3) Sequentieller Ladungstransfer
(4) Kopplung von zwei Lichtreaktionen
(5) Vektorieller transmembraner Elektronentransport
(6) Speicherung von vier Oxidationsäquivalenten zur Wasserspaltung
(7) Vektorieller transmembraner Protonentransport
(8) Kopplung von Protonentransport- und Phosphorylierung
(9) Antennenpigmentsysteme als Lichtfalle

Diese Prinzipien lassen sich der Konstruktion biomimetischer Systeme der Sonnenenergieumwandlung zugrundelegen.

Die Photosynthesereaktionen gehen von dem kurzlebigen angeregten Zustand (Singulett) aus. In den meisten biomimetischen Verfahren wird der Chlorophyll-Protein-Komplex der Photosynthese durch einen künstlichen Sensibilisator ersetzt. In diesen Systemen geht die Reaktion meist von dem angeregten langlebigen Zustand (Triplett) aus. Diese Zustände werden aber leicht durch den Sauerstoff deaktiviert, was den Ausschluß von Sauerstoff erfordert. Dies ist aber technisch sehr aufwendig. Nur in wenigen Fällen wurde bisher eine Reaktion vom Singulettzustand aus realisiert. Einen Sonderfall stellen die oft verwendeten organischen Komplexe des Rutheniumkations dar, bei denen Wasserstoff auch in Gegenwart von Luft entwickelt werden konnte. Es besteht derzeit noch ein Mangel an Systemen, die in Gegenwart von Sauerstoff effizient sind.

Biomimetische Verfahren haben sich bisher stark auf die Realisierung der Wasserspaltung konzentriert. Während die Wasserstoffentwicklung für sich keine prinzipiellen Probleme bereitet, konnte die gleichzeitige Produktion von Wasserstoff und Sauerstoff effizient noch nicht realisiert werden. Mit mikroheterogenen Systemen konnte über einen begrenzten Zeitraum Wasser gespalten werden. Allerdings entsteht kein Sauerstoff, da er mit Wasserstoff unter Bildung von komplexen Verbindungen an der Halbleiteroberfläche zurückreagiert. Die Regenerierung der Oberflächen unter Freisetzung von Sauerstoff ist ein noch zu lösendes Problem. Auch bei Vesikelsystemen konnte bisher nur entweder Wasserstoff oder Sauerstoff entwickelt werden. Möglicherweise sind für beide Systemarten noch zu entwickelnde homogene Katalysatoren wie z. B. Mangan-Cluster vielversprechender.

Angesichts dieser Schwierigkeiten hat man sich in jüngster Zeit auch der Erforschung von alternativen Reaktionen gewidmet, bei denen z. B. Sauerstoff und Kohlenwasserstoffverbindungen (anstelle von Wasserstoff) produziert werden. In diesem Fall ist die Gefahr von Rückreaktionen kleiner. Die Aussichten dieser Verfahren können allerdings heute noch nicht beurteilt werden.

Ob auf biomimetischem Wege eine großtechnische Sonnenenergienutzung zustandekommen kann, ist derzeit nicht vorherzusagen. Jedenfalls sollte dieser Weg erkundet und verfolgt werden, zumal die dabei zu erarbeitenden wissenschaftlichen Erkenntnisse auch in vielen anderen Zusammenhängen von Interesse sind.

Wir empfehlen, die Forschungen über natürliche Photosynthese weiterhin intensiv zu unterstützen. Gleichzeitig sollte für eine erfolgreiche Biomimese aber auch die Entwicklung auf anderen relevanten Gebieten wie Photochemie, Katalyse, Membranologie, Halbleitertechnik, Proteinphysik und Proteinchemie beachtet werden. Besondere Aufmerksamkeit verdient die denkbare Verwendung künstlicher bzw. künstlich modifizierter Proteine.

Die Mehrzahl der in Zusammenhang mit dem Problemkreis tätigen Forscher fühlt sich Spezialgebieten wie Photosynthese, Membranbiologie, physikalische Chemie der Makromoleküle usw. zugehörig. Denkbare Anwendung ihrer Forschung zur Energieversorgung kann für sie eine zusätzlich motivierende Idee sein.

Zur Entwicklung biomimetischer Verfahren ist es angebracht, Wissenschaftler der hierfür relevanten Fachgebiete in Forschungsprogrammen zusammenzuführen. Das BMFT-Programm über »Biologische Wasserstoffgewinnung« stellt bereits einen wichtigen Beitrag in diesem

Zusammenhang dar. Wir schlagen vor, weitere Aspekte, wie sie in diesem Kapitel spezifiziert sind, einzubeziehen und eine Übersichtstagung »Möglichkeiten biomimetischer Sonnenenergie-Umwandlung« als Vorstufe eines entsprechenden Förderprogramms des BMFT bzw. Schwerpunktprogrammes der DFG zu veranstalten.

Literatur

[1] K. Kalyanasundaram, J. Kiwi und M. Grätzel, Helv. Chim. Acta 61 (1978), 2720–2730
[2] M.-C. Richoux und A. Harriman, J. Chem. Soc. Faraday Trans. I, 78 (1982), 1873–1885
[3] M. A. Bergkamp, J. Dalton und T. L. Netzel, J. Am. Chem. Soc. 104 (1982), 253–259
[4] M. R. Wasielewski, M. R. Niemczyk, W. A. Svec und E. B. Pewitt, J. Am. Chem. Soc. 107 (1985), 1080–1082
[5] G. Blondeel, D. DeKeukeleire, A. Harriman und L. R. Milgrom, Chem. Phys. Lett. 118 (1985), 77–82
[6] M. R. Wasielewski, M. P. Niemczyk und E. B. Pewitt in: Chemical Physics Series No. 42 (Ed. M. E. Michel-Beyerle), 1985, S. 242- 249
[7] D. Gust, T. A. Moore, P. A. Liddell, G. A. Nemeth, L. R. Makings, A. L. Moore, D. Barrett, P. J. Pessiki, R. V. Bensasson, M. Rougée, C. Chachaty, F. C. de Schryver, M. Van de Auweraer, A. R. Holzwarth und J. S. Connolly, J. Am. Chem. Soc. 109 (1987), 846–856
[8a] D. Gust, T. A. Moore, A. L. Moore, D. Barrett, L. D. Harding, L. R. Makings, P. A. Liddell, F. C. de Schryver, M. Van de Auweraer, R. V. Bensasson und M. Rougée, J. Am. Chem. Soc. 110 (1988), 321–323
[8b] D. Gust, T. A. Moore, A. L. Moore, L. R. Makings, G. R. Seely, X. Ma, T. T. Trier und F. Gao, J. Am. Chem. Soc. 110 (1988), 5767- 5769
[9] P. A. Brugger, P. P. Infelta, A. M. Braun und M. Grätzel, J. Am. Chem. Soc. 103 (1981), 320–326
[10] R. Humphry-Baker, Y. Moroi, E. Pelizzetti und P. Tundo, J. Am. Chem. Soc. 102 (1980), 3689–3692
[11] J. K. Hurley, F. Castelli und G. Tollin, Photochem. Photobiol. 34 (1981), 623–631
[12] J. K. Hurst, L. Y.-C. Lee und M. Grätzel, J. Am. Chem. Soc. 105 (1983), 7048–7056
[13] W. E. Ford und G. Tollin, Photochem. Photobiol. 36 (1982), 647–655
[14] W. E. Ford, J. W. Otvos und M. Calvin, Proc. Natl. Acad. Sci. USA 76 (1979), 3590–3593
[15] W. E. Ford und G. Tollin, Photochem. Photobiol. 35 (1982), 809–819
[16] W. E. Ford und G. Tollin, Photochem. Photobiol. 38 (1983), 441–449

[17] L. Y.-C. Lee, J. K. Hurst, M. Politi, K. Kurihara und J. H. Fendler, J. Am. Chem. Soc. 105 (1983), 370 – 373
[18] E. E. Yablonskaya und V. Ya. Shafirovich, Nouv. J. Chim. 8 (1984), 117 – 121
[19] J. Kiwi und M. Grätzel, J. Am. Chem. Soc. 101 (1979), 7213 – 7217
[20] A. Harriman und A. Mills, J. Chem. Soc. Faraday Trans. 2, 77 (1981), 2111 – 2124
[21] K. I. Zamaraev und V. N. Parmon in: Energy resources through photochemistry and catalysis, Ed. M. Grätzel, Academic Press, 1983, S. 123 – 161
[22] D. Miller und G. McLendon, Inorg. Chem. 20 (1981), 950 – 953
[23] M. Maestri und D. Sandrini, Nouv. J. Chim. 5 (1981), 637 – 641
[24] D. G. Whitten, P. J. DeLaivre, T. J. Meyer und B. P. Sullivan, J. Am. Chem. Soc. 101 (1979), 4007 – 4008
[25] B. V. Koryakin, T. S. Dzhabiev und A. E. Shilov, Dokl. Akad. Nauk. SSSR 233 (1977), 620 – 622
[26] A. E. Shilov, persönliche Mitteilung
[27] B. Harriman, G. Porter und M.-C. Richoux, J. Chem. Soc. Faraday Trans. 2, 77 (1981), 833 – 844
[28] J. R. Darwent in: Photogeneration of hydrogen (Eds. A. Harriman and M. A. West), 1982, S. 23 – 38
[29] K. Kurihara und J. H. Fendler, J. Am. Chem. Soc. 105 (1983), 6152 – 6153
[30] V. E. Maier und V. Ya. Shafirovich, J. Chem. Soc. Chem. Commun. (1985), 1063 – 1065
[31] L. Persaud, A. J. Bard, A. Campion, M. A. Fox, T. E. Mallouk, S. E. Webber und J. M. White, J. Am. Chem. Soc. 109 (1987), 7309- 7314
[32] V. Ya. Shafirovich und A. E. Shilov, in [72]
[33] J. Kiwi und M. Grätzel, Chimia 33 (1979), 289 – 291
[34] J.-M. Lehn, J. P. Sauvage und R. Ziessel, Nouv. J. Chim. 3 (1979), 423 – 427
[35] H.-M. Kühne und H. Tributsch, Ber. Bunsenges. Phys. Chem. 88 (1984), 10 – 16
[36] V. Ya. Shafirovich, N. K. Khannanov und V. V. Strelets, Nouv. J. Chim. 4 (1980), 81 – 84
[37] K. Kalyanasundaram, O. Micic, E. Pramauro und M. Grätzel, Helv. Chim. Acta 62 (1979), 2432 – 2441
[38] A. Harriman, G. Porter und P. Walters, J. Chem. Soc. Faraday Trans. 2, 77 (1981), 2373 – 2383
[39] N. P. Luneva, E. I. Knerelman, V. Ya. Shafirovich und A. E. Shilov, J. Chem. Soc. Chem. Commun. (1987), 1504 – 1505
[40] J. Kiwi, E. Borgarello, E. Palizzetti, M. Visca und M. Grätzel, Angew. Chem. 92 (1980), 663 – 664
[41] M. Kirch, J.-M. Lehn und J.-P. Sauvage, Helv. Chim. Acta 62 (1979), 1345 – 1384
[42] V. Ya. Shafirovich, Vortragsmanuskript (wahrscheinlich 1986)
[43] R. Humphry-Baker, J. Lillie und M. Grätzel, J. Am. Chem.Soc. 104 (1982), 422 – 425

[44] E. Borgarello, J. Kiwi, E. Pelizzetti, M. Visca und M. Grätzel, J. Am. Chem.Soc. 103 (1981), 6324 – 6329
[45] E. Borgarello, J. Kiwi, E. Pelizzetti, M. Visca und M. Grätzel, Nature 289 (1981), 158 – 160
[46] W. Hoffmann, Forschungsbericht BMFT-FB-T86 – 074 (1986)
[47] N. Vlachopoulos, P. Liska, J. Augustynski und M. Grätzel, J. Am. Chem. Soc. 110 (1988), 1216 – 1220
[48] J.-M. Lehn, J.-P. Sauvage und R. Ziessel, Nouv. J. Chim. 4 (1980), 623 – 627
[49] D. Duonghong, E. Borgarello und M. Grätzel, J. Am. Chem. Soc. 103 (1981), 4685
[50] K. Kalyanasundaram, E. Borgarello und M. Grätzel, Helv. Chim. Acta 64 (1981), 362 – 366
[51] E. Yesodharan und M. Grätzel, Helv. Chim. Acta 66 (1983), 2145 – 2153
[52] I. Willner, R. Maidan, D. Mandler, H. Dürr, G. Dörr und K. Zengerle, J. Am. Chem. Soc. 109 (1987), 6080 – 6086
[53] N. P. Luneva, A. P. Moravsky und A. E. Shilov, Nouv. J. Chim. 6 (1982), 245 – 251
[54] M. M. TaquiKhan, R. C. Bhardwaj und C. Bhardwaj, Angew. Chem. 100 (1988), 1000 – 1002
[55] D. Mandler und I. Willner, J. Chem. Soc. Perkin Trans. II (1986), 805 – 811
[56] I. Willner, D. Mandler und R. Maidan, Nouv. J. Chim. 11 (1987), 109 – 121
[57] D. O. Hall und K. K. Rao, Chimicaoggi 1989, 41 – 47
[58] K. Wieghardt, Angew. Chem. 101 (1989), 1179 – 1198

Bücher, Kongressberichte und Übersichtsartikel

[59] Handbook of Biosolar Resources, Vol. I, Parts 1 u. 2 (Eds. A. Mitsui u. C. C. Black) CRC Press 1981
[60] Photosynthesis III (Eds. L. A. Staehelin u. C. J. Arntzen) Springer 1986
[61] The Light Reactions (Ed. J. Barber) Elsevier 1987
[62] Photosynthesis (Ed. J. Amesz) Elsevier 1987
[63] Antennas and Reaction Centers of Photosynthetic Bacteria (Ed. M. E. Michel-Beyerle), Springer 1985
[64] Light Reaction Path of Photosynthesis (Ed. F. K. Fong) Springer 1982
[65] Photosynthesis: Physical Mechanisms and Chemical Patterns R. K. Clayton, Cambridge University Press, 1982
[66] Biochemistry of Photosynthesis R. P. F. Gregory, John Wiley, 1989
[67] Photosynthesis 77 (Eds. D. O. Hall, J. Coombs, T. W. Goodwin), The Biochemical Society 1978
[68] Nouveau Journal de Chimie, Vol. 11, No.2, 1987 (special issue: Solar Energy Conference 1986)
[69] G. Renger, Photosynthese, in: Biophysik (Eds. W. Hoppe, W. Lohmann,H. Markl, H. Ziegler), Springer 1977 und 1983
[70] Photosynthesis in Relation to Model Systems (Ed. J. Barber), Elsevier 1979

[71] Membrane Mimetic Chemistry, J. H. Fendler, John Wiley 1982
[72] Photochemical Energy Conversion (Eds. J. R. Norris, D. Meisel), Elsevier 1989 (Solar Energy Conference 1988)
[73] Photoelectrochemistry, Photocatalysis and Photoreavctors (Ed. M. Schiavello), D. Reidel Publ. Company 1985 (NATO Advanced Study Institute 1984)
[74] Physiologie der Photosynthese, C. Buschmann und K. Grumbach, Springer 1985
[75] H. T. Witt, Biochim. Biophys. Acta 505 (1979), 355 – 427
[76] A. W. Rutherford, TIBS 14 (1989), 227 – 232
[77] I. Rechenberg, Evolutionsstrategie, Problemata, Frommann, Holzwoog, 1973
[78] H. T. Witt, Nouv. J. Chem. 11 (1987), 91 – 101

Kapitel IV

Dezentrale Sonnenenergienutzung in Entwicklungsländern

JOCHEN DIEKMANN

1 Überblick

An die Nutzung von Sonnenenergie in Entwicklungsländern werden seit einiger Zeit allgemein große Hoffnungen geknüpft. Diese Hoffnungen beruhen zum einen auf einer technologiepolitischen und zum anderen auf einer entwicklungspolitischen These.

Die technologiepolitische These lautet:
Neue Solartechniken können langfristig einen wesentlichen Beitrag zur Weltenergieversorgung leisten; ihr Einsatz kommt aufgrund höherer Sonneneinstrahlung und genereller infrastruktureller Mängel am ehesten in Entwicklungsländern in Betracht. Der frühe Einsatz zum Beispiel von Solarzellen in Entwicklungsländern könnte die weltweite Verbreitung auch durch die schnellere Ausnutzung von Größenvorteilen bei der Herstellung beschleunigen.

Die entwicklungspolitische These lautet:
Versorgungsprobleme im Energiebereich sind eines der wesentlichen Hemmnisse der Entwicklung in der Dritten Welt; insbesondere die verstärkte Nutzung von erneuerbaren Energiequellen könnte dazu beitragen, die Lebensbedingungen zu verbessern und die ökonomische Leistungsfähigkeit zu stärken.

Ausgehend von beiden Thesen erscheint die Nutzung der Sonnenenergie in Entwicklungsländern als eine Aufgabe, die im Rahmen einer Nord-Süd-Kooperation zu bewältigen sein müßte. Bei näherer Betrachtung werden indessen erhebliche Probleme bei der Einführung und Nutzung von Solartechniken in Entwicklungsländern deutlich.

Zur realistischen Einschätzung der Möglichkeiten, aber auch der Grenzen für eine Verbreitung solcher Techniken in der Dritten Welt, sind unter anderem folgende Fragen zu stellen:

- Gibt es in Entwicklungsländern wirklich quantitativ bedeutsame Anwendungen für Solarenergietechniken, die in Industrieländern noch als unwirtschaftlich gelten?
- Können Industrieländer Entwicklungsländer von der Vorteilhaftigkeit von Solaranlagen überzeugen, die sie selbst kaum nutzen?
- Sind Konflikte zwischen den Exportinteressen der Industrieländer im Bereich der Solarindustrie und einem Interesse der Entwicklungsländer am Aufbau eigener Fertigungsanlagen zu erwarten?
- Sind die bislang entwickelten Systeme zur Nutzung von Sonnenenergie genügend an die Bedürfnisse in den Entwicklungsländern »angepaßt«?
- Welche Techniken zur Nutzung von Sonnenenergie verdienen besondere Beachtung?
- Welche Anwendungsbereiche eignen sich am ehesten für Solartechniken?
- Welche sozialen, wirtschaftlichen und ökologischen Auswirkungen sind zu erwarten?
- Wie kann ein Technologie-Transfer so organisiert werden, daß eine selbsttragende Verbreitung angestoßen wird?
- Welche Finanzierungsprobleme stellen sich für die kapitalintensiven Systeme, insbesondere beim Import wesentlicher Systemkomponenten aus den Industrieländern?

Eine Gesamtbewertung wird vor allem dadurch erschwert, daß die Ausgangslage in den einzelnen Entwicklungsländern sehr unterschiedlich ist, daß die Anwendungstechniken zum Teil noch nicht genügend ausgereift sind und daß bisher erst relativ wenige Erfahrungen mit Einführungsprogrammen vorliegen.

Mangelnde Energieversorgung ist nur eines der vielfältigen Entwicklungsprobleme. Die Ölpreiskrisen in den siebziger Jahren haben die ölimportierenden Entwicklungsländer nachhaltig belastet. Noch bedrohlicher sind in vielen Entwicklungsländern die Folgen der Abholzung, unter anderem für die Beschaffung von Brennholz. Der Energiebedarf steigt allein schon aufgrund des starken Bevölkerungswachstums; hinzu kommt der Bedarf für diverse Modernisierungsansätze und die Notwendigkeit, traditionelle Energien zu substituieren. Auch in Entwicklungsländern haben Maßnahmen zur sparsameren Verwendung von Energie deshalb eine hohe Priorität. Ebenso wichtig ist die rasche Nutzbarmachung der eigenen Energieressourcen. Der Nutzung erneuerbarer Energiequellen kommt auf lange Sicht große Bedeutung zu.

Programme mit dem Ziel einer beschleunigten Nutzung erneuerbarer Energiequellen in Entwicklungsländern wurden bisher vor allem als Antwort auf die starken Ölpreissteigerungen in den siebziger Jahren initiiert. Große Hoffnungen hat die Konferenz der Vereinten Nationen über neue und erneuerbare Energiequellen 1981 in Nairobi geweckt. In den achtziger Jahren sind im Rahmen sowohl der bilateralen als auch der multilateralen Technischen Zusammenarbeit zahlreiche Einzelprojekte zur Entwicklung, Erprobung, Demonstration und Verbreitung von Systemen zur Nutzung erneuerbarer Energiequellen in Entwicklungsländern durchgeführt worden. Wichtigste multilaterale Geberinstitutionen auf diesem Gebiet sind Weltbank und UNDP. Auch die EG fördert entsprechende Projekte. In der Bundesrepublik Deutschland dient das 1979 beschlossene Sonderprogramm zur Nutzung nicht-erschöpflicher Energiequellen (Sonderenergieprogramm, SEP), das von der GTZ im Auftrag des BMZ durchgeführt wird, als Rahmenprogramm für die Technische Zusammenarbeit im Bereich der dezentralen Energieversorgung in Entwicklungsländern. Projekte im Auftrag des BMFT sind hierzu insoweit komplementär, als sie den technologischen Aspekt betonen, und der Schwerpunkt der Wissenschaftlich-Technischen Zusammenarbeit eher bei den Schwellenländern liegt. Von durchgreifenden, flächendeckenden Erfolgen dieser Anstrengungen kann bisher nicht gesprochen werden. Nach den bisherigen Erfahrungen benötigen vor allem Einführungsmaßnahmen einen »längeren Atem« für die Vorbereitung, Durchführung und Nachbetreuung der Projekte.

Für eine dezentrale Nutzung in Entwicklungsländern kommen als erneuerbare Energiequellen Biomasse, Windkraft, Wasserkraft und solarthermisch bzw. photovoltaisch umwandelbare Sonnenenergie in Betracht. Auf Dauer kann wohl auf keine dieser Quellen völlig verzichtet werden. Für eine breite Anwendung schon in naher Zukunft haben die Systeme Priorität, die zumindest die Schwelle der Wirtschaftlichkeit erreicht haben und sich für die spezifische Bedarfslage in den jeweiligen Entwicklungsländern anbieten. Dies sind vor allem mechanische Windpumpen, kleine Wasserkraftanlagen, Solarkollektoren zur Warmwasserbereitung und photovoltaische Kleinsysteme.

Mit Blick auf die langfristigen Chancen der Nutzung von Sonnenenergie findet die Photovoltaik besondere Beachtung. Aus einer Vielzahl von dezentralen Anwendungen in Entwicklungsländern könnte sich schon bald ein beträchtliches Einsatzpotential von Solarzellen ergeben. Insofern könnten dezentrale Photovoltaiksysteme eine – wenn auch begrenzte – Vorreiterrolle beim Aufbau einer großtechnischen Sonnenenergienutzung spielen. Aber auch unabhängig hiervon ist nach dem möglichen Beitrag der Photovoltaik zur Lösung der Energieprobleme in der Dritten Welt zu fragen.

Der Anwendungsbereich der Photovoltaik ist äußerst weit. Er erstreckt sich vom Milliwatt- bis in den Gigawattbereich. Da die Größenvorteile der Photovoltaik geringer sind als die der konkurrierenden Systeme, sind photovoltaische Kleinanwendungen am ehesten wirtschaftlich. In Bereichen höherer Leistung wird Photovoltaik erst nach weiteren Kostensenkungen bzw. Energiepreissteigerungen konkurrenzfähig. Gegenwärtig kommen für einen Einsatz in Entwicklungsländern vor allem Systeme mit einer Leistung von einigen 10 Watt – vereinzelt auch von einigen Kilowatt – in Betracht. Wenn hiervon auch kein ins Gewicht fallender Beitrag zur Deckung des gesamten Energieverbrauchs eines Entwicklungslandes zu erwarten ist, so könnten lokale Photovoltaikanwendungen doch beispielsweise zur sozialen Entwicklung im ländlichen Raum beitragen.

Die breite Nutzung der Sonnenenergie in der Dritten Welt ist eine Herausforderung an Entwicklungsländer und Industrieländer. Nach den vorliegenden Erfahrungen müßten die Einsatzbedingungen der Photovoltaik für Entwicklungsländer noch wesentlich verbessert werden. Probleme bereiten bisher nicht nur die mangelnde Wirtschaftlichkeit vieler Anwendungen, sondern vor allem auch technische Unzulänglichkeiten der Anwendungssysteme. Eine bedeutsame Verbreitung in Entwicklungsländern ist auf mittlere Sicht nur zu erwarten, wenn in den Industrieländern von seiten der Technologiepolitik, der Entwicklungspolitik und der Industrie große Anstrengungen unternommen werden, um die Voraussetzungen für einen angepaßten Einsatz dieser Technik zu schaffen.

Bei der Markteinführung in Entwicklungsländern müssen Industrieländer helfen. Diese Hilfe wäre wenig wirkungsvoll, wenn dieser Prozeß nicht in zunehmendem Maße von staatlichen und privaten Einrichtungen in den Entwicklungsländern mitgetragen würde. Langjährige Erfahrungen der Technischen Zusammenarbeit lassen es sinnvoll erscheinen, die Entwicklungsländer nicht nur in die Verbreitung, sondern ebenso in die Herstellung und nach Möglichkeit auch die Weiterentwicklung der Solartechniken einzubeziehen. Die bisherigen Projekte legen eine behutsame Strategie zur Förderung der Sonnenenergienutzung in der Dritten Welt nahe.

2 Energieprobleme in der Dritten Welt

Die künftigen Chancen der Sonnenenergienutzung in Entwicklungsländern sind verknüpft mit der generellen Entwicklungsproblematik (vgl. zum Beispiel Siebenter Bericht zur Entwicklungspolitik der Bundesregierung, BMZ 1987):

- Armut, Hunger und Ernährungsunsicherheit,
- Verschuldung und Strukturanpassung,
- Handel,
- Bevölkerungswachstum,
- Energieversorgung und
- Bedrohung der Umwelt.

Die Abhängigkeit vieler Entwicklungsländer von Ölimporten hat im Zuge der Ölpreiskrisen ihre Zahlungsbilanz besonders belastet und zur Verschuldungskrise beigetragen. Auch nach dem Verfall der Rohölpreise bleibt der Druck zur Umstrukturierung ihrer Energieversorgung bestehen.

Obwohl 77 vH der Weltbevölkerung in Entwicklungsländern leben, haben sie am kommerziellen Weltenergieverbrauch nur einen Anteil von 25 vH. Der jährliche Pro-Kopf-Verbrauch beträgt im Durchschnitt aller Entwicklungsländer 0,7 t SKE gegenüber 7,2 t SKE in den Industrieländern (Weltbank 1988). In den Entwicklungsländern mit niedrigem Einkommen liegt der kommerzielle Energieverbrauch – abgesehen von Indien und China – sogar nur bei 0,1 t SKE pro Kopf.

Der kommerzielle Energieverbrauch konzentriert sich in den Entwicklungsländern auf städtische Gebiete, während die Energieversorgung im ländlichen Raum in den meisten Entwicklungsländern überwiegend auf traditionellen Energiequellen, vor allem Brennholz, beruht.

Brennholz ist schon längst keine freie Energiequelle mehr. Seine zunehmende Verknappung zeigt sich unter anderem im stark gestiegenen Zeitaufwand zum Holzsammeln und darin, daß Brennholz in Ballungsgebieten kommerziell gehandelt wird. Nach Schätzungen der FAO leiden etwa 100 Millionen Menschen an akuter Brennholzknappheit und über 1 Milliarde Menschen an Brennholzmangel (Rady 1987). In einigen Gebieten wie in der Sahel-Sudan-Zone kann schon die heutige Bevölkerung nicht mehr dauerhaft mit Brennholz versorgt werden. Die Waldbestände verringern sich auch aufgrund des Brennholzeinschlags, mit der Folge ökologischer Schäden wie Bodenerosion, Steppen- und Wüstenbildung.

Der Energiebedarf der Entwicklungsländer nimmt allein schon aufgrund des Bevölkerungswachstums zu. Industrialisierung, Ausbau des Verkehrswesens und generelle Verbesserung der Lebensbedingungen erfordern mehr Energie. Angesichts der Engpässe beim Import kommerzieller Energieträger und bei der Nutzung traditioneller Energiequellen dürfte sich die Lücke zwischen Energiebedarf und -bereitstellung in vielen Entwicklungsländern noch vergrößern. Daraus ergibt sich die Forderung, verstärkt eigene Energiequellen zu erschließen und Energie rationeller zu nutzen.

Auf dem Gebiet erneuerbarer Energien ist Entwicklungshilfe von seiten der Industrieländer nach wie vor notwendig; auch hier wäre eine nur technikorientierte Projektplanung der komplexen Problematik (von der sozio-ökonomischen Einbettung bis zur Umweltverträglichkeit) nicht angemessen.

3 *Multilaterale und bilaterale Ansätze zur Förderung erneuerbarer Energiequellen in Entwicklungsländern*

Eine Kooperation zwischen Industrieländern und Entwicklungsländern zur Nutzung von erneuerbaren Energiequellen fand vor dem Jahr 1973 nur vereinzelt – insbesondere durch Frankreich – statt (Ripke, Schmit 1982). Nach der ersten Ölpreiskrise im Jahre 1973 begann man die Nutzung erneuerbarer Energiequellen als eine Möglichkeit zu betrachten, die Abhängigkeit von Ölimporten in Entwicklungsländern zu vermindern. Im Laufe der siebziger Jahre entstanden größer angelegte bilaterale und multilaterale Kooperationsvorhaben auf diesem Gebiet. Es wurde angestrebt, erneuerbare Energien auch im Rahmen anderer Entwicklungsprojekte stärker zu nutzen. Diese Vorhaben erhielten durch die zweite Ölpreiskrise und die zunehmende Wahrnehmung der Abholzungsproblematik (Brennholzkrise) sowie der Umweltschäden zusätzliches Gewicht.

Eine Intensivierung der Zusammenarbeit mit Entwicklungsländern zur Nutzung erneuerbarer Energiequellen ist seit Ende der siebziger Jahre sowohl auf bilateraler als auch auf multilateraler Ebene angestrebt worden. Als internationale Organisationen sind auf diesem Gebiet vor allem die Vereinten Nationen, die Weltbank und die Europäische Gemeinschaft tätig (Pertz 1988). Die Förderung der Sonnenenergie spielt dabei eine untergeordnete Rolle.

Erneuerbare Energien werden im Rahmen des Entwicklungsprogramms der Vereinten Nationen (UNDP) gefördert. In Zusammenarbeit von Weltbank und UNDP ist im Jahre 1980 ein umfassendes Energieplanungsprogramm begonnen worden, um die Informationsbasis für den Energiesektor in 60 Entwicklungsländern zu verbessern, wobei auch die Möglichkeiten der Energieeinsparung und der Nutzung erneuerbarer Energiequellen im Vordergrund stehen.

In der Bundesrepublik Deutschland werden erneuerbare Energien für Entwicklungsländer zum einen im Rahmen der Wissenschaftlich-Technologischen Zusammenarbeit (als Teil der Forschungspolitik des BMFT) und zum anderen im Rahmen der Technischen und Finanziellen Zusammenarbeit (als Teil der Entwicklungspolitik des BMZ) gefördert. Die Maßnahmen des BMFT, die vor allem Forschungs-, Entwicklungs- und Demonstrationsvorhaben in Schwellenländern beinhalten, sollen dem allgemeinen Fortschritt wissenschaftlicher Erkenntnis, der Wettbewerbsfähigkeit der deutschen Industrie und dem Technologietransfer in weniger entwickelte Länder dienen. Inhaltliche Schwerpunkte liegen bei der Photovoltaik, der Solarthermik und der Entwicklung von Windkraftanlagen. Die Aktivitäten des BMZ sind demgegenüber weniger an der Weiterentwicklung neuer Techniken orientiert, sondern stärker auf die Grundbedürfnisse der einzelnen Entwicklungsländer ausgerichtet. In Ergänzung zur Technischen Zusammenarbeit sind im Rahmen der Finanziellen Zusammenarbeit einzelne Komponenten von SEP-Länderprogrammen und ein BMFT-Programm zur Demonstration und Verbreitung von Windkraftanlagen gefördert worden. Die Aktivitäten von BMZ und BMFT werden in einem interministeriellen Projektausschuß abgestimmt.

Nach den bisherigen Erfahrungen mit den unterschiedlichen nationalen und internationalen Programmen sind die Systeme zur Nutzung von erneuerbaren Energiequellen – anders als zunächst erwartet – noch weit von einem Durchbruch entfernt (Pertz 1988). Auf absehbare Zeit ist ein bedeutender Beitrag zur Energieversorgung weder durch Solar-, Windkraft- oder Kleinwasserkraftanlagen noch durch neue Techniken der Biomassenutzung zu erwarten. Vermeidung von Energieverschwendung und Mobilisierung eigener fossiler Energievorräte haben deshalb für die meisten Entwicklungsländer kurzfristig höhere Priorität. Nicht zu unterschätzen ist nach den bisherigen Programmerfahrungen aber der mögliche Beitrag von erneuerbaren Energiequellen zur wirtschaftlich-sozialen Entwicklung insbesondere in abgelegenen Gebieten. Die Nutzbarmachung dieser lokal durchaus bedeutsamen Quellen ist allerdings nach wie vor mit erheblichen Problemen verbunden.

4 Forschungs- und technologiepolitische Zusammenarbeit (BMFT)

4.1 Ziele und Schwerpunkte

Die Zusammenarbeit des BMFT mit Ländern der Dritten Welt ist eingebettet in die generellen Ziele der deutschen Forschungs- und Technologiepolitik (BMFT 1986):

- Erweiterung und Vertiefung wissenschaftlicher Erkenntnisse,
- Ressourcen- und Umweltschonung sowie menschengerechte Lebens- und Arbeitsbedingungen und
- Steigerung der wirtschaftlichen Leistungs- und Wettbewerbsfähigkeit der deutschen Industrie.

Die Kooperation mit Entwicklungsländern verfolgt in diesem Rahmen zwei Ziele (BMFT 1986):

- Die gemeinsame Erarbeitung von Beiträgen zur Lösung von Problemen in der Dritten Welt und
- die Übertragung wissenschaftlicher und technischer Erfahrungen und Fähigkeiten zur Stärkung der Forschungs- und Entwicklungskapazitäten der Partnerländer.

Energietechnologien bilden einen fachlichen Schwerpunkt der Zusammenarbeit. Das Förderungsspektrum des BMFT reicht hierbei von der Nutzung erneuerbarer und fossiler Energiequellen bis zur Kernenergie. Von 1975 bis 1987 hat das BMFT mit einem finanziellen Aufwand von 270 Millionen DM etwa 170 Projekte auf dem Gebiet erneuerbarer Energien gefördert, die primär auf Entwicklungsländer ausgerichtet waren (Finking 1987). Fast 100 dieser Projekte sind in internationaler Kooperation durchgeführt worden. Zur Zeit werden hierfür jährlich ca. 50 Millionen DM bereitgestellt (Räde 1989).

Schwerpunktländer der bilateralen FuE-Kooperation sind Argentinien, Brasilien, China, Griechenland, Indien, Indonesien, Kuwait, Mexiko und Saudi-Arabien (Räde, Stöcker 1988). Im Vordergrund der Zusammenarbeit stehen vor allem Solarthermik, Photovoltaik und Windenergie, aber auch Biomassenutzung und klimagerechtes Bauen in Entwicklungsländern. Im Laufe der Zeit haben sich die Aktivitätsfelder verschoben: Nachdem es in den frühen siebziger Jahren noch überwiegend um die Entwicklung von Prototypen ging, dominierten später Programme, in denen verschiedene Techniken an einem Standort erprobt wurden. Gegenwärtig bilden Feldtests von weitgehend ausgereiften Anlagen das Zentrum der Zusammenarbeit (Räde, Stöcker 1988).

Im Rahmen der BMFT-Strategie zur Erschließung erneuerbarer Energien ist die Photovoltaik zum Forschungsschwerpunkt geworden. Von dem Gesamtbudget von etwa 1 Milliarde DM, das das BMFT in den Jahren 1989 bis 1992 für neue und erneuerbare Energien bereitstellen will, sind 40 vH für Forschung und Entwicklung sowie Pilot- und Demonstrationsprojekte der Photovoltaik vorgesehen (BMFT 1988, Riesenhuber 1988). Die Motivation für dieses Engagement ist zu allererst ökologischer Natur, daneben wird als ein zweites tragendes Motiv aber auch die Erwartung genannt, daß Photovoltaik bei sinkenden Kosten auch zur Entwicklung weiter, ländlicher Gebiete in der Dritten Welt beitragen kann (Riesenhuber 1988). Die Aktivitäten des BMFT für die Nutzung der Photovoltaik in Entwicklungsländern gehen demnach weit über die mit bzw. in der Dritten Welt durchgeführten Projekte hinaus.

Die Photovoltaik hat in vielen Vorhaben der wissenschaftlich-technischen Zusammenarbeit des BMFT eine bedeutsame Rolle gespielt. Beispielhafte Projekte sind (Räde 1989):

- Brasilien: Optimierung und Betrieb eines Hybrid-Systems, das aus einem PV-Feld von 11 kW, zwei Windkonvertern und einem Dieselgenerator besteht und als Prototyp für eine Dorfstromversorgung ausgelegt wurde,
- China: photoelektrische Versorgung von Funktelefonen, einer Fernsehumsetzstation, einer Wasserpumpe mit einer Leistung von 10 kW und einem Fördervolumen von 140 m^3/Tag und einer Bewässerungspumpe für 50 m^3/Tag,
- Indonesien: Betrieb eines kombinierten Bewässerungssystems in Picon, das aus einem Biomassevergaser und einem PV-Feld von 5,5 kW besteht, Errichtung einer 25 kW PV-Anlage in Cituis, die zum Pumpen und Entsalzen des brackigen Grundwassers sowie zu einer täglichen Eisproduktion von 500 kg eingesetzt wird, und Betrieb von drei Wasserpumpen mit insgesamt 12 kW, die auf der Insel Sumba mehrere tausend Menschen mit Trinkwasser versorgen.

Neben den traditionellen bilateralen FuE-Vorhaben werden künftig im Auftrag des BMFT weltweite Feldtests durchgeführt, die für solarthermische, photovoltaische und Windkraftanlagen Aufschluß über Leistungsdaten, Betriebsverhalten und Wartungsaufwand geben sollen (Räde 1989). Als Partnerländer sind Argentinien, Brasilien, China, Indonesien, Jordanien, Marokko, Tunesien, die Philippinen und Zimbabwe vorgesehen bzw. in Diskussion. Die Feldtestprogramme sollen in enger Abstimmung mit BMZ, KfW, DEG und der GTZ, die das Projekt leitet, abgewickelt werden.

Drei Vorhaben stehen inzwischen unmittelbar vor dem Beginn:

- PVP: Photovoltaisches Pumpenprogramm
- PROSOLAR: Solarenergieprogramm
- TERNA: Technische Erprobung und Nachbau von kleinen Windkraftanlagen in Entwicklungsländern.

Im PV-Pumpenprogramm sollen nach detaillierten Standortuntersuchungen in mehreren Ländern jeweils 15 bis 20 photovoltaische Pumpsysteme zur Trinkwasserversorgung im Feldtest erprobt werden. Der Leistungsbereich der erforderlichen Photovoltaik-Module wird zwischen 100 W und 2,5 kW liegen. Denn während bei kleineren Leistungen Handpumpen vorteilhaft sind, können PV-Pumpen bei größeren Leistungen bisher noch nicht mit Dieselpumpen konkurrieren (Friedel, Haars 1987; Reepen 1988).

Im Solarenergieprogramm sollen unterschiedliche Anwendungstechniken mit großem Verbreitungspotential an repräsentativen Standorten über einen längeren Zeitraum betrieben werden. Auch in diesem Programm soll die Photovoltaik neben anderen Solartechniken eine große Rolle spielen. Als mögliche Anwendungen von Solartechniken werden genannt (Räde 1989):

bei Einzelverbrauchern:
- Batterie-Ladegeräte für Radio und Fernsehen
- Klein-Bewässerung
- Hausbeleuchtung
- Trocknung landwirtschaftlicher Produkte

bei Kommunen:
- Kühlung, Beleuchtung, Warmwasser in Gesundheitsstationen
- Beleuchtung und Bildungsfernsehen in Schulen
- Straßenbeleuchtung

beim Kleingewerbe:
- Antriebskraft in Landwirtschaft und Handwerk
- Prozeßwärme

Die Programme PVP und PROSOLAR bewirken eine starke Zunahme der Photovoltaik-Installationen in Projekten der GTZ: Nach einer installierten Leistung von 84 kW im Jahre 1988 sind für die Jahre 1989 und 1990 270 und 230 kW vorgesehen (Posorski 1989).

Die KfW führt derzeit ein Programm durch, in dem 70 Windkraftanlagen in 11 oder 12 Ländern getestet werden (Kelm 1987). Die aus mehreren 30 kW-Anlagen bestehenden Windparks sollen Strom in bestehende Netze einspeisen, ohne jedoch Kapazitäten anderer Erzeugungsanlagen zu ersetzen (Einsatz als Brennstoffsparer). Die Betriebsdaten sollen über einen Zeitraum von drei Jahren ausgewertet werden. In Ergänzung hierzu werden im neuen Programm TERNA kleinere Windkraftanlagen in Entwicklungs- bzw. Schwellenländern erprobt, wobei zum einen der Anpassungsbedarf deutscher Anlagen und zum anderen aber auch die Herstellungsmöglichkeiten in den Partnerländern untersucht werden sollen.

Mit derartigen Erprobungsprojekten wird versucht, die Lücke zwischen forschungspolitischer und entwicklungspolitischer Zusammenarbeit zu schließen. Dieser Zielsetzung entsprechend sind sie nur unter der Voraussetzung durchzuführen, daß sie (Posorski 1989)

- mit den entwicklungspolitischen Zielen verträglich oder komplementär sind,
- nur dort durchgeführt werden, wo ein kaufkräftiges Nachfragepotential erkennbar oder zu erwarten ist, und
- mit Produkten von Herstellern durchgeführt werden, die ein längerfristiges Engagement in den jeweiligen Ländern sicherstellen können.

4.2 Erfahrungen

Die bisherigen Erfahrungen mit dem Einsatz von Techniken zur Nutzung erneuerbarer Energien, insbesondere der Sonnenenergie in Entwicklungsländern, lassen sich aus der Sicht der deutschen Forschungspolitik in folgenden Punkten zusammenfassen (BMFT 1986, Finking 1987; Friedrich 1987; Pertz 1988; Räde, Stöcker 1988; Räde 1989):

- Abgesehen von Nischen für einzelne Anwendungssysteme bestehen noch keine Märkte für die verfügbaren Solartechniken. Je nach Solartechnik und Anwendungsfall sind nach wie vor Forschung, Entwicklung, Demonstration, Feldtests und Infrastrukturmaßnahmen zur Vorbereitung der Technikverbreitung notwendig.
- Solartechniken sind in zahlreichen Projekten zu früh in Entwicklungsländern eingesetzt worden. Technisch unausgereifte Demonstrationsanlagen haben nach anfänglich hohen Erwartungen zu einem Vertrauensverlust geführt, der nur durch leistungsfähige Produkte langsam wieder ausgeglichen werden kann.
- Umfangreiche Erprobungen der Funktionsfähigkeit vor Ort sind unerläßlicher Bestandteil des Technologietransfers. Bei zu geringer Beachtung örtlicher Bedingungen können Entwicklungsruinen selbst dann entstehen, wenn die Systemkomponenten technisch als ausgereift angesehen werden.
- Die bisher verfügbaren Systemkomponenten weisen zum Teil noch eine zu geringe Gebrauchstauglichkeit und eine zu große Störanfälligkeit auf.
- Die Standardisierung der Anlagenkomponenten muß verbessert werden. Probleme entstehen häufig durch unklare bzw. uneinheitliche Schnittstellendefinitionen.
- Langzeituntersuchungen über die Zuverlässigkeit, das Betriebsverhalten sowie den Reparatur- und Wartungsaufwand sind bisher

kaum durchgeführt worden. Zur Beurteilung der Einsatzreife und der Wirtschaftlichkeit sind die Ergebnisse entsprechend längerfristig angelegter Projekte, mit denen erst in jüngster Zeit begonnen worden ist, unverzichtbar.

- Die Erreichung hoher Nennwirkungsgrade einzelner Anlagenkomponenten steht im Mittelpunkt der wissenschaftlich-technischen Bemühungen. Entscheidend ist aber die Effizienz des Gesamtsystems unter den tatsächlichen Bedingungen des Anwenders.
- Was unter »angepaßter« Technik zu verstehen ist, bleibt nach wie vor umstritten. Leistungsschwache Selbstbauanlagen können ebenso wenig geeignet sein wie empfindliche Anlagen der Hochtechnologie. Die Forschungspolitik strebt vor allem den Transfer von modernen, effizienten Systemen an, wobei die Eignung für Entwicklungsländer durch besonders robuste Gehäuse, Anpassung an die besonderen Klimabedingungen, Einfachheit von Aufbau und Bedienung, Wartungsfreundlichkeit usw. gewährleistet werden soll.
- Grundlagenforschung sowie anwendungsorientierte Forschung und Entwicklung können nach den bisherigen Erfahrungen am besten »zu Hause« (Finking 1987), das heißt in der Bundesrepublik Deutschland, betrieben werden. Der Technologietransfer soll hierbei vor allem durch Austausch von Wissenschaftlern und Technikern gefördert werden.
- Stärker als zu Beginn der forschungspolitischen Förderung erneuerbarer Energien sollen sich Projekte in Entwicklungsländern auf besonders erfolgversprechende Ansätze konzentrieren. Auf diese Weise können zum einen die begrenzten Fördermittel sinnvoller verwendet werden, zum anderen empfiehlt sich eine solche Projektauswahl aber auch zur Stärkung des Vertrauens in Solartechniken. Hauptanwendungsbereiche sind neben Lösungen zur Befriedigung der Grundbedürfnisse (Finking 1987):
  - Ländliche Energieversorgung (insbesondere für lokales Handwerk und Kleinindustrie),
  - Prozeßwärme für die Industrie,
  - öffentliche Einrichtungen wie Gesundheitsstationen und Schulen
  - zentrale und dezentrale Stromversorgung.
- Die deutsche Forschungspolitik will nicht allein den Export von Solaranlagen in Entwicklungsländer fördern, »...sondern versucht bewußt, die Bemühungen der Kooperationspartner zu einer eigen-

ständigen Entwicklung durch Übertragung von technischem Know-how zu unterstützen und sie in die Lage zu versetzen, Produkte herzustellen, die dem speziellen Umfeld angepaßt sind.« (Räde, Stöcker 1988). Die Forschungspolitik kann diesem Anspruch kaum allein, sondern nur in enger Abstimmung mit der Entwicklungspolitik bzw. den Trägern der Technischen Zusammenarbeit gerecht werden.

– Auch die Bedeutung nicht-technischer Hemmnisse einer Verbreitung von Solartechniken in Entwicklungsländern wie Probleme der Finanzierung, der Logistik, der Administration, der Information, der Ausbildung, der Akzeptanz bzw. Motivation, der Einfuhrbedingungen, des Preissystems usw. machen eine intensive Abstimmung zwischen den Ressorts erforderlich.

Die skizzierten forschungspolitischen Erfahrungen haben zum Teil bereits zu einer Umorientierung der Programme geführt, um die Nutzung von erneuerbaren Energiequellen zu beschleunigen. Primär sind allerdings die Unternehmen für Forschung und Entwicklung sowie für die Erschließung von Absatzmärkten verantwortlich. Staatliche Forschungs- und Technologiepolitik kann deshalb privates Engagement nicht ersetzen, sondern nur ergänzen.

Hierbei beschränken sich die erforderlichen Unterstützungsmaßnahmen nicht allein auf finanzielle Zuschüsse für einzelne Vorhaben. Darüber hinaus kommt es insbesondere darauf an, den Informationsfluß zwischen den am Technologietransfer beteiligten Partnern zu fördern.

5 *Entwicklungspolitische Zusammenarbeit (BMZ)*

5.1 Ziele und Schwerpunkte

»Ziel der deutschen Entwicklungspolitik ist es, die elementaren Lebensvoraussetzungen der Menschen zu sichern und sie in den Stand zu versetzen, sich selbst zu helfen. Deutsche Entwicklungshilfe ist darauf ausgerichtet, zum Aufbau einer leistungsfähigen Wirtschaft und gesellschaftlicher Vielfalt als Voraussetzung für die Entwicklung aus eigener Kraft beizutragen. Sie will die regionale Zusammenarbeit und die Integration der Entwicklungsländer in die Weltwirtschaft fördern.« (BMZ 1987, S. 76)

Die Verbesserung der Energieversorgung zählt zu den fachlichen Schwerpunkten der Entwicklungspolitik. Im »Programm der Bundesregierung für die Zusammenarbeit mit Entwicklungsländern auf dem Gebiet der Energie« (BMZ 1983) werden vier Zielbereiche hervorgehoben:

- Deckung des Energiegrundbedarfs zur Verbesserung der Lebensbedingungen,
- Sicherstellung einer angemessenen und nachhaltigen Wirtschaftsentwicklung,
- Stärkung der technologischen Leistungsfähigkeit der Entwicklungsänder auf dem Energiesektor,
- Abbau der Abhängigkeit der Entwicklungsländer von importierten Energieträgern.

Zur Verwirklichung dieser Ziele trägt die deutsche Entwicklungspolitik durch ihre Beiträge zu multilateralen Hilfsmaßnahmen und durch ihre bilaterale Finanzielle und Technische Zusammenarbeit (FZ, TZ) bei. Für Maßnahmen zur Erkundung, Erschließung und rationellen Nutzung des Energiepotentials der Entwicklungsländer sind im Jahre 1986 bilateral Mittel von 783 Millionen DM zugesagt worden; auf den Energiesektor entfallen damit etwa 20 vH der gesamten bilateralen Regierungszusagen im Rahmen der Finanziellen und Technischen Zusammenarbeit (BMZ 1987).

Bei der finanziellen Zusammenarbeit stehen im Energiesektor nach wie vor Maßnahmen zur Stromversorgung auf Basis von Wasserkraft, Braunkohle, Steinkohle und Öl im Vordergrund. Erneuerbare Energiequellen wurden hierbei bisher – abgesehen von großen Wasserkraftanlagen – nur in sehr geringem Maße berücksichtigt. Dies könnte sich ändern, sobald hinreichend ausgereifte und erprobte Techniken zur Verfügung stehen (Lütteken 1987).

Eine bedeutende Rolle spielen erneuerbare Energien bereits im Rahmen der Technischen Zusammenarbeit. Zusammen mit Maßnahmen zur rationellen Energieverwendung entfallen hierauf knapp 30 vH der energierelevanten TZ-Leistungen (BMZ 1987).

5.2 Konzeption und Maßnahmen des Sonderenergieprogrammes

Auf der Grundlage von Empfehlungen, die anläßlich der Weltwirtschaftsgipfel 1978 in Bonn und 1979 in Tokio erarbeitet worden sind, hat die Bundesregierung im Jahr 1979 ein »Sonderprogramm zur Nutzung nicht-erschöpflicher Energiequellen in Entwicklungsländern« (Sonderenergieprogramm, SEP) beschlossen. Mit der Durchführung dieses Sonderenergieprogrammes hat das BMZ die GTZ und die KfW beauftragt (GTZ 1988). Innerhalb der GTZ hat sich das SEP, das nach einer mehrjährigen Planungsphase (GATE, GTZ 1982) seit 1981/82 in die Praxis umgesetzt wird, mittlerweile zum Rahmenprogramm für ihre sämtlichen Aktivitäten auf dem Gebiet der dezentralen Energieversorgung entwickelt (Lütteken 1987).

Das SEP ist bisher (Anfang 1989) vom BMZ mit insgesamt 350 Millionen DM (jährlich ca. 50 Millionen DM) unterstützt worden (Corvinus 1989); hiervon entfallen auf

Projekte in Afrika	50 vH,
Projekte in Asien	10 vH,
Projekte in Lateinamerika	20 vH,
überregionale Projekte	20 vH.

Im Rahmen des Sonderenergieprogramms sollen »örtliche und regionale Energieversorgungskonzepte, insbesondere für ländliche Gebiete, erarbeitet und umgesetzt werden, die auf der Grundlage erneuerbarer Energiequellen aufbauen und den wirtschaftlichen Möglichkeiten sowie den Präferenzen der betroffenen Konsumenten entsprechen (um damit Selbstläufereffekte am Markt zu erreichen)« (Corvinus 1989). Außerdem soll eine rationellere Energieverwendung in Haushalt, Gewerbe und Industrie gefördert werden. In Abhängigkeit von den jeweiligen örtlichen Bedingungen werden u. a. auch photovoltaische und solarthermische Anlagen eingesetzt (Baz 1987).

Bisher sind in 30 Ländern (18 in Afrika, 9 in Asien und 3 in Lateinamerika) Sonderenergieprogramme als bilaterale Länderprogramme unterstützt bzw. vorbereitet worden. In 12 Ländern befinden sich die Programme in unterschiedlichen Stadien der Umsetzungsphase. Weitere 7 Länderprogramme stehen unmittelbar vor dem Beginn ihrer Realisierung. Außerdem werden im Rahmen des Sonderenergieprogramms auch Einzelprojekte und überregionale Programme durchgeführt, die u. a. der Anpassung und der Verbreitung von solaren Kleinsystemen dienen.

Gemessen an den hohen Erwartungen, die Ende der siebziger Jahre an Projekte zu einer baldigen Verbreitung von Systemen zur Nutzung von erneuerbaren Energiequellen gestellt wurden, waren die bisherigen

Erfahrungen – wie auch bei anderen Gebern – überwiegend enttäuschend (BMZ, GTZ 1985; Pertz 1988; CDG 1987; DGS, GTZ 1988). Entscheidendes Motiv für die Aktivitäten war zunächst die Verminderung der Abhängigkeit der meisten Entwicklungsländer von Ölimporten. Hinzu kamen weitere Ziele wie die Schonung erschöpflicher Energiequellen und die Erhaltung der natürlichen Umwelt. Vor diesem Hintergrund sollten erneuerbare Energiequellen möglichst rasch einen signifikanten Beitrag zur gesamten Energieversorgung in Ländern der Dritten Welt leisten. Inzwischen besteht weitgehend Übereinstimmung darüber, daß erneuerbare Energiequellen eine solche energiewirtschaftliche Bedeutung auf absehbare Zeit kaum erlangen werden.

Eine wichtige Rolle könnten erneuerbare Energien hingegen auf mittlere Sicht bei der Unterstützung der sozio-ökonomischen Entwicklung auf lokaler Ebene spielen. Im Rahmen des Sonderenergieprogrammes hat man in den letzten Jahren deshalb versucht, die Maßnahmen stärker an dieser realistischeren Zielsetzung auszurichten. Durchschlagende praktische Erfolge dieser Bemühungen stehen allerdings noch aus. Auch zehn Jahre nach Beschluß des Programmes befindet man sich noch am Beginn der eigentlichen Umsetzungsphase. Die bisherigen Bemühungen waren dennoch nicht erfolglos: »Das Sonderenergieprogramm hat bisher durch Aufklärung und Beratung zur Sensibilisierung von politischen Entscheidungsträgern beigetragen, den Blick für kleine technologische Optionen geweitet und die Möglichkeiten einer auf erneuerbaren Energien gründenden dezentralen Versorgung in das Bewußtsein gerückt.« (Corvinus 1989). Darüber hinaus sind wertvolle Erfahrungen mit der Nutzung erneuerbarer Energiequellen in Entwicklungsländern gesammelt worden, die für die weitere Technische Zusammenarbeit auf diesem Gebiet genutzt werden können.

5.3 Erfahrungen und Schlußfolgerungen

5.3.1 Technikreife

Die Einsatzreife der Systeme zur Nutzung erneuerbarer Energien muß differenziert beurteilt werden. Sie unterscheidet sich nach der eingesetzten Technik, dem Anwendungszweck und den jeweiligen örtlichen Bedingungen. In vielen Projekten hat man mehr aus negativen Erfahrungen als aus Erfolgen gelernt.

Als eine Möglichkeit der dezentralen Stromversorgung wurden zum Beispiel früh Holzgeneratoren angepriesen. In der Praxis hat sich aber gezeigt, daß für den gewünschten Leistungsbereich keine geeigneten Geräte angeboten werden, daß vor Ort nicht genug geeignetes Material zur Vergasung vorhanden ist und daß auch die Lastregelung in abgelegenen Gebieten Probleme bereitet. Auch bei anderen Techniken, die theoretisch angewendet werden könnten, ist man aufgrund von technischen Problemen beim praktischen Einsatz noch weit von einer Verbreitung in Entwicklungsländern entfernt.

Einfache Techniken, die auf traditionellen Erfahrungen in den Einsatzländern aufbauen können, sind am ehesten zur Verbreitung geeignet. Biogasanlagen haben in Indien und China eine lange Tradition. Von einem als Synthese aus indischen und chinesischen Modellen entwickelten Anlagentyp konnten bereits fast 1000 Exemplare zur Versorgung einzelner Familien errichtet werden. Bei größeren Anlagen treten allerdings abhängig von der verfügbaren Biomasse und dem Speicherbedarf Anwendungsprobleme auf. Als erfolgreich haben sich Maßnahmen zur Brennholzeinsparung beim Kochen erwiesen. Allein in Burkina Faso sind – u. a. in Zusammenarbeit der GTZ mit verschiedenen Organisationen – etwa 350.000 brennholzsparende Herde verbreitet worden. Inwieweit durch solche Verbreitungsprogramme nachhaltige Einsparungen realisiert werden, muß sich allerdings erst noch erweisen. Die Brennholzeinsparung im gewerblichen Bereich könnte nach bisher noch erforderlichen Anpassungsentwicklungen vielleicht ebenfalls erfolgreich werden. Zu den Einfachtechniken zählen vor allem auch handbetriebene Pumpen. Eine im Sonderenergieprogramm entwickelte Handpumpe ist von der Weltbank für ein Verbreitungsprogramm in Ostafrika vorgesehen.

Eine baldige Verbreitung in größeren Stückzahlen wird außerdem künftig erwartet bei solaren Erntetrocknern, Göpel-Mühlen zum Mahlen von Hirse, Karité-Nuß-Pressen und verbesserten Backsteinmeilern zur Holzkohlegewinnung aus Resthölzern.

Unter technischen Gesichtspunkten eignen sich von den »modernen« Systemen zur Nutzung erneuerbarer Energiequellen vor allem kleine Wasserkraftanlagen zur ländlichen Stromversorgung oder zur Versorgung von Kleinbetrieben für eine größere Verbreitung. Entscheidend sind hierbei stets die speziellen örtlichen Voraussetzungen.

Zur Nutzung der Windkraft kommen in Entwicklungsländern zunächst traditionelle, mechanische Windpumpen – zum Beispiel zur Feldbewässerung – in Frage. Im Rahmen des Sonderenergieprogrammes in Peru ist der Wiederaufbau zerstörter Windpumpen unterstützt worden. Durch technische Verbesserungen konnte die Förderleistung erhöht sowie der Wartungsaufwand vermindert werden. Handpumpen oder Motorpumpen sind Windpumpen allerdings häufig wirtschaftlich überlegen. Mit dem Einsatz von Windkraftanlagen zur Stromerzeugung sind hingegen anfänglich schlechte technische Erfahrungen gemacht worden. Kleine und mittelgroße Anlagen befinden sich gegenwärtig im Feldtest.

Bei der thermischen Nutzung der Sonnenenergie haben sich neben Trocknungsanlagen für Gemüse vor allem einfache Solarkollektoren zur Brauchwassererwärmung in Haushalten bewährt. Solarkocher haben hingegen trotz langjähriger Bemühungen – abgesehen von Teilerfolgen mit einfachen solaren Kochkisten – aufgrund mangelnder Akzeptanz keine Verbreitung finden können. Andere aufwendigere Systeme wie solarthermische Kraftwerke, Anlagen zur Gewinnung industrieller Prozeßwärme, solarthermische Meer- und Brackwasserentsalzungsanlagen, Pumpen und Kühlanlagen sind noch im Entwicklungs- bzw. Demonstrationsstadium und spielen bei der Technischen Zusammenarbeit bisher noch keine Rolle.

Unter den Systemen zur Nutzung erneuerbarer Energiequellen hat vor allem die Photovoltaik nicht nur im Bereich der Forschungs- und Technologiepolitik sondern auch auf dem Gebiet der Technischen Zusammenarbeit eine besondere Beachtung gefunden. Die Erfahrungen mit Photovoltaikanlagen waren allerdings zumindest in den ersten Projekten ernüchternd: Mangelnde Optimierung der Gesamtsysteme, wartungs- und reparaturunfreundliche Konstruktionen, mangelnde Zuverlässigkeit von Anlagenkomponenten, improvisierte Verbindungen zwischen den Komponenten usw. ließen Photovoltaik-Anwendungen in Entwicklungsländern oftmals als verfrüht erscheinen – zumal sich die optimistischen Preisprognosen bei Solarzellen nicht bestätigt haben. Trotz der immer noch hohen Investitionskosten sind nach Auswertung zahlreicher Projekterfahrungen indessen interessante Nischen für den Einsatz von Photovoltaikanlagen deutlich geworden, die ein verstärktes Engagement in diesem Bereich rechtfertigen. (Einzelne Anwendungsbereiche der Photovoltaik in Entwicklungsländern werden im nächsten Kapitel näher beleuchtet.) Je nach Anwendungsfall befinden sich Photovoltaiksysteme in der Phase der Verbreitung, des Feldtests, der Demonstration oder der Forschung und Entwicklung.

Es ist umstritten, inwieweit noch nicht ausgereifte Systeme im Rahmen von Programmen wie dem SEP in Entwicklungsländern eingesetzt werden sollten. So ist die GTZ etwa von der Regierung der Seychellen gerügt worden, daß sie auf deren Kosten Forschung und Entwicklung betrieben habe (Pilz in BMZ, GTZ 1985). Dieser Vorwurf ist gerade nach erfolglosen Projekten allzu verständlich. Zumindest direkt anwendungsorientierte Entwicklungsarbeiten müssen allerdings die tatsächlichen Einsatzbedingungen vor Ort berücksichtigen. Außerdem besteht in der Regel auch ein Wille zur technologischen Zusammenarbeit. Konflikte können am ehesten vermieden werden, wenn die Projekte behutsam und gemeinsam mit entsprechenden Partnern in den Zielländern vorbereitet werden. Auf jeden Fall muß aber den Partnern von vornherein der Charakter der geplanten Maßnahmen bekannt sein.

5.3.2 Wirtschaftlichkeit

Neben rein technischen Problemen sind in den Projekten vor allem auch wirtschaftliche Probleme für den Einsatz von Systemen zur Nutzung erneuerbarer Energiequellen deutlich geworden. Die Beurteilung der einzelwirtschaftlichen Rentabilität der Systeme hängt unter anderem davon ab, welche erneuerbaren oder erschöpflichen Quellen als Alternative zur Verfügung stehen, wie hoch die gesamten Anschaffungsausgaben sind, welche Kosten für Wartung, Instandhaltung und Ersatzteile anfallen und wie hoch die Lebensdauer der Anlage eingeschätzt wird. Selbst im Einzelfall sind Aussagen zur Wirtschaftlichkeit von relativ kapitalintensiven Anlagen mit Unsicherheiten behaftet. Erst recht sind verallgemeinernde Rentabilitätsaussagen zu einzelnen Techniken nur mit einem großen Unschärfebereich möglich. Es verwundert deshalb nicht, daß die ökonomischen Bewertungen von Systemen zur Nutzung erneuerbarer Energiequellen auf der Grundlage der bisherigen Projekte zum Teil widersprüchlich sind. Belastbare Aussagen zur Wirtschaftlichkeit der Anlagen können erst nach längeren Feldtests gemacht werden.

Im Rahmen von Programmen zur Förderung erneuerbarer Energiequellen in Entwicklungsländern steht zunächst der Vergleich verschiedener Systeme zur Nutzung von Biomasse, Wasserkraft, Windkraft und Sonnenenergie im Vordergrund. Zu beachten sind aber stets auch die konventionellen Alternativen. Hierzu gehören bei der dezentralen Stromerzeugung insbesondere Dieselaggregate. Das Sonderenergieprogramm hat den Anspruch, nicht primär technologieorientiert zu sein;

es soll vor allem einen Beitrag zur Verminderung von Energieproblemen im ländlichen Raum leisten. Wenn sich bei der Erarbeitung von Versorgungskonzepten konventionelle Lösungen als vorteilhaft erweisen, ist ihnen auch bei der praktischen Umsetzung Vorrang einzuräumen.

Bei solchen Vergleichen sind allerdings über einzelwirtschaftliche Entscheidungskriterien hinaus auch gesamtwirtschaftliche, umweltpolitische sowie entwicklungsstrategische Überlegungen zu berücksichtigen. In den Projekten sind häufig Preisverzerrungen zuungunsten erneuerbarer Energien beklagt worden. Während importierte Brennstoffe in Entwicklungsländern zum Teil stark subventioniert werden, belasten hohe Einfuhrzölle die Anschaffungsausgaben für Anlagen zur Nutzung erneuerbarer Energiequellen. Beratung kann sich aus solchen Gründen nicht allein auf die lokale Ebene beschränken, sondern muß auch den Politikdialog auf nationaler Ebene umfassen.

5.3.3 Umweltaspekte

Umweltpolitische Aspekte finden in Ländern der Dritten Welt aus verschiedenen Gründen erst allmählich eine gewisse Beachtung. Auch in reichen Industrieländern ist die Bedeutung der Umwelt zu lange verkannt worden. Aufgrund des viel niedrigeren Energieverbrauchs, der geringeren industriellen Produktion und des niedrigeren Verkehrsaufkommens sind die Emissionen etwa von Luftschadstoffen in den Entwicklungsländern insgesamt gesehen und vor allem im ländlichen Raum noch von geringerer Bedeutung. Großflächige Brandrodungen, extensive Landwirtschaft und Viehzucht, Aufzehrung von Waldbeständen für den Export und hoher Brennholzbedarf gefährden aber dort die Erhaltung der natürlichen Umwelt und belasten zunehmend auch das globale Ökosystem. Die Nutzung erneuerbarer Energiequellen führt im allgemeinen verglichen mit fossilen Brennstoffen oder Kernenergie zu geringeren Umweltschäden. Entsprechende Techniken sollten deshalb auch in Entwicklungsländern nicht behindert, sondern gefördert werden. Die künftige Umweltentlastung durch erneuerbare Energien darf indessen nicht überschätzt werden. Auf absehbare Zeit erscheint kein hoher Anteil erneuerbarer Energien an der gesamten Energieversorgung in Entwicklungsländern erreichbar, entsprechend gering bleibt der zu erwartende positive Umwelteffekt.

Unabhängig von solchen nationalen bzw. globalen Aspekten müssen mögliche Umweltauswirkungen bei der Erstellung von lokalen Versorgungskonzepten bzw. der Planung von Einzelprojekten untersucht werden. Bei der Prüfung der Umweltverträglichkeit sind gerade in der Demonstrations- und Einführungsphase strenge Kriterien anzulegen, um zu vermeiden, daß die angestrebten Signaleffekte durch negative Umweltauswirkungen beeinträchtigt werden.

Mögliche Beeinträchtigungen der Umwelt durch die Nutzung erneuerbarer Energiequellen können sich zum Beispiel ergeben aus der Landbeanspruchung von Wasserkraftanlagen an fruchtbaren Flußläufen, Generatorgeräuschen von Windkraftanlagen, Lecks an Biogasanlagen oder defekten Batterien von Photovoltaikanlagen. Nicht auszuschließen sind auch Unfälle beim falschen Umgang zum Beispiel mit Windkraft- oder Photovoltaikanlagen. Aus den bisherigen Projekten der Technischen Zusammenarbeit wurde allerdings bisher kaum von nennenswerten Umweltschäden oder Unfällen berichtet.

5.3.4 Entwicklungsstrategische Faktoren

Für die Technische Zusammenarbeit sind entwicklungspolitische Ziele maßgebend. Energieprojekte müssen in dieser Hinsicht unter anderem auch danach beurteilt werden,

- in welchem Maße mit dem Technologietransfer zugleich anwendungsorientierte technische Kenntnisse und Fähigkeiten übertragen werden,
- ob die eingesetzte Technik im Entwicklungsland leicht reproduzierbar und beherrschbar ist,
- welche gesamtwirtschaftlichen Folgewirkungen vom Bau und Betrieb der Anlagen ausgehen,
- wie die Einkommensverteilung hiervon beeinflußt wird,
- ob die technischen Systeme die Versorgungsunabhängigkeit von zentralen Instanzen fördern,
- in welchem Maße die Fähigkeit zu dezentralen Organisationsformen gestärkt wird,
- ob die Anwendung der Technik zu den jeweiligen Lebensgewohnheiten der Zielgruppen paßt und
- inwieweit soziokulturelle Faktoren in den einzelnen Projektphasen beachtet werden.

Obwohl der Erfolg der Projekte entscheidend hiervon abhängt, erweist es sich in der Praxis oft als schwierig, solche Kriterien wirklich angemessen in den Planungsprozeß einzubeziehen. Einfache und allgemein gültige Handlungsempfehlungen lassen sich nicht aufstellen; dafür sind zum einen die Voraussetzungen von Land zu Land und von Region zu Region und zum anderen auch die durch die jeweilige Technik gestellten Anforderungen zu unterschiedlich. Auf den ersten Blick erscheinen Techniken zur Nutzung erneuerbarer Energiequellen als besonders geeignet, die genannten Faktoren entwicklungspolitisch positiv zu beeinflussen. Ernüchternde Erfahrungen mit durchgeführten Maßnahmen führen jedoch zu einer differenzierteren Betrachtung.

Die sozioökonomischen und soziokulturellen Bedingungen und Folgen des Transfers von moderner Solartechnologie sind bisher kaum eingehend analysiert worden. Bei künftigen Vorhaben werden diese Aspekte neben technisch-wirtschaftlichen Fragen weiter an Bedeutung gewinnen. Entsprechende Begleituntersuchungen sowie von Fall zu Fall notwendige Begleitmaßnahmen erfordern nicht nur einen höheren finanziellen und personellen Aufwand, sondern könnten auch zur Folge haben, daß erneuerbare Energiequellen in Entwicklungsländern langsamer als zunächst vermutet erschlossen werden.

Vor allem soziokulturelle Faktoren lassen sich nur schwer befriedigend erfassen. Sie wurden in Projektstudien häufig als ein Hemmnis der Technikverbreitung betrachtet (BMZ, GTZ 1985). Zwischenzeitlich sind in der entwicklungspolitischen Diskussion Stellenwert und Beharrungsvermögen von Werten, Normen, Traditionen und Verhaltensweisen deutlich geworden. Neuere Projektprüfungsansätze versuchen, Elemente wie beispielsweise ethnische Heterogenität, geschlechtsspezifische Rollenverteilung oder traditionelle Führungsstrukturen als Elemente des Projektumfeldes zu erfassen und zu berücksichtigen.

Techniken, die zu wenig an die Lebensstile und -bedingungen der potentiellen Anwender angepaßt sind, scheitern zwangsläufig an mangelnder Akzeptanz. Dies ist vor allem bei den bisherigen Bemühungen deutlich geworden, Solarkocher in Entwicklungsländern zu verbreiten (Kuhnke 1987; DGS, GTZ 1988, S. 938 ff.). In Abhängigkeit vom Typ des Solarkochers (Reflektorkocher, Kochkiste, Speicherkocher, Dampfkocher) ist solares Kochen witterungsabhängig, auf bestimmte Tages- oder Jahreszeiten beschränkt, zu langwierig; die Geräte sind mit hohen Anschaffungsausgaben verbunden, nicht im Entwicklungsland herstellbar, umständlich in der Handhabung oder für die gewohnte Art der Essenszubereitung sogar untauglich. Ein insgesamt befriedigender Solarkocher für den Einsatz in Entwicklungsländern steht bisher nicht zur Verfügung.

Vor dem Hintergrund solcher Erfahrungen wird auch im Rahmen des Sonderenergieprogrammes eine weitgehende Partizipation der Zielgruppe in allen Phasen der Projektdurchführung angestrebt. Allerdings hat die staatliche Technische Zusammenarbeit zunächst mit Partner-Regierungen zu tun, die oftmals andere Interessen verfolgen (Pilz in: BMZ, GTZ 1985). Die GTZ versucht deshalb unter anderem, die Selbsthilfeförderung mit Hilfe von Eigenmaßnahmen zu intensivieren, und auch nichtstaatliche Organisationen in den Entwicklungsländern als Kooperationspartner zu gewinnen. Diese Aktivitäten können jedoch den Dialog mit den Regierungen der Nehmerländer nicht ersetzen. Denn letztlich hängt der Erfolg des Technologietransfers auch davon ab, daß günstige institutionelle Rahmenbedingungen geschaffen werden und die Weiterführung des angestoßenen Verbreitungsprozesses durch Koordination der offiziellen Stellen gewährleistet wird.

5.3.5 Verbreitungsförderung und Zusammenarbeit mit der Industrie

Von der Phase der Verbreitung sind die meisten Techniken zur Nutzung erneuerbarer Energiequellen noch mehr oder weniger weit entfernt. Dennoch sollten die Erfordernisse für eine zukünftig auch mengenmäßig bedeutsame Anwendung schon in einem frühen Stadium berücksichtigt werden. Nach den bisherigen Erfahrungen reichen Demonstrations- und Feldtestprojekte allein nicht aus, selbst wenn in diesem Rahmen auch gewisse Serviceeinrichtungen entstehen. Verbreitung ist in erster Linie ein Problem der Motivation potentieller Anwender. Allein auf Technikangebote orientierte Maßnahmen – erst recht das bloße Verschenken von Anlagen – bleiben fruchtlos, wenn nicht zugleich ausreichend starke Kaufanreize bestehen. Die Verbreitung solartechnischer Anlagen erfordert von daher nicht nur eine funktionierende und zuverlässige Logistik, sondern setzt voraus, daß entsprechende Märkte geschaffen werden.

Bedeutende Märkte für Systeme zur Nutzung erneuerbarer Energiequellen können nur entstehen, wenn die einzelnen Zielgruppen von der Nützlichkeit der Anlagen überzeugt werden können. Dies setzt unter anderem voraus, daß die Anlagen erschwinglich sind und dringende Bedürfnisse befriedigen können. Vor allem bei der Einführung von modernen Techniken wie der Photovoltaik geht es zunächst darum, einzelne Marktnischen zu erschließen. Das Marketingkonzept muß den sich daraus ergebenden speziellen Anforderungen Rechnung tragen. So kann für Photovoltaikanlagen beim gegenwärtigen Stand kaum mit dem Argument geworben werden, daß sie zur preisgünstigen Stromversorgung in Entwicklungsländern beitragen können (Hill, O'Keefe 1986). Herauszustellen sind vielmehr die speziellen Funktionen in einzelnen Anwendungsbereichen als Beitrag zur Verbesserung der Lebensbedingungen im ländlichen Raum.

Zum erforderlichen Marketing-Mix gehören neben klassischen Werbemaßnahmen und dem Aufbau einer logistischen Infrastruktur (Vertriebssystem, Servicesystem) auch geeignete Preisstrategien sowie vor allem die Gewährleistung günstiger Finanzierungsbedingungen. Aufgrund der allgemein hohen Anschaffungsausgaben für die Anlagen müssen langfristige Kredite mit attraktiven Zinssätzen und geringen Nebenkosten zur Verfügung stehen. Der Käufer sollte außerdem gegen technische Risiken abgesichert sein, Eigenleistungen anrechnen und ggf. Garantieerklärungen des Herstellers geltend machen können. Für die Abwicklung der Finanzierung kommen außer regionalen Banken einerseits die Hersteller selbst und andererseits bestehende bzw. neu zu gründende lokale Kreditgenossenschaften in Betracht.

Entwicklungshilfe kann den Prozeß der Technikverbreitung nicht selbst tragen, sondern nur anstoßen bzw. beschleunigen. In welchem Maße hierzu die Techniken zunächst im Rahmen der Technischen Zusammenarbeit oder später auch im Rahmen der Finanziellen Zusammenarbeit subventioniert werden sollen, ist umstritten. Finanzielle Hilfen in Form direkter Zuschüsse an Hersteller bzw. Anwender oder in Form von Krediten mit Sonderkonditionen sind grundsätzlich geeignete Maßnahmen, die Nutzung erneuerbarer Energiequellen in Entwicklungsländern zu fördern. Es dürfen allerdings hierdurch nicht künstlich Märkte aufgebaut werden, die nach dem Auslaufen der finanziellen Förderung keinen Bestand haben würden.

Konflikte mit Zielen der Entwicklungspolitik könnten Finanzhilfen für Solartechniken vor allem hervorrufen, wenn sich diese Förderung auf den Import von Anlagen aus Industrieländern konzentriert. Denn hiermit ist zum einen die Gefahr verbunden, daß die Entwicklung einer eigenen Anlagenherstellung im Entwicklungsland eher behindert wird, und daß zugleich Gelder der Entwicklungshilfe zu Gunsten einer reinen Exportförderung mißbraucht würden (Simonis, Häusler 1980). Aus solchen Gründen werden in der entwicklungspolitischen Diskussion unter anderem auch die Instrumente der Mischfinanzierung und der Lieferbindung kritisch beurteilt.

Es ist zweifellos »nicht Aufgabe der deutschen Entwicklungshilfe, Exportaufträge für die deutsche Wirtschaft zu beschaffen« (BMZ 1987, S. 78). Dies schließt eine Förderung von deutschen Solaranlagen für Entwicklungsländer auch im Rahmen der Entwicklungshilfe freilich solange nicht aus, wie die Vorhaben aus entwicklungspolitischer Sicht förderungswürdig sind.

Die Einbindung der deutschen Industrie in eine Maßnahme der Technischen Zusammenarbeit, die eine selbsttragende Entwicklung einleiten soll, ist »naturgemäß schwierig« (Corvinus 1989). Im Rahmen des Sonderenergieprogrammes sind deutsche Unternehmen durch die Lieferung von Prototypen, kleinen Anlagenserien und Meßgeräten in einzelne Projekte einbezogen – wenn auch die quantitative Bedeutung unterschiedlich eingeschätzt wird. In jüngster Zeit bemüht man sich insbesondere, den Informationsfluß zwischen der GTZ, den Consultingfirmen und den Industrieunternehmen zu verbessern. Die Notwendigkeit, einen hohen Anteil der Anlagenherstellung in den Entwicklungsländern selbst anzustreben, wird auch von der deutschen Solarindustrie anerkannt. Sie will ihre Interessen künftig stärker auch durch joint ventures in Entwicklungsländern verfolgen.

5.4 Ausblick

Das Potential erneuerbarer Energiequellen in Entwicklungsländern läßt sich gegenwärtig kaum abschätzen. Erst recht wären Aussagen zur künftigen Marktentwicklung der Anwendungstechniken noch verfrüht. Nach zunächst großen Hoffnungen auf eine rasche Einführung und Verbreitung von Systemen zur Nutzung erneuerbarer Energiequellen ist mittlerweile deutlich geworden, daß es wohl noch Jahrzehnte dauern wird, bis diese Quellen sich quantitativ bedeutsam in den Energiebilanzen der Entwicklungsländer niederschlagen werden.

Zunächst geht es darum, geeignete und erschwingliche Systeme für eine Reihe von Anwendungsnischen bereitzustellen. Hierbei sollte der private Sektor möglichst frühzeitig einbezogen werden und die Projekte zugleich in umfassendere Entwicklungsstrategien eingebettet sein. Der Erfolg der Technischen Zusammenarbeit hängt im Einzelfall besonders davon ab, sowohl auf lokaler als auch auf nationaler Ebene jeweils die richtigen Partner für eine kontinuierliche Kooperation zu finden. Vorbereitung, Durchführung und Nachbetreuung von Projekten verlangen nach den bisherigen Erfahrungen insgesamt mehr Geduld als zunächst erwartet.

6 *Chancen der Photovoltaik in einzelnen Anwendungsbereichen*

6.1 Überblick

Nach einer Phase überwiegender Skepsis können Photovoltaikanlagen für Entwicklungsländer gegenwärtig als »bedingt einsatzreif« (Posorski 1989) charakterisiert werden. Die bisherigen Erfahrungen ergeben allerdings noch kein eindeutiges Bild über deren Einsatz- und Verbreitungsmöglichkeiten. In diesem Abschnitt sollen deshalb die Einsatzmöglichkeiten der Photovoltaik in einzelnen Anwendungsbereichen näher beleuchtet werden. Hierbei werden folgende Bereiche berücksichtigt:

- Telekommunikation,
- Hausstromversorgung,
- Wasserpumpen,
- Kühlung,
- Stationsversorgung,
- »Zentrale« Dorfversorgung.

Diese Auswahl macht bereits deutlich, daß es beim gegenwärtigen Stand der Photovoltaik auch in Entwicklungsländern zunächst darum geht, erfolgversprechende Nischen für eine sinnvolle Anwendung zu identifizieren. Günstige Voraussetzungen für einen Einsatz von Photovoltaikanlagen sind allgemein (Pertz 1988):

- große Entfernung vom Elektrizitätsnetz,
- hohe Bedeutung der Stromanwendung und
- geringer Leistungsbedarf.

Für die dezentrale Stromerzeugung stehen im Leistungsbereich ab etwa 2 kW diesel- oder benzinbetriebene Generatoren zur Verfügung, die in aller Regel bisher noch Kostenvorteile gegenüber Photovoltaikanlagen aufweisen. Der wirtschaftliche Anwendungsbereich der Photovoltaik wird hierdurch stark eingeengt. Erst nach weiteren Kostensenkungen nicht nur bei den Modulen, sondern auch bei den anderen Systemkomponenten kann Photovoltaik auch in größere Leistungsbereiche vordringen. Dieser Prozeß könnte längerfristig durch steigende Ölpreise beschleunigt werden.

Eindeutige Vorteile können Photovoltaikanlagen gegenwärtig – abgesehen von speziellen Einzelanwendungen etwa in der Telekommunikation – vor allem im Bereich kleinster Leistung (30 bis 80 Watt) aufweisen, wenn hierbei Trockenbatterien oder Kerosin substituiert bzw. eine Minimalstromversorgung überhaupt erst ermöglicht wird. Bei der Verbreitung dürfte dieser Anwendungsfall deshalb künftig im Vordergrund stehen. Die Einsatzchancen in den anderen genannten Bereichen sind noch mehr oder weniger ungewiß. Maßnahmen zur Technikanpassung sowie zur Kostensenkung sind bei nahezu allen Verwendungszwecken erforderlich.

6.2 Telekommunikation

Photovoltaikanlagen entsprechen besonders gut dem Anforderungsprofil der Stromversorgung von Einrichtungen im Bereich der Telekommunikation. Dieser Sektor hat sich in den letzten Jahren als ein Hauptabsatzfeld für Solarmodule herausgebildet. Ähnlich wie bei einigen Konsumgütern expandiert die Photovoltaiknutzung hierbei nahezu als »Selbstläufer«, das heißt weitgehend unabhängig von staatlichen Fördermaßnahmen.

In Ländern der Dritten Welt hat der Aufbau eines zumindest rudimentären Fernmeldewesens vor allem in abgelegenen Gebieten entwicklungspolitische Priorität. Hierzu zählen Sende- und Empfangsanlagen, Funktelephone, kleine Fernsprechnetze, Lautsprecheranlagen, Navigationshilfen usw. Die Eignung und die Zuverlässigkeit von Photovoltaikanlagen sind für diesen Bereich unstrittig. Trotz einiger vor allem auf mangelnder Ausbildung beruhender Anwendungsprobleme in Entwicklungsländern bestehen günstige Aussichten für eine weite Verbreitung von photovoltaischen Kommunikationssystemen (Pertz 1988).

6.3 Hausstromversorgung

Photovoltaische Kleinstsysteme zur Hausstromversorgung (Solare Kleinstsysteme, SKS; Solar Home Systems, SHS) kommen für zahlreiche bäuerliche Haushalte in abgelegenen Regionen in Betracht, um eine minimale Elektrizitätsanwendung zu ermöglichen. Anlagen mit einer Leistung von einigen zehn Watt eignen sich zur Beleuchtung und zum Betrieb von Radios, Fernsehern oder Ventilatoren, und konkurrieren häufig mit relativ teueren bzw. unkomfortablen Alternativen wie Kerzen, Kerosinlampen, Trockenbatterien oder Autobatterien. Dieser Leistungsbereich gilt allgemein als besonders erfolgversprechendes Gebiet der Photovoltaikanwendung in Entwicklungsländern (Zeitinger, Müller 1987; Haars 1987; Haars, Zeitinger 1988; Prey 1988; Posorski 1989).

Weltweit sind bisher mehrere Tausend solcher Kleinanlagen in Betrieb, wobei überwiegend lokal gefertigte Starterbatterien verwendet werden. Während einzelne Komponenten (Photovoltaikmodule, Laderegler, Batterie, Kabel, ggf. Spannungswandler, Leuchten) leicht beschafft werden können, ist die technische Einbindung der Komponenten in ein abgestimmtes Gesamtsystem allgemein noch unzulänglich. Mit Ausnahme der Module könnten die Systeme nach erfolgreicher technischer Zusammenarbeit in den Entwicklungsländern selbst hergestellt werden.

Das Einsatzpotential von solaren Kleinstsystemen zur Hausstromversorgung dürfte in der Größenordnung von 100 Millionen Stück liegen. Zur weitgehenden Ausschöpfung dieses Potentials reichen technische Verbesserungen der Systeme aber nicht aus. Notwendig sind darüber hinaus weitere Kostensenkungen und Maßnahmen zur Verbreitungsförderung. Bei der Kommerzialisierung kommt es vor allem darauf an, geeignete Finanzierungsinstrumente bereitzustellen, die es dem Nutzer ermöglichen, die relativ hohen Anschaffungsausgaben von etwa 1.000 DM auf die Nutzungsdauer der Anlagen zu verteilen.

Im Rahmen eines Feldtests in Peru sind hinsichtlich der Verbreitungschancen die folgenden Schlußfolgerungen gezogen worden (Zeitinger, Müller 1987):

- Die Systemherstellung könnte zu über 40 vH im Entwicklungsland erfolgen. Die Vermarktung müßten dortige private Firmen übernehmen.
- Der Import von Systemkomponenten müßte auch für nichtstaatliche Organisationen zollfrei sein. Bisher waren Zollsätze von 70 bzw. sogar von 100 vH zu entrichten.
- Zur Gleichbehandlung von ländlicher und städtischer Bevölkerung müßten Solarausrüstungen nicht nur von finanziellen Belastungen

befreit, sondern – entsprechend der Netzelektrifizierung – finanziell gefördert werden.

– Die bisherige Verbreitung ist durch spezielle Kredite einer staatlichen Entwicklungsorganisation (CORPUNO) ermöglicht worden. Auf längere Sicht wären die bestehenden Finanzierungsmöglichkeiten aber unzureichend.

Das Finanzierungsproblem besteht bei der Verbreitung von solaren Kleinstsystemen weniger in der Höhe der Zinssätze als vielmehr in der restriktiven Kreditvergabepraxis der Banken. Bei mangelnder Kreditwürdigkeit müßten die Darlehen durch die Solaranlagen abgesichert werden können. Da Privatbanken hierzu bisher nicht bereit sind, müßten öffentliche Entwicklungsorganisationen besondere Fonds schaffen, um die Finanzierung zu gewährleisten. Ergänzend sollten sie darauf achten, daß private Systemanbieter ausreichende Qualitätsstandards einhalten, Ersatzteile vorrätig halten und einen Reparaturservice anbieten.

Die Voraussetzungen für eine institutionelle Verankerung des Verbreitungs- bzw. Vermarktungsprozesses ist von Land zu Land verschieden. In den zahlreichen Einzelprojekten sind mittlerweile recht unterschiedliche Ansätze verfolgt worden. So ist zum Beispiel für Ruanda ein Mietsystem entwickelt worden, bei dem das staatliche Elektrizitätsversorgungsunternehmen die solaren Kleinstsysteme vermietet, installiert und deren Betrieb betreut (Eitle 1988). Mit den monatlichen Mieteinnahmen von etwa 10 DM je Anlage kann nahezu eine Selbstfinanzierung erreicht werden. Dagegen setzt man zum Beispiel in einem Projekt in der Dominikanischen Republik mehr auf private Einzelinitiative (Hansen, Martin 1988). Dort werden auf Gemeindeebene kleine Gewerbebetriebe und gemeinnützige Einrichtungen gegründet, die die Ausbildung, Logistik, Finanzierung usw. übernehmen. Solche Projektbeispiele machen deutlich, daß institutionelle Hemmnisse überwunden werden können, wenn technisch befriedigende und wirtschaftlich vertretbare Photovoltaikanlagen für sinnvolle Anwendungsbereiche zur Verfügung stehen.

6.4 Wasserpumpen

Die Wasserversorgung hat in Ländern der Dritten Welt eine große entwicklungspolitische Bedeutung. Den Einsatzmöglichkeiten der

Photovoltaik zur Wasserförderung wird deshalb seit längerem hohe Aufmerksamkeit gewidmet. Weltweit sind bisher (unter anderem mit Unterstützung der Weltbank) mehrere Tausend photovoltaische Pumpen installiert worden. Trotz der umfangreichen Erfahrungen, die bisher mit unterschiedlichen Pumpensystemen gesammelt wurden, ergibt deren technische, wirtschaftliche und soziale Bewertung im Hinblick auf die künftigen Einsatzmöglichkeiten noch kein eindeutiges Bild (Friedel, Haars 1987).

Aus technischer Sicht stellt weniger der Photovoltaikgenerator als vielmehr die Wasserpumpe selbst das kritische Element dar. Trotz erheblicher Verbesserungen in den letzten Jahren sind die technischen Arbeiten zur Systementwicklung bzw. -optimierung noch nicht abgeschlossen. Photovoltaische Pumpsysteme befinden sich derzeit im Stadium des Feldtests (vgl. Abschnitt 4.1).

Die Pumpen können zur Versorgung mit Trink- bzw. Tränkwasser und zur Bewässerung eingesetzt werden. Der wirtschaftliche Einsatzbereich ist allerdings sehr beschränkt. Bei der Trinkwasserversorgung ergibt sich einerseits aufgrund der Konkurrenz zu dieselmotorbetriebenen Pumpen eine Obergrenze der Förderleistung von etwa 500 m^4 pro Tag bzw. der Modulleistung von 800 Watt (McNelis in Goetzberger, Palz, Willecke 1987). Andererseits können bei sehr geringem Förderbedarf auch Handpumpen eingesetzt werden, die weitaus billiger sind. Beim Einsatz der Pumpen zur Bewässerung entfällt zwar in der Regel die Konkurrenz zur Handpumpe; wegen der größeren Bedarfsschwankungen ist bei diesem Anwendungsfall ein Dieselaggregat aber schon ab einer Förderleistung von etwa 150 m^4/d günstiger (ebenda). Größere wirtschaftliche Einsatzbereiche für photovoltaische Pumpen könnten sich in Zukunft ergeben, wenn die Systemkosten noch weiter sinken.

Nach den bisherigen Erfahrungen treten beim Einsatz von photovoltaischen Pumpsystemen in Entwicklungsländern kaum besondere Probleme der Technikakzeptanz auf. Unabhängig von der eingesetzten Technik können sich bei der Gestaltung der Wasserversorgung jedoch »Probleme durch Mißachtung kultureller, sozialer oder mythologischer Vorstellungen und Strukturen ergeben« (Friedel, Haars 1987). Vor diesem Hintergrund erfordern vor allem Standortwahl sowie Organisation der Wasserverteilung, des Anlagenbetriebes und der Kostenbeteiligung eine behutsame Vorbereitung unter Beteiligung der Dorfbewohner.

6.5 Kühlung

Photovoltaische Kühlsysteme könnten am ehesten im Gesundheitswesen Verwendung finden (Pertz 1988). Die Kühlung von Medikamenten, vor allem von Impfstoffen setzt in Entwicklungsländern eine zuverlässige dezentrale Energieversorgung voraus. Üblicherweise werden hierfür – abgesehen von größeren Gesundheitsstationen mit Dieselgeneratoren – kerosin- und vereinzelt auch gasbetriebene Kühlschränke eingesetzt, die hinsichtlich Lebensdauer, Zuverlässigkeit, Wartung und Treibstoffbedarf jedoch unbefriedigend sind (Haars 1987).

Zu Test- und Demonstrationszwecken sind weltweit bisher ca. 1.000 photovoltaische Kühlsysteme installiert worden (ebenda). Neben technischen Problemen einzelner Komponenten zeigten sich Schwachstellen bei der Systemauslegung, der Systemkonfiguration, der Systemanpassung, der Qualitätssicherung und der Dokumentation.

Die weitere Entwicklung richtet sich auf die Bereitstellung kompletter, abgestimmter Solarkühlsysteme, die den besonderen Anwendungsanforderungen genügen. Die Weltgesundheitsorganisation unterstützt dies im Rahmen ihres Impfprogrammes unter anderem auch mit der Herausgabe von technischen Handbüchern als ergänzende Informationsgrundlage (WHO 1988).

Die Marktperspektiven für photovoltaische Kühlsysteme sind begrenzt. Im Gesundheitswesen kann unter günstigen Bedingungen zwar eine Nachfrage von mehreren tausend Systemen innerhalb der nächsten zehn Jahre erwartet werden (Haars 1987). Selbst nach kräftigen Kostensenkungen ist jedoch auf absehbare Zeit an einen breiteren Einsatz auch im privaten Bereich (für Lebensmittel- und Getränkekühlung) kaum zu denken.

6.6 Stationsversorgung

Anlagen zur Stromversorgung einzelner öffentlicher Einrichtungen wie
- Hospitäler und Gesundheitszentren,
- abgelegener Versuchs- und Forschungsstationen,
- Schulen, Einrichtungen der Erwachsenenbildung,
- Verwaltungen,
- Gemeinschaftshäuser oder
- kleinerer Werkstätten

haben in Entwicklungsländern einen Leistungsbedarf von bis zu einigen Kilowatt. Photovoltaische Anlagen schneiden deshalb im reinen Kostenvergleich bisher meist schlechter ab als Dieselgeneratoren (Haars 1987). Aufgrund der hohen Systemkosten wäre es erforderlich, die Verbrauchsgeräte den Anforderungen der Energieversorgung anzupassen. Photovoltaische Stationsversorgungen haben noch Testcharakter. Die wenigen vorliegenden Erfahrungen erlauben gegenwärtig noch keine Abschätzung der künftigen Einsatzmöglichkeiten. Größere Stückzahlen sind in diesem Bereich wohl nur zu erwarten, wenn die Träger der Technischen und Finanziellen Zusammenarbeit den Entwicklungsprozeß mit längerfristig angelegten Programmen fördern.

Als eine spezielle Art der Stationsversorgung ist im Rahmen eines Projektes der GTZ in den Philippinen eine Batterieladestation errichtet worden (Heruela, Schröer in DGS/GTZ 1988). Nach den dort gemachten Erfahrungen stellt dies die gegenwärtig einfachste und billigste Photovoltaikanwendung bei der ländlichen Elektrifizierung in Entwicklungsländern dar.

6.7 »Zentrale« Dorfversorgung

Der Aufbau von photovoltaischen Stromerzeugungsanlagen für die Versorgung über Inselnetze wird derzeit unterschiedlich beurteilt. Im Rahmen der ländlichen Elektrifizierung könnten solche Systeme billiger sein als ein Ausbau größerer Netze. Heruela und Schröer nennen hierfür eine kritische Entfernung von 17 km (ebenda). In dem typischen Leistungsbereich von einigen 10 kW dürften allerdings andere Systeme, wie vor allem Dieselgeneratoren, häufig kostengünstiger sein. In Abhängigkeit von der installierten Leistung und der erwarteten Lebensdauer sind für Senegal Stromkosten von 1,75 bis 2,95 DM/kWh errechnet worden (Schmidt-Küntzel in DGS/GTZ 1988).

Obwohl in den Versuchen auf den Philippinen und im Senegal gezeigt werden konnte, daß solche zentralen Dorfstromversorgungen technisch durchführbar und in fernerer Zukunft auch wirtschaftlich chancenreich sein könnten, stehen dieser Photovoltaikanwendung zunächst nicht nur die relativ hohen Anschaffungsausgaben, sondern auch die im Vergleich zu Kleinstanlagen wesentlich komplexeren Anforderungen an die Betriebsorganisation entgegen (Prey 1988). Aus der Sicht der GTZ kommt deshalb der Dorfstromversorgung in nächster Zukunft nur eine geringere Bedeutung zu.

6.8 Allgemeine Probleme und Herausforderungen

Eine schnelle massenhafte Verbreitung der Photovoltaik in Entwicklungsländern steht bisher noch vor folgenden Problemen (Prey 1988, Posorski 1989):

- Die Photovoltaikanlagen sind im Vergleich zu ihren Alternativen meist noch zu teuer.
- Selbst an sich wirtschaftliche Anwendungen scheitern häufig an Finanzierungsproblemen.
- Der Import insbesondere der Module schlägt sich negativ in der Devisenbilanz nieder und wird in der Regel mit hohen Zollsätzen erschwert. Gleichzeitig werden konventionelle Energien noch häufig subventioniert.
- Die bisher angebotenen Photovoltaiksysteme sind noch zu wenig an die jeweiligen örtlichen und anwenderbezogenen Bedingungen angepaßt.
- Die Modularisierung und Standardisierung muß weiter vorangetrieben werden.
- Vor Ort fehlt in der Regel die notwendige Infrastruktur (technisch ausgebildetes Personal, Vertriebswege, Betriebs- und Wartungsstrukturen).
- Die Zielgruppen in den Entwicklungsländern werden noch zu wenig bei der Planung und Durchführung von Projekten einbezogen. Dies gilt auch für politische bzw. wirtschaftliche Entscheidungsträger auf lokaler, regionaler und nationaler Ebene.

Zur Erreichung einer erfolgversprechenden Markteinführung von Photovoltaikanlagen in Entwicklungsländern ist künftig noch eine Reihe von Maßnahmen durchzuführen (Posorski 1989):

- Erprobung und Anpassung von Photovoltaiksystemen in ausgedehnten Feldtests unter weitgehender Einbeziehung von Zielgruppen und Herstellern,
- Intensivierung von Informations- und Beratungsaktivitäten für Zielgruppen, Entscheidungsträger und Hersteller,
- Aus- und Fortbildung, insbesondere für den Aufbau von lokalen Vertriebs- und Wartungsstrukturen,
- Senkung der Anlagenkosten durch technischen Fortschritt, größere Stückzahlen und höheren Eigenerzeugungsanteil,
- Förderung der lokalen Herstellung durch Wissenstransfer und Gemeinschaftsunternehmen,

– Einführung von geeigneten Finanzierungs- und Gewährleistungsbedingungen.

Die Verbreitung der Photovoltaik in Entwicklungsländern ist eine Herausforderung für die Hersteller, die Technologiepolitik und die Entwicklungshilfepolitik in den Industrieländern sowie für die Entwicklungspolitik in den Entwicklungsländern.

7 *Schlußfolgerungen*

An die Nutzung von Sonnenenergie in Entwicklungsländern werden große Hoffnungen geknüpft. Aus technologiepolitischer Sicht steht die mögliche Vorreiterrolle der Entwicklungsländer bei der Sonnenenergienutzung im Vordergrund. Denn der Einsatz von neuen Solartechniken kommt dort aufgrund höherer Sonneneinstrahlung und genereller infrastruktureller Mängel am ehesten in Betracht. Der frühe Einsatz zum Beispiel von Solarzellen in Entwicklungsländern könnte die weltweite Verbreitung auch durch die schnellere Ausnutzung von Größenvorteilen bei der Herstellung beschleunigen. Aus der Sicht der Entwicklungspolitik wird von einer verstärkten Nutzung erneuerbarer Energiequellen ein Beitrag zur Verminderung der bestehenden Energieversorgungsprobleme und damit zur Beseitigung eines der wesentlichen Hemmnisse der Entwicklung in der Dritten Welt erwartet. Bei näherer Betrachtung werden indessen erhebliche Probleme bei der Einführung und Nutzung von Solartechniken in Entwicklungsländern deutlich.

Nationale und internationale Programme zur beschleunigten Nutzung erneuerbarer Energiequellen in Entwicklungsländern sind vor allem als Antwort auf die starken Ölpreissteigerungen in den siebziger Jahren entstanden. In der Bundesrepublik Deutschland dient das Sonderprogramm zur Nutzung nicht-erschöpflicher Energiequellen (Sonderenergieprogramm), das von der GTZ im Auftrag des BMZ durchgeführt wird, als Rahmenprogramm für die Technische Zusammenarbeit im Bereich der dezentralen Energieversorgung in Entwicklungsländern. Projekte im Auftrag des BMFT sind hierzu insoweit komplementär, als sie den technologischen Aspekt betonen, und der Schwerpunkt der Wissenschaftlich-Technischen Zusammenarbeit eher bei den Schwellenländern liegt. Von durchgreifenden, flächendeckenden Erfolgen dieser Anstrengungen kann bisher nicht gesprochen werden. Nach den bisherigen Erfahrungen benötigen vor allem Einführungsmaßnahmen einen »längeren Atem« für die Vorbereitung, Durchführung und Nachbetreuung der Projekte.

Für eine dezentrale Nutzung in Entwicklungsländern kommen als erneuerbare Energiequellen Biomasse, Windkraft, Wasserkraft und solarthermisch bzw. photovoltaisch umwandelbare Sonnenenergie in Betracht. Auf Dauer kann wohl auf keine dieser Quellen verzichtet werden. Priorität haben Systeme, die zumindest die Schwelle der Wirtschaftlichkeit erreicht haben und sich für die spezifische Bedarfslage in den jeweiligen Entwicklungsländern anbieten. Hierzu zählen auch bestimmte Photovoltaikanwendungen. Aus einer Vielzahl von dezentralen Anwendungen in Entwicklungsländern könnte sich schon bald ein beträchtliches Einsatzpotential von Solarzellen ergeben. Insofern könnten dezentrale Photovoltaiksysteme eine – wenn auch begrenzte – Vorreiterrolle beim Aufbau einer großtechnischen Sonnenenergienutzung spielen.

Photovoltaische Kleinanwendungen sind am ehesten wirtschaftlich. In Bereichen höherer Leistung wird Photovoltaik erst nach erheblichen Kostensenkungen bzw. Energiepreissteigerungen konkurrenzfähig. Gegenwärtig kommen für einen Einsatz in Entwicklungsländern vor allem Systeme mit einer Leistung von einigen 10 Watt – vereinzelt auch von einigen Kilowatt – in Betracht. Wenn hiervon auch kein ins Gewicht fallender Beitrag zur Deckung des gesamten Energieverbrauchs eines Entwicklungslandes zu erwarten ist, so könnten lokale Photovoltaikanwendungen doch beispielsweise zur sozialen Entwicklung im ländlichen Raum beitragen. Insgesamt darf der mögliche Beitrag der Photovoltaik zur Lösung der Energieprobleme in Entwicklungsländern zwar für die nähere Zukunft nicht allzu hoch eingeschätzt werden; es läßt sich aber eine Reihe von sinnvollen Einsatzfeldern erkennen, die nicht ungenutzt bleiben sollten.

Die breite Nutzung der Sonnenenergie in der Dritten Welt ist eine Herausforderung an Entwicklungsländer und Industrieländer. Nach den vorliegenden Erfahrungen müßten die Einsatzbedingungen der Photovoltaik für Entwicklungsländer noch wesentlich verbessert werden. Probleme bereiten bisher nicht nur die mangelnde Wirtschaftlichkeit vieler Anwendungen, sondern vor allem auch technische Unzulänglichkeiten der Anwendungssysteme. Eine bedeutsame Verbreitung in Entwicklungsländern ist auf mittlere Sicht nur zu erwarten, wenn in den

Industrieländern von seiten der Technologiepolitik, der Entwicklungspolitik und der Industrie große Anstrengungen unternommen werden, um die Voraussetzungen für einen angepaßten Einsatz dieser Technik zu schaffen.

Wissenschaftliche, technische und wirtschaftliche Hilfen wären aber wenig wirkungsvoll, wenn entsprechende Vorhaben nicht in zunehmendem Maße von staatlichen und privaten Einrichtungen in den Entwicklungsländern mitgetragen würden. Die bisherigen Erfahrungen lassen es sinnvoll erscheinen, die Partner in den Entwicklungsländern nicht nur bei der Verbreitung, sondern ebenso bei der Herstellung und nach Möglichkeit auch bei der Weiterentwicklung der Solartechniken einzubeziehen. Die bisherigen Projekte legen eine behutsame Strategie zur Förderung der Sonnenenergienutzung in der Dritten Welt nahe.

Zu den unverzichtbaren Bestandteilen einer solchen Strategie zählen auf dem Gebiet der Photovoltaik neben der Senkung der Anlagenkosten durch technischen Fortschritt, größere Stückzahlen und höhere Eigenerzeugungsanteile:

- ausgedehnte Feldtests zur Erprobung und Anpassung von Anwendungssystemen,
- ein insgesamt verbesserter Informationsfluß zwischen allen am Technologie-Transfer beteiligten Partnern (Technologiepolitik, Entwicklungspolitik, Hilfsorganisationen, Zielgruppen, Herstellern),
- die Förderung der lokalen Herstellung und des Aufbaus von lokalen Vertriebs- und Wartungsstrukturen vor allem durch Bildungsmaßnahmen, aber auch durch die Gründung von Gemeinschaftsunternehmen sowie
- die Unterstützung von jeweils geeigneten Modellen zur Finanzierung der Anlagen.

Literatur

Adam, H. M., Ford, R. (Hrsg.): Photovoltaic Powered Technologies and Their Uses in Developing Nations. Proceedings. Symposium Februar 1986. Clark University. March 1986.

Agarwal, J. P., Glismann, H. H., Nunnenkamp, P.: Ölpreisschocks und wirtschaftliche Entwicklung. Anpassungsprobleme in der Dritten Welt. H. Giersch (Hrsg.): Kieler Studien Bd. 176. Tübingen 1983.

Ausschuß für wirtschaftliche Zusammenarbeit: Stenographisches Protokoll über die Anhörung von Sachverständigen am 8.12.1982 zum Thema: »Energieprobleme der Dritten Welt und Entwicklungspolitik«. Drucksache 714 – 2450.

Baz, P.: Cooperation Programmes of GTZ-GATE in the Field of Renewable Energy. In: CDG (1987). S. 26 – 31.

Benemann, J.: Einsatzmöglichkeiten photovoltaischer Stromversorgungen. Interatom GmbH. Sonderdruck aus Energie und Automation 6/1985.

Blank, H., Isenberg, G.: Erste Betriebserfahrungen mit einer Solarfarmanlage zur Prozeßwärmeversorgung einer Molkerei. In: Brennstoff Wärme Kraft. Heft 10/1987, S. 442 – 446.

BMFT: Erneuerbare Energien. Stand, Aussichten, Arbeitsziele. 2. überarbeitete Auflage. Bonn 1987.

BMFT: Neue Technik für die Dritte Welt. Bonn 1986.

BMFT: Bundesbericht Forschung 1988, hrsg. vom Bundesminister für Forschung und Technologie 1988.

BMFT (Hrsg.): Photovoltaik – ein Forschungsschwerpunkt zur Erschließung der Sonnenenergie. Informationsschrift. Bonn, November 1988.

BMZ: Siebenter Bericht zur Entwicklungspolitik der Bundesregierung. Bonn, September 1987.

BMZ: Konzeption des Sonderenergieprogramms. Bonn 1986.

BMZ: Programm der Bundesregierung für die Zusammenarbeit mit Entwicklungsländern auf dem Gebiet der Energie. Mat. Nr. 70 Entwicklungspolitik. März 1983.

BMZ, GTZ (Hrsg.): Projektleitertagung Sept. 1985 in Burkina Faso. Bericht, Thesen und Ergebnisse. Materialien zum Sonderenergieprogramm Band 1. Eschborn, November 1985.

Bogdanovi, B., Ritter, A., Kleinwächter, J.: Solar-Power-Station With Thermochemical Storage. ISES Solar World Congress. Hamburg 1987.

Bohn, T. (Hrsg.): Handbuchreihe Energie. Band 13: Nutzung regenerativer Energie. Technischer Verlag Resch. Verlag TÜV Rheinland. Köln 1988.

Bosse, P.: Auch »angepaßte Technologie« führt zu Entwicklungsruinen. In: Frankfurter Rundschau vom 30.1.1985.

Bostel, J. u. a.: Die Nutzung neuer und erneuerbarer Energiequellen in Entwicklungsländern. Band 1. Auswertung der Länderpapiere für die Konferenz der Vereinten Nationen. KFA Jül. Spez. 177/Bd. 1. Oktober 1982.

Brown, L. R. (Hrsg.): Zur Lage der Welt 87/88. Daten für das Überleben unseres Planeten. Worldwatch Institute Report 5. Frankfurt a.M. 1987.

Brulez, D., Zymbla, B.: Aktivitäten und Ergebnisse des überregionalen Pilotprojektes Rationelle Energieverwendung. In: DGS/GTZ 1988, S. 1133 – 1140.

Carl Duisberg Gesellschaft (Hrsg.): National Resource Division. Application of Renewable Energies in Developing Countries. Seminar Damp, Sept. 1987.

Commission of the European Communities: Building the Renewable Energy Market in Developing Countries. Brüssel, Februar 1986.

Corvinus, F.: Konzeption, Prioritäten und Maßnahmen des Sonderenergieprogramms der Bundesregierung (Erfahrungen mit einem auf Verbreitung von Technologie ausgerichteten Programm). Vortrag vor der Arbeitsgruppe Sonnenenergie der Akademie der Wissenschaften zu Berlin. Berlin, Februar 1989.

Council on Environmental Quality (Hrsg.): The Global 2000 Report to the President. Washington 1980. Deutsche Übersetzung Frankfurt a.M. 1980.
Cremer, G.: Energiestrategien und Verteilung des Weltenergieverbrauchs. Volkswirtschaftliche Schriften, Heft 347. Berlin 1984.
Czakainski, M.: Zur Energieversorgungslage der Entwicklungsländer. In: ZfE 2/1983, S. 124–135.
DGS/GTZ (Hrsg.): 6. Internationales Sonnenforum 1988. Regenerative Energien und rationelle Energieverwendung in Industrie- und Entwicklungsländern. Tagungsbericht. 2 Bände. München 1988.
Diekmann, J.: Volkswirtschaftliche Bewertung des Einsatzes und der Finanzierung von Solar- und Windkraftanlagen am Beispiel Portugals. Gutachten des DIW im Auftrag der M. A. N. Berlin, Juli 1985.
Eitle, R.: Erfahrungsbericht über den Einsatz photovoltaischer Kleinsysteme als Hausstromversorgung in Ruanda. In: DGS/GTZ 1988, S. 996–1000.
Finking, G.: The Application of Renewable Energy Technologies in Developing Countries – Technical Performance and Perspectives. In: CDG (1987), S. 7–13.
Fischer, B.: Dritte Welt und Energie. Ansätze zur Lösung der Probleme. In: Energiewirtschaftliche Tagesfragen 4/1984, S. 260–265.
Fischer, W., Häckel, E.: Internationale Energieversorgung und politische Zukunftssicherung – Das europäische Energiesystem nach der Jahrtausendwende: Außenpolitik, Wirtschaft, Ökologie. Oldenbourg-Verlag 1987.
Friedel, W., Haars, K.: Photovoltaische Pumpsysteme. Einzelgutachten zum Programmpapier Technologien zur Nutzung regenerativer Energien in Entwicklungsländern. IPC. Frankfurt a.M., Februar 1987.
Friedrich, F. J.: Cooperation with Developing Countries – Review of Joint Projects. In: CDG (1987). S. 32–38.
Frisch, J. R.: Future Stresses for Energy Resources. Energy Abundance: Myth or Reality? World Energy Conference, Conservation Commission. London 1986.
Fritsch, B.: Der Energiebedarf in Industrie- und Entwicklungsländern bis 1990 – Ansätze zu einem weltweiten Lastenausgleich. In: Kyklos 1982, S. 603–632.
GATE/GTZ: Nutzung nichterschöpflicher Energien. Ein Programm der Bundesrepublik Deutschland für die 3. Welt. Analyse der Planungsphase des Sonderenergieprogramms (SEP). Eschborn, August 1982.
GATE/GTZ: Status Report Solar Energy. Braunschweig, Wiesbaden 1986.
Gocht, W.: Energiewirtschaftliche Probleme der Entwicklungsländer. In: G. Bischoff, W. Gocht (Hrsg.): Energietaschenbuch, 2.Auflage. Braunschweig, Wiesbaden 1984.
Gocht, W.: Experience and Prospects for Technology Transfer in the Field of Renewable Energy. In: CDG (1987), S. 46–48.
Goetzberger, A., Palz, W., Willeke, G. (Hrsg.): Proceedings of the 7th EC Photovoltaic Solar Energy Conference. Sevilla, Oct. 1986, D. Reidel Publ. Dordrecht 1987. Insbesondere: Pre Conference Seminar on Photovoltaics in Developing Countries, S. 20–60.

Goldemberg, J. u. a.: Basic Needs and Much More With One Kilowatt Per Capita. In: Ambio 4–5/1985, S. 190–200.

Grawe, J.: Entwicklungshilfe im Energiebereich. In: Europa-Archiv. Folge 22 (1982), S. 673–680.

Grawe, J.: Die Bedeutung der erneuerbaren Energien für die Dritte Welt. In: ZfE 3/1984, S. 175–184.

GTZ (Hrsg.): Das Sonderenergieprogramm der Bundesregierung (SEP). Eschborn 1988.

Haars, K.: Dezentrale ländliche Energieversorgung durch Photovoltaik. Einzelgutachten zum Programmpapier Technologien zur Nutzung regenerativer Energien in Entwicklungsländern. IPC. Frankfurt a.M., Februar 1987.

Haars, K., Zeitinger, C. P.: Photovoltaik – Eine Energieoption für Entwicklungsländer. In: DGS/GTZ 1988, S. 956–965.

Hansen, R. D., Martin J. G.: Photovoltaics for Rural Electrification in the Dominican Republic. In: Natural Resources Forum. United Nations Vol. 12 (1988). No.2, S. 115–128.

Hauff, V.: Regenerative Energiequellen – die einzige Alternative für die Entwicklungsländer. In: Sonnenenergie und Wärmepumpe 4/1980.

Häfele, W.: Energy in a Finite World. Vol. 2: A Global Systems Analysis. Report by the Energy Systems Program Group of the IIASA. Cambridge, Mass. 1981.

Hees, N.: Einsatz der Biogastechnologie im Rahmen der technischen Zusammenarbeit in Ländern der Dritten Welt. In: DGS/GTZ 1988, S. 1076–1083.

Hill, R., O'Keefe, P.: The Dissemination of Photovoltaics in Developing Countries. In: Goetzberger, Palz, Willeke (Hrsg.) (1987), S. 142–146.

Hoffmann, L., Jarass, L.: The Impact of Rising Oil Prices on Oil-Importing Developing Countries and the Scope for Adjustment. In: Weltwirtschaftliches Archiv. Bd. 119(1983). Heft 2, S. 297–316.

Horn, M.: Perspektiven der Weltenergieversorgung. Analyse von Verbrauchsszenarien und Ressourcenschätzungen. Oldenbourg-Verlag. München, Wien 1988.

IEA: Renewable Sources of Energy. Paris 1987.

IH & C, GOPA: Forschungs-, industrie- und entwicklungspolitische Maßnahmen zur Verbesserung der Verbreitungschancen regenerativer Energietechnologien in Entwicklungsländern. BMFT-Forschungsvorhaben 0338889 A/B.

ISES: Solar World Congress 1987 Hamburg. Advances in Solar Energy Technology. Book of Abstracts Vol 1 and 2. Hamburg 1987.

Jargstorf, B.: Wind Power for Developing Countries. In: DGS/GTZ 1988, S. 1203–1207.

Kelm, H. D.: KfW-Wind-Energy-Programme. In: CDG (1987), S. 41–43.

Klaiß, H., Nitsch, J., Geyer, M.: Solarturmkraftwerke – eine Option für den Exportmarkt? In: Zeitschrift für Energiewirtschaft. Heft 1/1986, S. 27–38.

Klaiß, H., Nitsch, J.: Import solar erzeugter Energieträger. Einzelbericht zum Energiegutachten Baden-Württemberg. DFVLR Stuttgart, September 1987.

Kohli, H., Segura, E.: Einschränkung des industriellen Energieverbrauchs in Entwicklungsländern. In: Finanzierung und Entwicklung. Dezember 1983, S. 28 – 31.

Kuhnke, K.: Solarkocher in Entwicklungsländern. In: Sonnenenergie und Wärmepumpe 4/1987, S. 39 – 43.

Lütteken, U.: Policy of the Federal Republic of Germany of Develoment Assistance in the Field of Promotion of Renewable Energy Utilization. In: CDG (1987), S. 14 – 18.

McLaren, D. J., Skinner, B. J. (Hrsg.): Resources and World Development. Dahlem Workshop Reports. Chichester, UK 1987.

Nagel, G.: Perspektiven für den Export insularer Solarsysteme in Entwicklungsländer. Vortrag vor der Arbeitsgruppe Sonnenenergie der Akademie der Wissenschaften zu Berlin. Berlin, Feburar 1989.

Neu, H., Bain, D. (Hrsg.): National Energy Planning and Management in Developing Countries. Dordrecht 1983.

Nunnenkamp, P.: The Impact of Rising Oil Prices on Economic Growth in Developing Countries in the Seventies. In: Kyklos. Bd. 35 (1982). Heft 4, S. 633 – 647.

OECD: Energy Balances of Developing Countries 1971/1982. Paris 1984.

Oelert, G., Auer, F., Pertz, K.: Economic Issues of Renewable Systems. A Guide to Project Planning. Sonderpublikation der GTZ Nr. 185. Eschborn 1987.

Offergeld, R.: Erneuerbare Energiequellen – Chance für die Entwicklungsländer. In: Sonnenenergie und Wärmepumpe 4/1980.

Pachauri, R. K: Energie in den Entwicklungsländern. In: Glückauf 23/1985, S. 1788 – 1793.

Patermann, C.: Die Ergebnisse der VN-Konferenz über neue und erneuerbare Energiequellen. In: Energiewirtschaftliche Tagesfragen 1/1982, S. 39 – 42.

Pertz, K.: Nutzung erneuerbarer Energiequellen in Entwicklungsländern. Forschungsvorhaben im Auftrag von BMZ und BMFT. Forschungsberichte des BMZ. Band 89. Weltforum Verlag. Köln 1988.

Pestel, E.: Bericht an den Club of Rome. Jenseits der Grenzen des Wachstums. Stuttgart 1987.

Polte, W.: Energieprobleme der Entwicklungsländer. Kreditanstalt für Wiederaufbau (Hrsg.): Veröffentlichungen aus dem Arbeitsbereich der Kreditanstalt für Wiederaufbau 20/83. Frankfurt a.M. 1983.

Posorski, R.: Erfahrungen und Perspektiven für photovoltaische Anlagen kleiner Leistungen in Entwicklungsländern. Vortrag vor der Arbeitsgruppe Sonnenenergie der Akademie der Wissenschaften zu Berlin. Berlin, Feburar 1989.

Prey, J.: Erfahrungen mit photovoltaischen Anlagen im Bereich kleiner Leistungen in Entwicklungsländern. In: DGS/GTZ 1988, S. 987 – 995.

Rady, H. M.: Regenerative Energien für Entwicklungsländer. Nomos Verlagsgesellschaft. Baden Baden 1987 (Internationale Kooperation Bd. 32).

Räde, H. S., Stöcker, H.-J.: Regenerative Energien. Die Zusammenarbeit mit Entwicklungsländern. In: Energiewirtschaftliche Tagesfragen 1/1988, S. 15 – 19.

Räde, H. S.: Forschungs- und technologiepolitische Zusammenarbeit auf dem Gebiet erneuerbarer Energiequellen (unter besonderer Berücksichtigung der Photovoltaik). Vortrag vor der Arbeitsgruppe Sonnenenergie der Akademie der Wissenschaften zu Berlin. Berlin, Februar 1989.

Reepen, D.: Programme for the Introduction of Photovoltaic Pumping Systems. In: CDG (1987), S. 40 f.

Riesenhuber, H.: Photovoltaik – ein Forschungsschwerpunkt zur Erschließung der Sonnenenergie. Presseerklärung. Bonn, November 1988.

Ringer, K., Uhlig, C. (Hrsg.): Zum Stand aktueller Entwicklungspolitik – Alte und neue Fragen. Materialien und kleine Schriften 112. Hrsg. vom Institut für Entwicklungsforschung und Entwicklungspolitik, Ruhr-Universität Bochum, 1987.

Ripke, M., Schmit, G.: Erschließung und Nutzung alternativer Energiequellen in Entwicklungsländern. Instrumente und Erfahrungen bei der Zusammenarbeit zwischen Industrie- und Entwicklungsländern. Forschungsberichte des BMZ. Bd. 31. Köln 1982.

Rudolph, K.: Kleinstwasserkraft und dörfliche Nahrungsmittelverarbeitung für Entwicklungsländer. In: DGS/GTZ 1988, S. 1167 – 1176.

Schreck, H., Hillmann, G., Nagel, J.: Solar Village Daxing, Peoples Republic of China. ISES Solar World Congress. Hamburg 1987.

Schulz, S.: Schuldenkrise der Dritten Welt: Lage weiterhin alarmierend, auch Industrieländer gefordert. In: DIW-Wochenbericht 36/1988, S. 469 – 477.

Schumacher, D.: Lieferbindung taugt nicht zur Steigerung der Beschäftigung. In: Entwicklung und Zusammenarbeit. Beiträge zur Entwicklungspolitik. Heft 2/1985, S. 8 – 10.

Shulli, A. R.: The Role of Renewable Energy in the Sudanese Present and Future Energy Mix. In: DGS/GTZ 1988, Beilage.

Simonis, G., Häusler, J.: Der Export von Solartechnologie in Entwicklungsländer – ein Beitrag zur Entwicklung der Industrieländer. In: Leviathan. Zeitschrift für Sozialwissenschaft. 8. Jg. (1980), S. 320 – 356.

Timmermann, V.: Entwicklungshilfe als Instrument der Beschäftigungspolitik? In: Jahrbuch für Sozialwissenschaft Bd. 35 (1984). Heft 2/3, S. 228 – 234.

TU-Berlin, Zentrum für Technologische Zusammenarbeit: Strategien der Energieversorgung für Länder der Dritten Welt. Berlin 1984.

Urbanek, A.: Photovoltaik-Projekte in der Dritten Welt. In: Sonnenenergie und Wärmepumpe 4/1983.

Weltbank: The Energy Transition in Developing Countries. Washington D. C. 1983.

Weltbank: Weltentwicklungsbericht 1988. Washington D. C. 1988.

WHO: World Health Organization Expanded Programme on Immunization. Fault Finding and Repair of Photovoltaic Refrigerators. A Technicians' Handbook. Genf, März 1988.

Winje, D.: Zur Entwicklung von Modellen für Energiesektorplanung in Entwicklungsländern. In: H. Siebert (Hrsg.): Quantitative Ansätze zur Modellierung des Energiesektors. Tübingen 1984, S. 237 – 247.

Zeitinger, C. P., Müller, W.: Field Test of Solar Home Systems in Puno/Peru. IPC. Frankfurt a.M. 1987.

Kapitel V

Transport und Speicherung von Sonnenenergie

JOCHEN DIEKMANN

1 *Einleitung*

Transport und Speicherung von Energie sind wesentliche Komponenten im bestehenden System der Energieversorgung. Kohle und Öl werden weltweit gehandelt, und auch für Erdgas hat sich ein internationaler, z. T. sogar interkontinentaler Markt gebildet. Aufgrund der ungleichen geographischen Verteilung von Vorräten und Verbrauch muß ein Großteil fossiler Energie über sehr weite Entfernungen transportiert werden. Der Ferntransport beschränkt sich nicht allein auf Primärenergieträger, sondern umfaßt auch Sekundärenergieträger, wie Mineralölprodukte. Mit zunehmender Kapazitätsgröße haben sich zudem die Entfernungen zwischen Kraftwerk und Verbraucher vergrößert, so daß auch Elektrizität heutzutage über weite Entfernungen übertragen wird. Aus demselben Grund wird selbst Wärme schon relativ weit transportiert.

Der Transport von Energie erfordert aufwendige Infrastruktureinrichtungen und führt zum Teil zu einem beachtlichen zusätzlichen Energieverbrauch bzw. zu Energieverlusten.

Die Lücke zwischen Angebot und Nachfrage muß auch in zeitlicher Hinsicht überbrückt werden. Im konventionellen Energiesystem ist es vor allem der im Tages-, Wochen- und Jahresverlauf schwankende Energiebedarf, der eine zeitliche Abstimmung der Energieflüsse erforderlich macht. In der Elektrizitätswirtschaft hat dies zum Beispiel zur Folge, daß der Kraftwerkspark im Jahresdurchschnitt nur teilweise ausgelastet werden kann. Trotz einiger Maßnahmen zur Glättung der zeitlichen Verbrauchsprofile reichen die vorhandenen (vor allem mechanischen, thermischen und elektrochemischen) Speichermöglichkeiten in technischer und vor allem wirtschaftlicher Hinsicht nicht aus, um Reservehaltungen überflüssig zu machen.

Die Nutzung erneuerbarer Energiequellen, insbesondere der Sonneneinstrahlung, stellt aufgrund des fluktuierenden Angebots noch höhere Anforderungen an die Speicherung. Besonders deutlich wird dies, wenn man hierzulande thermische Solarkollektoren für die Raumheizung verwenden will: Während der größte Teil der jährlichen Sonneneinstrahlung an Sommertagen zu verzeichnen ist, ist der Wärmebedarf an kalten Winterabenden am größten. Ein – im Unterschied hierzu nicht prohibitiver – Speicherbedarf ergibt sich zum Beispiel auch bei dezentraler Anwendung von Photovoltaik für Beleuchtung etwa in Entwicklungsländern.

Bei einer großtechnischen Nutzung von Sonnenenergie treten sowohl Speicher- als auch Transportprobleme auf, die unter Beachtung ihrer Wechselbeziehungen und ihrer Abhängigkeit von Umwandlungstechniken und Sekundärenergieträgern zu lösen sind.

In den folgenden Abschnitten werden einzelne Systemkomponenten zum Transport und zur Speicherung von Sonnenenergie näher betrachtet. Im Vordergrund stehen die Sekundärenergieträger Elektrizität und Wasserstoff. Es soll dargestellt werden, welche technischen Möglichkeiten bestehen bzw. absehbar sind, wie eine künftige Energiewirtschaft mit hohem Anteil an Sonnenenergie aussehen könnte, und welche Herausforderungen sich hinsichtlich der Transport- und Speicherproblematik ergeben.

Mit dieser Problematik befassen sich in der Bundesrepublik Deutschland eine Reihe von Forschergruppen, auf deren Systemanalysen zurückgegriffen werden kann. Als umfassende Studien sind zu nennen: Winter, Nitsch (1986), Klaiß, Nitsch (1987) sowie Arbeiten der DECHEMA (z. B. 1986, 1987) und Berichte des VDI (1986, 1989). Gegenwärtig wird dieses Thema auch in Studienkomplexen für zwei Enquete-Kommissionen des Deutschen Bundestages (»Vorsorge zum Schutz der Erdatmosphäre« und »Technikfolgen-Abschätzung und -bewertung«) behandelt, deren Zwischenergebnisse vorliegen (DLR u. a. 1989 und z. B. Klaiß u. a. 1989) und im folgenden Berücksichtigung finden. Die Darstellung stützt sich des weiteren auf Vorträge, welche die Herren

Fischer, DLR, Stuttgart (Wasserstoff)
Groll, Universität Stuttgart (Metallhydride)
Krämer, BEWAG, Berlin (Stromtransport)
Lorenzen, Universität München (Supraleitung)
Wagner, FfE, München (elektrochemische Speicher)

vor der Arbeitsgruppe gehalten haben.

2 *Elektrische Energie als Sekundärenergieträger*

2.1 Fernübertragung von Elektrizität

Für den Transport von elektrischer Energie über Freileitungen, Landkabel bzw. Seekabel kommen gegenwärtig die Drehstrom-Hochspannungs-Übertragung (DHÜ) und die Hochspannungs-Gleichstrom-Übertragung (HGÜ) in Betracht. (Hochtemperatur-) Supraleiter könnten für den Stromtransport unter Umständen im nächsten Jahrhundert von Bedeutung werden (vgl. Abschnitt 2.4).

Im reinen Kostenvergleich schneidet die HGÜ bei hohen Transportleistungen

mit Freileitungen	ab 900 bzw. 1.200 km,
mit Landkabeln	ab 100 bzw. 200 km,
mit Seekabeln	ab 20 km

besser ab als die DHÜ (Klaiß, Nitsch 1987).

Die HGÜ weist daneben technische Vorzüge gegenüber der DHÜ auf (Povh, zit. nach Klaiß, Nitsch 1987):

- keine direkte Koppelung der Netze,
- flexiblere Ausbaumöglichkeiten,
- keine Übertragung von Blindleistung,
- schnelle Regelungsfähigkeit,
- leichtere Einspeise- und Auskopplungsmöglichkeiten für externe Erzeuger bzw. Verbraucher.

Weltweit sind HGÜ-Leitungen mit einer Leistung von insgesamt etwa 25 GW und einer Länge von etwa 11.000 km installiert. Die bisher längste HGÜ-Leitung überbrückt eine Entfernung von 1.440 km (Cabora Bassa, Afrika). In der UdSSR, in China und in den USA sind Leitungen mit einer Gesamtlänge von 4.500 km im Bau. Bis zum Jahr

2000 sind weitere HGÜ-Leitungen mit einer Gesamtleistung von 25 GW projektiert (Klaiß, Nitsch 1987).

Die Leitungsverluste betragen 0,3 bis 0,5 vH je 100 km; einschließlich der Verluste in Umrichtern und Wandlern errechnet sich für den Stromtransport aus Afrika (3.300 km) bei Nennleistung ein Verlust von 14 vH (Voigt in Ad-hoc-Ausschuß 1988).

Für den Transport von Nordafrika bzw. Südspanien zur Bundesrepublik Deutschland über eine 3-GW-HGÜ-Leitung sind folgende Kosten ermittelt worden (Klaiß u. a. 1989, Abschnitt 4.3):

	Südspanien	Nordafrika
Freileitung (km)	2.000	3.100
Seekabel (km)	–	200
Transportwirkungsgrad(vH)	91,1	86,0
spezifische Investitionsausgabe (DM/kW)	930	1.600
Transportkosten (Dpf/kWh)		
bei 1.700 h/a (Photovoltaik)	4,0	6,9
bei 2.100 h/a (Photovoltaik)	3,3	5,6
bei 3.600 h/a (Solarturm)	1,9	3,4
bei 6.040 h/a (Tagesspeicher)	1,1	2,0
bei 8.000 h/a (Wasserkraft)	0,9	1,5

Hierbei sind jeweils eine Lebensdauer von 35 Jahren, ein (realer) Zinssatz von 4 vH und Betriebs- und Wartungskosten von jährlich 2 vH der Investitionsausgabe unterstellt. Die angegebenen Transportkosten sind auf die ins Transportnetz eingespeiste Energie bezogen. Kosten für Energieverluste (in Abhängigkeit von den Stromerzeugungskosten) sind zusätzlich zu berücksichtigen. Bei Kosten von Photovoltaik-Strom (2.100 h/a) in Höhe von 8,7 Dpf/kWh (angenommen für den Zeitraum ab dem Jahr 2025) würde aus Afrika importierter Strom hierzulande (8,7 + 5,6)/0,86 = 16,6 Dpf/kWh kosten.

Langfristige Kostenschätzungen für Photovoltaik-Strom sind heute noch mit beträchtlichen Unsicherheiten behaftet (vgl. Kapitel I, Abschnitt 5). Unterstellt man z. B. Stromerzeugungskosten von 20 Dpf/kWh, dann belaufen sich die Stromimportkosten unter sonst gleichen Annahmen auf 30 Dpf/kWh.

Langfristig ist auch ein Solarstromimport aus der Sowjetunion denkbar. Mit zunehmender Entfernung steigen die gesamten Transportkosten bezogen auf die entnehmbare Energie leicht progressiv an. Höhere

Transportkosten resultieren außerdem aus höheren Stromerzeugungskosten bzw. einer kürzeren Ausnutzungsdauer. Bei einem Stromtransport über eine Entfernung von 5.000 km bzw. 6.000 km ergeben sich – ausgehend von Stromerzeugungskosten photovoltaischer Anlagen von 10 Dpf/kWh und einer Ausnutzungsdauer von 1.700 h/a – Importkosten von etwa 25 bzw. 29 Dpf/kWh. Die Stromverluste des Transports würden bei 20 bzw. 24 vH liegen.

Beabsichtigt man einen Solarstromtransport über sehr weite Entfernungen, dann könnten solarthermische Anlagen selbst bei höheren Stromerzeugungskosten interessant werden; denn mit Hilfe eines integrierten thermischen Speichers läßt sich die Ausnutzungsdauer des kapitalintensiven Transportsystems beträchtlich erhöhen. Bei einem Stromtransport über eine Entfernung von 5.000 km bzw. 6.000 km ergeben sich in diesem Fall – ausgehend von Stromerzeugungskosten von 14 Dpf/kWh und einer Ausnutzungsdauer von 3.600 h/a – Importkosten von etwa 23 bzw. 26 Dpf/kWh.

Eine wesentliche Erhöhung der Ausnutzungsdauer durch Speicherung von photovoltaisch erzeugter elektrischer Energie würde demgegenüber aus heutiger Sicht zu prohibitiv hohen Gesamtkosten führen.

Solarthermische hat gegenüber photovoltaischer Stromerzeugung darüber hinaus den Vorteil, daß größere Mengen Solarstrom ohne zusätzlichen Speicherbedarf in unser Elektrizitätsnetz eingespeist werden können (vgl. Abschnitt 4).

Die mit steigender Transportentfernung zunehmende Attraktivität der Solarthermik gegenüber der Photovoltaik muß allerdings anders beurteilt werden, wenn man neben dem Stromtransport auch die Möglichkeit des Transports von Wasserstoff berücksichtigt (vgl. Abschnitt 3). Da sich Wasserstoff unter Berücksichtigung eines Tagesspeichers billiger transportieren läßt als Strom, sind die Elektrolysekosten entscheidend. Wenn langfristig die Stromerzeugungskosten von photovoltaischen Anlagen unter die von solarthermischen Anlagen sinken, wäre deshalb für sehr weite Entfernungen neben dem Import von Strom aus solarthermischen Anlagen auch der Import von Wasserstoff aus PV-Elektrolyse-Systemen zu verfolgen.

Diese Überlegungen machen bereits deutlich, daß aus heutiger Sicht wenig Anlaß besteht, bestimmte Systemkomponenten einer künftigen Energiewirtschaft mit hohem Anteil von Sonnenenergie aus der Betrachtung auszuklammern. Dies gilt erst recht angesichts der vielfältigen Unsicherheiten, die mit Szenarien über mehrere Jahrzehnte zwangsläufig verbunden sind.

2.2 Pumpspeicher

Ein einfaches – aber dennoch aufwendiges – Verfahren zur indirekten Speicherung von elektrischer Energie wird in Pumpspeicherkraftwerken angewendet. Hierbei wird das Wasser zunächst aus einem Unterbecken in ein höher gelegenes Oberbecken gepumpt und die potentielle Energie bei Bedarf zur Stromerzeugung genutzt (Rückverstromung). In der Bundesrepublik Deutschland gibt es im Bereich der öffentlichen Versorgung 17 Pumpspeicherkraftwerke (davon 11 ohne natürlichen Zufluß), die zusammen eine Bruttoengpaßleistung von 3,5 GW haben.

Pumpspeicherkraftwerke erfordern eine Topographie mit Höhenunterschieden von einigen hundert Metern. Das Ausbaupotential ist insofern begrenzt. In den USA hat man auch Möglichkeiten von Untertage-Unterbecken geprüft. Neben technischen Problemen sind jedoch hohe Zusatzkosten zu erwarten.

Die Kosten von Pumpspeicherkraftwerken hängen in starkem Maße von den lokalen Gegebenheiten ab (Hagedorn 1989, DLR u. a. 1989): Bei einem Speicher für 4 Vollaststunden werden 1.000 DM je kW als Untergrenze angegeben. Unter ungünstigen Bedingungen ist mit zwei bis drei mal so hohen spezifischen Investitionskosten zu rechnen.

In der Bundesrepublik Deutschland könnte die installierte Leistung ausgehend vom gegenwärtigen Niveau langfristig etwa verdoppelt werden. Außerdem könnte die Benutzungsdauer von heute durchschnittlich 2,5 auf 6 Stunden pro Tag erhöht werden. Bei einer durchschnittlichen Verfügbarkeit von 90 vH könnten Pumpspeicherkraftwerke hierzulande langfristig (Mitte des nächsten Jahrhunderts) über 10 TWh Elektrizität pro Jahr bereitstellen; das sind etwa 3 vH der heutigen Bruttoerzeugung der öffentlichen Versorgung.

Der Jahresnutzungsgrad von Pumpspeicherkraftwerken beträgt etwa 75 vH. Beim Einsatz als Tagesspeicher errechnen sich ausgehend von spezifischen Investitionskosten von 2.000 DM/kW und Stromkosten von 10 Dpf/kWh Speicherkosten von 15,6 Dpf/kWh (heute) bzw. 8,4 Dpf/kWh (im Jahre 2050). Bei Stromkosten von 20 Dpf/kWh liegen die Speicherkosten langfristig bei 11,3 Dpf/kWh. Pumpspeicher sind damit – gegenwärtig und wohl auch in der Zukunft – die kostengünstigsten Speichersysteme in der Elektrizitätswirtschaft; ihr Potential wäre deshalb als erstes auszuschöpfen. Zur Deckung eines größeren Speicherbedarfs müßten künftig auch Techniken wie z. B. elektrochemische Speicher und supraleitende Spulen eingesetzt werden, die heute noch nicht bzw. nur für andere Zwecke genutzt werden.

2.3 Elektrochemische Speicher

Als elektrochemische Speicher bezeichnet man Primär- und Sekundärbatterien zur mittelbaren Speicherung von elektrischer Energie. Im folgenden werden nur (aufladbare) Sekundärbatterien betrachtet. Sie bestehen im Kern aus einer positiven und einer negativen Elektrode, die in einen Elektrolyten getaucht werden.

Die theoretische Energiedichte des Blei-Säure-Akkumulators, der bisher noch am meisten verwendet wird, liegt bei 161 Wh/kg. Das Batteriegewicht wird allerdings durch die Leitermaterialien und das Gehäuse stark erhöht. Für schnelle Entladungen ist außerdem ein Masseüberschuß der Reaktanden zu berücksichtigen.

Die einer Batterie entnehmbare Kapazität wird gewöhnlich in Amperestunden angegeben. Da der elektrische Strom bei wechselnden Spannungen freigesetzt wird, ist dieses Kriterium allein aber nicht ausreichend. Bei heutigen und künftigen Anwendungen sind vielmehr Leistungs- und Energieabgabe entscheidend (Schaefer 1989, Wagner 1988).

Neben der Bleibatterie werden seit längerem auch andere Batterietypen entwickelt bzw. eingesetzt. Eine baldige Verdrängung der Bleibatterie ist allerdings kaum zu erwarten.

Die maximalen Energiedichten der Batteriesysteme betragen (Burkner 1989, DLR u. a. 1989):

Blei-Säure	35 Wh/kg
Ni/Fe	45 Wh/kg
Ni/Cd	45 Wh/kg
Na/S	100 Wh/kg
Zn/Br	65 – 75 Wh/kg

Natrium-Schwefelbatterien werden bei Temperaturen von ca. 350 °C betrieben. Hieraus ergibt sich ein hoher Aufwand zur Isolierung und Temperierung. Die Lebensdauer der Batterien ist bisher noch zu gering.

Längerfristig wird jedoch mit einem breiteren Einsatz dieser Technik gerechnet.

Nickel-Cadmium-Batterien sind bisher noch relativ teuer. Aufgrund neuerer Entwicklungen in der Elektrodentechnik erwartet man aber schon bald spürbare Kostensenkungen, so daß sich deren Anwendungsbereich künftig erweitern dürfte. Die Verwendung großer Mengen sowohl an Nickel als auch an Cadmium ist aus Umweltgründen problematisch.

Nickel-Eisenbatterien haben ähnliche Eigenschaften wie Nickel-Cadmium-Batterien. Ihre Eignung für den mobilen Einsatz ergibt sich vor allem aus der relativ hohen Energiedichte.

Zink-Brom-Batterien ähneln im Aufbau einer Brennstoffzelle und erfordern aufwendige Zusatzeinrichtungen. Sie befinden sich noch in einem frühen Entwicklungsstand.

Besonders flach könnten Polymerbatterien konstruiert werden, bei denen die Elektroden aus dünnen, fremddotierten Folien bestehen. Ihre Entwicklung befindet sich gegenwärtig aber noch im Laborstadium.

Abgesehen von Starterbatterien in Kraftfahrzeugen und Kleinbatterien in elektronischen Geräten sind folgende Anwendungsbereiche für Batterien zu unterscheiden:

- Inselbetrieb z. B. von solaren Kleinstsystemen (Batterien ermöglichen Beleuchtung am Abend),
- Netzverbundene Anlagen (Batterien erhöhen den solaren Deckungsgrad bzw. vermindern Netzeinspeisungen),
- Tagesspeicher für die öffentliche Stromversorgung (bei hohem Anteil fluktuierender Einspeisung von Solarstrom),
- Lastmanagement, Sekundenreserve in der öffentlichen Stromversorgung,
- Mobiler Einsatz im Verkehr (Elektroautos usw.).

In jedem Anwendungsbereich hängen energetische Effizienz und Wirtschaftlichkeit des Gesamtsystems maßgeblich davon ab, in welchem Maße das Speichersystem den jeweiligen Anwendungsanforderungen genügt. Hierbei kommt es vor allem auf die richtige Dimensionierung der Batterie an (Wagner 1988).

Für den dezentralen PV-Einsatz sind spezielle Solarbatterien entwickelt worden. Im Vergleich zu gewöhnlichen Kfz-Batterien haben sie eine geringere Selbstentladungsrate, eine höhere Lebensdauer und eine höhere Zyklenfestigkeit. Neben Bleilegierungsbatterien werden auch Nickel-Cadmium-Taschenplatten-Batterien angeboten (Wolf 1988).

Zur Minimalstromversorgung in Entwicklungsländern haben sich spezielle Solarbatterien allerdings insgesamt betrachtet noch nicht als eindeutig vorteilhaft erwiesen. Für den Einsatz von einfachen Kfz-Batterien spricht bisher häufig nicht nur der sehr viel geringere Preis, sondern auch die günstigeren Lieferbedingungen im Inland (Zeitinger, Müller 1987).

Bei einer großtechnischen Nutzung der Photovoltaik dürfte die Bedeutung von Batteriespeicheranlagen zunehmen, die gegenwärtig – auch unabhängig vom Aspekt der Solarstromspeicherung – entwickelt und erprobt werden. Solche Anlagen mit Leistungskapazitäten im MW-Bereich können von Energieversorgungsunternehmen in Abhängigkeit von deren energiewirtschaftlicher Einbindung genutzt werden,

- um durch Verringerung der Höchstlast günstigere Bezugspreise zu erreichen,
- um vermehrt Strom außerhalb der Spitzenzeiten einkaufen zu können,
- um Frequenzen und Leistungsgang zu regeln, bzw.
- um über eine zusätzliche Sofortreserve zu verfügen.

Mit einer Reihe von installierten Batteriespeicheranlagen konnten in jüngster Zeit bereits praktische Erfahrungen gesammelt werden (Dominik 1988):

Hammermühle	(1980)	400 kW
BEWAG	(1986)	8,5/17 MW
Kansai Electric Power, Japan	(1986)	1 MW
North Carolina, USA	(1987)	500 kW
Southern California, USA	(1988)	10 MW
Südafrika	(1988)	4 MW

Nach den bisherigen Untersuchungen könnten Batteriespeicheranlagen mit verbesserten Bleiakkumulatoren in Zukunft einen bedeutenden Beitrag zur Energiespeicherung bei den Elektrizitätsversorgungsunternehmen leisten (ebenda). Neben verbesserten Bleisäurebatterien werden für den Einsatz in Batteriespeicheranlagen folgende Systeme entwickelt bzw. weiterentwickelt:

- Nickel/Cadmium
- Natrium/Schwefel
- Lithium/Vanadiumoxid

– Lithium-Aluminium/Eisensulfid
– Natrium/Metallchlorid

Große Batteriespeicheranlagen können unter bestimmten Bedingungen schon heute wirtschaftlich eingesetzt werden. Für die Zukunft rechnen japanische Fachleute mit Kostensenkungen von bis zu 90 vH durch technischen Fortschritt und Massenproduktion. Angesichts solch optimistischer Perspektiven könnten sich auch die Möglichkeiten zur Einspeisung von Solarstrom in öffentliche Elektrizitätsnetze auf lange Sicht verbessern.

Die Kosten für größere Bleibatterieanlagen zur Tagesspeicherung sind ausgehend von Angaben für die BEWAG-Anlage geschätzt worden, die jedoch für andere Zwecke konzipiert ist (Burkner 1989, DLR u. a. 1989). Danach kostet die Batterie etwa 400 DM/kWh und die Peripherieeinrichtungen ohne Stromrichter 530 DM/kWh.

Der Jahresnutzungsgrad der Batterieanlagen liegt heute bei 70 vH. Bei Stromkosten von 10 Dpf/kWh würden sich gegenwärtig zusätzliche Speicherungskosten von 1,37 DM je kWh ergeben. Langfristig werden für Anlagen mit größerer Kapazität (1 GWh), höherem Jahresnutzungsgrad (76 vH) und längerer Lebensdauer (25 Jahre) bei gleichen Stromkosten zusätzliche Speicherungskosten von 53 Dpf/kWh erwartet.

Mit Hilfe von Natrium-Schwefel-Batterien könnten langfristig vielleicht niedrigere Speicherungskosten (19 Dpf/kWh) erreicht werden. Dies setzt allerdings voraus, daß sich die technischen Entwicklungsziele tatsächlich realisieren lassen.

Die wirtschaftlichen Einsatzmöglichkeiten von elektrochemischen Tagesspeichern in der öffentlichen Stromversorgung müssen vor diesem Hintergrund wohl auch langfristig als begrenzt eingeschätzt werden.

2.4 Supraleiter und deren Anwendungsmöglichkeiten

Supraleitung bedeutet Leitung elektrischer Ströme ohne elektrischen Widerstand. Die gerade in den vergangenen Jahren auf diesem Gebiet erzielten Fortschritte wecken große Hoffnungen auf effizientere Techniken für Erzeugung, Speicherung, Transport, Verteilung und Anwendung von elektrischer Energie. Diese Entwicklung könnte auch die großtechnische Solarstromversorgung begünstigen.

In Leitern aus Metall oder metallischen Verbindungen tritt Supraleitung ein, wenn eine kritische Temperatur unterschritten wird. In der

Vergangenheit sind Legierungen mit immer höheren Sprungtemperaturen identifiziert worden (Bergsjö, Gertmar 1989):

Hg	4 K
Pb	7 K
Nb-Ti	10 K
Nb_3Sn	18 K
Nb_3Ge	23 K
La-Ba-Cu-O	35 K
Y-Ba-Cu-O	93 K
Tl-Ca-Ba-Cu-O	125 K

Niedrige Sprungtemperaturen erfordern einen hohen kältetechnischen Aufwand. Für konventionelle Niedertemperatur-Supraleiter (NTSL) wird flüssiges Helium verwendet. Hochtemperatursupraleiter (HTSL) mit einer kritischen Temperatur von über 77 K erlauben hingegen eine Kühlung mit flüssigem Stickstoff. Eine breite Anwendung der Supraleitung ist dann zu erwarten, wenn es künftig gelingt, Supraleiter zu entwickeln, die nahe bei Umgebungstemperatur arbeiten.

Für die HTSL-Herstellung ist kürzlich im Lawrence Berkely Laboratory ein Verfahren entwickelt worden, bei dem während der Verbindung der Komponenten Sauerstoff unter hohem Druck eingesetzt wird (IEEE Power Enginieering Review 5/1989). Das Verfahren hat bisher neue Supraleiter hervorgebracht, die aus Barium, Kupfer, Sauerstoff und einem weiteren Element bestehen. Es ist denkbar, daß hoch oxigenierte Oxide zur Entwicklung weiterer HTSL führen.

Außer der kritischen Temperatur müssen auch die kritische Stromdichte und die kritische Induktion beachtet werden, um den Zustand der Supraleitung zu erhalten. Ein Quench, d. h. ein Rückfall in den Zustand der Normalleitung, muß durch richtige Bemessung der Komponenten und Führung des Prozesses unter allen Umständen verhindert werden. Zusätzlich sind Schutzvorkehrungen für den Fall zu treffen, daß dennoch ein Quench eintritt (Lorenzen u. a. 1987).

Supraleiter für technische Anwendungen bestehen aus stabilisierten Drähten. In eine Matrix aus normalleitendem Material wie Kupfer werden viele dünne supraleitende Teildrähte (Filamente) eingebettet. Hierdurch werden die Verarbeitungsmöglichkeiten der Leiter verbessert und Wirbelstromverluste vermindert. Im Falle eines Quenchs ist die Matrix ein thermischer Speicher und gleichzeitig eine Notbahn für den elektrischen Leiterstrom (Lorenzen u. a. 1987).

Die elektrizitätswirtschaftliche Nutzung der Supraleiter setzt noch beträchtliche Entwicklungsarbeiten voraus. Es erscheint aber u. a. im Vergleich zu anderen Zukunftstechnologien wie dem Wasserstoffenergiesystem dennoch bereits heute angebracht, mögliche Anwendungsbereiche zu betrachten, die auf längere Sicht eine energiewirtschaftliche Bedeutung erlangen könnten (Bergsjö, Gertmar 1989).

Bei der *Stromerzeugung* könnten die Generatorverluste von 1,5 vH um ein Drittel oder gar die Hälfte reduziert werden. In den USA und in Japan sind mehrere Prototypen getestet worden. Man schätzt, daß mit Helium gekühlte NT-Supraleiter, ab einer Kapazität von 700 bis 2.000 MVA ökonomisch vorteilhaft sind. Für mit Stickstoff gekühlte HT-Supraleiter liegt die Wirtschaftlichkeitsschwelle schon bei 250 bis 750 MVA. Gegenwärtig werden Testanlagen in der Größenordnung von 200 bzw. 300 MVA entwickelt. Für größere Anlagen gibt es bisher nur Konzeptstudien.

Schon seit den sechziger Jahren werden die Möglichkeiten von supraleitenden Kabeln für den *Stromtransport* bzw. die Stromverteilung untersucht. Am ehesten kommt die Elektrizitätsübertragung hoher Leistungen über weite Entfernungen in Betracht (SPTL). Nach bisherigen Kostenschätzungen sind HTSL-Kabel zwar günstiger als NTSL-Kabel; sie können aber mit der konventionellen Kombination von Freileitung und erdverlegten Normalleitungen bisher nicht konkurrieren (vgl. auch Abschnitt 2.1). Es ist nicht auszuschließen, daß supraleitende Kabel im nächsten Jahrhundert bei der Fernübertragung von Elektrizität auch wirtschaftlich vorteilhaft werden. Höhere Stromerzeugungskosten könnten hierzu ebenso beitragen wie höhere Übergangstemperaturen von Supraleitern. Die Erwartung, daß auf diese Weise die Wirtschaftlichkeit einer großtechnischen Solarstromversorgung ausschlaggebend verbessert wird, ist derzeit allerdings noch zu sehr Spekulation.

Auch supraleitende *Transformatoren* werden seit den sechziger Jahren untersucht. Ab einer bestimmten Größenordnung lassen sie wirtschaftliche Vorteile erwarten, vorausgesetzt, daß die noch bestehenden technischen Probleme gelöst werden. Nachdem es in jüngster Zeit möglich ist, sehr dünne NbTi-Drähte herzustellen, haben sich die Aussichten verbessert, entsprechend effizientere und leichtere Transformatoren zu nutzen. Die Anforderungen an das Kühlsystem sind allerdings beträchtlich. Ob Hochtemperatur-Supraleiter für Transformatoren nutzbar gemacht werden können, kann gegenwärtig noch nicht beurteilt werden.

Eine im Hinblick auf eine großtechnische Versorgung mit Solarstrom besonders interessante Anwendungsmöglichkeit der Supraleitung ist die *Speicherung* magnetischer Feldenergie mit supraleitenden Spulen (superconducting magnet energy storage, SMES). Dieses Konzept wird deshalb im folgenden Abschnitt gesondert behandelt.

Weitere denkbare Einsatzbereiche von Supraleitern sind

- Elektromotoren,
- MHD-Kraftwerke,
- Magnetbahnen,
- Fusionsreaktoren,
- Magnete für spezielle Anwendungen und
- Chips für Großrechner.

Der Beitrag von Supraleitern zur Energieeinsparung sollte insgesamt betrachtet nicht allzu hoch eingeschätzt werden. Bergsjö und Gertmar (1989) beziffern die langfristige Einsparung durch den Einsatz von HT-Supraleitern, die mit flüssigem Stickstoff gekühlt werden, für Westeuropa, Schweden und USA auf 0,06 vH der Stromerzeugung. Bei Verwendung von Materialien, die schon bei Raumtemperaturen Supraleitung erreichen, könnte sich diese Einsparquote (vor allem beim Einsatz in der Stromverteilung) auf 7 vH erhöhen. Welche Materialien dies sein könnten, ist heute noch unbekannt.

2.5 Energiespeicherung mit supraleitenden Spulen

Durch die Verwendung von supraleitenden Spulen zur Speicherung magnetischer Energie lassen sich sehr hohe Energiedichten erreichen. Dieses SMES-Verfahren könnte sich deshalb als eine Zukunftstechnologie zur Lösung von Speicherproblemen in der Elektrizitätsversorgung erweisen (Lorenzen u. a. 1987).

Aus technischen Gründen hat Niob-Titan als Supraleiter für die SMES-Entwicklung derzeit die größte Bedeutung. Aussichtsreiche Spulensysteme sind

- Solenoide als Einzelspulen oder aus mehreren aufeinander folgenden Spulen,
- Torusspulen, die aus Flachspulen oder kürzeren Solenoiden aufgebaut werden, und
- Sonderformen wie Sanduhrspulen oder Halbkreisspulen.

Auswahlkriterien sind hierbei die robuste Abstützung, geringe Herstellungskosten für Spulen und Anlage sowie ein kleines Streufeld.

Das Laden und Entladen kann durch elektrische Gleichspannungsquellen oder durch Flußpumpen geschehen. Beim ersten Verfahren, das bisher am meisten angewendet worden ist, sind Speicher und Quelle (Stromrichter) anders als bei der Flußpumpe galvanisch gekoppelt.

In Japan und USA sind etwa ein Dutzend SMES-Anlagen in Betrieb. Für weitere Anlagen liegen Entwürfe vor. Es handelt sich hierbei überwiegend um Energiespeicher für Kernfusionsanlagen. Nur eine Anlage wurde als Speicher in der öffentlichen Elektrizitätsversorgung eingesetzt. Mit einer Energiespeicherkapazität von gut 8 kWh ist sie von der Bonneville Power Administration, USA, zur Frequenzstabilisierung betrieben worden. Großspeicher haben demgegenüber Kapazitäten von mehreren GWh.

Der spezifische Kühlleistungsbedarf sinkt mit zunehmender Anlagegröße. Eine Anlage mit einer gespeicherten Energie von 10 GWh benötigt eine thermische Kühlleistung von 100 kW. Die angestrebten Wirkungsgrade von großen SMES-Anlagen liegen über 90 vH. Solche Angaben sind allerdings unsicher. Dies gilt erst recht für Schätzungen der Anlagenkosten. Für japanische 5-GWh-Anlagen werden Investitionskosten (1985) von 1100 bis 1500 Mill. US-Dollar genannt.

Hochtemperatur-Supraleiter kommen derzeit für die Herstellung von Speicherspulen noch nicht in Frage. Schwierigkeiten bereiten die zu geringe Stromtragfähigkeit, der Einfluß der Anisotropie sowie Verfahren zur Herstellung und Verarbeitung der HT-Supraleiter. Solange diese Probleme nicht gelöst sind, wird man für SMES-Anlagen wie bisher NbTi-Leiter verwenden.

Für den Einsatz in der Elektrizitätsversorgung sind neben kleineren Anlagen zur Netzstabilisierung auch größere Anlagen zum Ausgleich von Tagesspitzen entworfen worden. Solche SMES-Anlagen könnten grundsätzlich Pumpspeicher, Druckluftspeicher oder Batteriespeicheranlagen ergänzen oder ersetzen. Wenn sie in den ersten Jahrzehnten des nächsten Jahrhunderts für eine wirtschaftliche Nutzung zur Verfügung stehen, könnten sie dazu beitragen, die Aufnahmefähigkeit von Elektrizitätsnetzen für größere Einspeisungen von Solarstrom zu erhöhen.

Die Kosten der Speicherung mit SMES-Anlagen können gegenwärtig nur mit sehr großer Unsicherheit abgeschätzt werden. Lorenzen und Rehm (in DLR u. a. 1989) beziffern sie

für das Jahr 2005 auf	43,46 DM/kWh,
für das Jahr 2025 auf	0,33 DM/kWh,
für das Jahr 2050 auf	0,16 DM/kWh.

Zur Ausnutzung von Größenvorteilen wird hierbei langfristig von einer Speicherkapazität von 10 GWh ausgegangen. Eine solche Anlage würde etwa 5 Milliarden DM kosten. Ob es Anlagen dieser Größenordnung im nächsten Jahrhundert geben wird, kann beim derzeitigen Entwicklungsstand der SMES-Technik kaum beurteilt werden.

3 *Wasserstoff als Sekundärenergieträger*

3.1 Wasserstofferzeugung

Der Transport und vor allem die Speicherung von Elektrizität bleiben auch nach den künftig zu erwartenden Kostensenkungen teuer. Wasserstoff ließe sich billiger transportieren und speichern als elektrische Energie. Für eine großtechnische Sonnenenergienutzung bietet Wasserstoff als Sekundärenergieträger insofern Vorteile. Zu beachten ist jedoch – neben den unterschiedlichen Verwendungsqualitäten der Energieträger – der hohe Aufwand für die Erzeugung von Wasserstoff.

Aus heutiger Sicht steht bei der Wasserstofferzeugung auf Basis von Sonnenenergie die elektrolytische Wasserspaltung im Vordergrund, die bisher aus Kostengründen nur einen unbedeutenden Teil (ca. 0,5 vH) der weltweiten Wasserstofferzeugung ausmacht.

Es werden drei technische Entwicklungslinien von Elektrolyseverfahren unterschieden (Klaiß u. a. 1989):

- alkalische Elektrolyse,
- Membran-Elektrolyse (Solid Polymer Elektolyse, SPE),
- Hochtemperatur-Elektrolyse von Wasserdampf (Hot Elly).

Bei der alkalischen Elektrolyse wird eine KOH-Lösung als Elektrolyt verwendet. Kathoden- und Anodenraum werden durch ein poröses Asbestdiaphragma getrennt. Druckelektrolyse hat verglichen mit druckloser Elektrolyse einen geringeren Strombedarf und bietet sich vor allem dann an, wenn ohnehin Wasserstoff in verdichteter Form nötig ist. Der

Gesamtwirkungsgrad liegt gegenwärtig bei 77 vH (Wasserstoffbrennwert Ho bezogen auf Stromeinsatz). Mit fortschrittlichen Elektrolysen erhofft man langfristig Wirkungsgrade von 90 vH.

Die Membran-Elektrolyse eignet sich gut für einen fluktuierenden Betrieb und weist höhere Wirkungsgrade auf (heute 85 vH, langfristig 95 vH). Die Materialkosten sind jedoch hoch.

Für die Hochtemperatur-Elektrolyse gibt es zwei unterschiedliche Verfahren: Bei der allothermen Elektrolyse wird ständig Hochtemperaturwärme von über 900 °C zugeführt. Sie könnte für die solarthermische Wasserstofferzeugung vorteilhaft sein (Schüle 1989). Das autotherme Verfahren ermöglicht hingegen einen Betrieb nur mit Elektrizität durch Aufheizung von Dampf aus der Spannungsüberhöhung. Wenn die Materialprobleme, die sich bei den hohen Temperaturen ergeben, gelöst werden können, könnte die Hochtemperaturelektrolyse in einigen Jahrzehnten von Bedeutung werden. Es wird ein Gesamtwirkungsgrad von 111 vH (Ho) erwartet.

Die Entwicklungsarbeiten an Elektrolyseuren dienen dem Ziel, eine höhere Ausbeute zu erreichen und die Kosten zu vermindern (Klaiß u. a. 1989):

- neue Materialien für Elektrokatalysatoren und Diaphragmen,
- abstandsfreie Zellengeometrie,
- höhere Prozeßtemperaturen,
- korrosionsbeständigere Materialien,
- gutes instationäres Betriebsverhalten,
- billigere Anlagenkonstruktionen und
- geringerer Energiebedarf für Nebenaggregate.

Große Anlagen zur alkalischen Elektrolyse mit einer elektrischen Eingangsleistung von über 2 MW kosten gegenwärtig etwa 1300 DM je kW Wasserstoff. Sie sind damit bezogen auf die Leistung nur halb so teuer wie kleinere Anlagen mit einer elektrischen Eingangsleistung von etwa 500 kW. Langfristig können diese Kosten fast halbiert werden.

Ausgehend von Stromkosten von 10 Dpf und einer Ausnutzungsdauer von 2000 h/a liegen die Wasserstoffkosten gegenwärtig bei 23 Dpf/kWh und langfristig bei 17,3 Dpf/kWh (fortgeschrittene alkalische Elektrolyse). Wesentlich geringere Wasserstoffkosten ergeben sich, wenn billige Wasserkraft genutzt und zugleich die Ausnutzungsdauer der Elektrolyseanlage erhöht werden kann.

3.2 Wasserstoffspeicherung

Die Möglichkeit, Sonnenenergie in Form von Wasserstoff zu speichern, ist ein Hauptmotiv in bisherigen Konzepten einer solaren Wasserstoffenergiewirtschaft. Erfahrungen mit der Speicherung von Wasserstoff sind in der chemischen Industrie gesammelt worden. Zum Teil kann auch auf Erfahrungen bei der Erdgas- bzw. Stadtgasspeicherung zurückgegriffen werden. Während mit der Speicherung von Wasserstoff somit im Grunde kein technisches Neuland betreten wird, erfordern die großtechnischen Dimensionen wie auch spezielle Anwendungsbereiche noch weitere Entwicklungsarbeiten hinsichtlich Wirtschaftlichkeit, Zuverlässigkeit und Sicherheit (vgl. Carpetis in Winter, Nitsch 1986 und in DECHEMA 1986).

Für die Wasserstoffspeicherung kommen folgende Verfahren in Betracht (ebenda):

- Druckgasspeicher
  - Untertagespeicher (z. B. Aquifer, Kavernen)
  - Übertage-Druckgasspeicher (Druckgaszylinder, Hochdruckbehälter, Niederdruck-Kugelbehälter)
- Flüssigwasserstoffspeicher
  - stationäre Großspeicher
  - Tanker
  - mobile Kleinspeicher
- Kryoadsorberspeicher
- Metallhydridspeicher
- Speicherung chemischer Reaktionsprodukte.

Druckgas- und Flüssigwasserstoffspeicherung sind konventionelle Techniken. Für eine großtechnische Nutzung kommen vor allem Untertagespeicher in Frage. Wasserstoffspeicherung in Salzkavernen wird bereits praktiziert. Die Speicherung in Porenspeichern (Aquifer, ausgeförderte Gaslagerstätten) erfordert zwar noch Langzeittests; es wird aber erwartet, daß hierbei keine besonderen Probleme auftreten. Die Speicherkosten hängen naturgemäß stark von lokalen Bedingungen ab. Man muß aber davon ausgehen, daß sie auf den Heizwert bezogen für Wasserstoff mindestens dreimal so hoch sind wie für Erdgas (Ad hoc Ausschuß 1988). Gemessen an den sonstigen Kosten eines Systems zum großtechnischen Wasserstoffimport sind die Kosten für eine Untertagespeicherung jedoch nicht von Bedeutung (vgl. Klaiß u. a. 1989, Kapitel 5).

Druckgasbehälter zur Übertagespeicherung sind um zwei Größenordnungen teurer als Untertage-Großspeicher (Carpetis). Ihre Anwendungsbereiche dürften in einer Wasserstoffwirtschaft mit denen in der heutigen Gaswirtschaft vergleichbar sein.

Die Speicherung von flüssigem Wasserstoff in größeren Behältern hat sich in der Raumfahrt bewährt. Dies gilt auch für mobile Transportbehälter. Auch Kraftfahrzeugtanks für flüssigen Wasserstoff sind erprobt. Wasserstoff hat eine sehr niedrige Verflüssigungstemperatur von – 253 °C im Vergleich zu – 161 °C für Erdgas. Die Behälter sind deshalb mit einer hochwertigen Wärmeisolierung zu versehen. Dennoch haben große LH_2-Behälter verglichen mit anderen Übertage-Wasserstoffspeichern die geringsten Investitionskosten.

Der Wirkungsgrad von Anlagen zur Verflüssigung von Wasserstoff müßte für einen großtechnischen energiewirtschaftlichen Einsatz allerdings noch verbessert werden. Neue, in der Raumfahrtforschung untersuchte Verflüssigungsverfahren versprechen hier wesentliche energetische Verbesserungen (Ad hoc Ausschuß 1988).

Zur Speicherung von Wasserstoff eignen sich neben den konventionellen Speichersystemen grundsätzlich auch neuartige Konzepte wie Kryoadsorberspeicher und Metallhydridspeicher. Möglich ist außerdem eine Speicherung in chemischen Reaktionsprodukten.

Kryoadsorberspeicher sind kryogene Druckgasspeicher, die mit einem Adsorbermaterial wie poröser Aktivkohle gefüllt sind. Hierdurch kann die Speicherdichte auf physikalische Weise unter Umständen so stark erhöht werden, daß sich der Mehraufwand für den Adsorber lohnt.

Metallhydride weisen nach Flüssigwasserstoffspeichern die höchste volumenbezogene Speicherdichte auf. Der Zusammenhang zwischen Legierungsart und Hydrideigenschaften ist mittlerweile gut bekannt. Im Vordergrund der technischen Weiterentwicklung stehen Maßnahmen zur Optimierung von Anwendungssystemen. Interessante Einsatzbereiche sind vor allem bei der Kombination von Wasserstoff- und Wärmespeicherung zu erwarten. Metallhydride als Energiespeicher werden im folgenden Abschnitt näher betrachtet.

Zur Speicherung von Wasserstoff könnten auch Reaktionen genutzt werden, bei denen flüssige oder leicht verflüssigbare Produkte gewonnen werden (Ad hoc Ausschuß 1988):

- Ammoniak-Synthese,
- Hydrierung von Benzol zu Cyclohexan,

- Hydrierung von Toluol zu Methylcyclohexan,
- Methanisierung.

Wasserstoffhaltige Verbindungen eignen sich auch zum Ferntransport, insbesondere zum Transport mit Tankschiffen.

Abschließend sei nochmals betont, daß die Speicherung von Wasserstoff kein grundlegendes Problem darstellt, sondern daß es um technische Weiterentwicklungen zur Verbesserung der wirtschaftlich-technischen Bedingungen für eine großtechnische Versorgung mit Wasserstoff geht. Gerade die gute Speicherfähigkeit macht Wasserstoff als Sekundärenergieträger für eine Energiewirtschaft mit hohem Sonnenenergieanteil attraktiv.

3.3 Exkurs: Speicherung von Energie in Metallhydriden

Die Eigenschaft einiger Metalle und Metall-Legierungen, mit Wasserstoff Metallhydride zu bilden, kann auf zweierlei Weise zur Energiespeicherung genutzt werden (Groll 1988):

- als Speicher für Wasserstoff, wobei dem Speicher bei Bedarf Wasserstoff zugeführt oder entnommen wird, oder
- als Speicher für Wärme, wobei die Reaktionswärme bei der Hydridbildung genutzt wird.

Weitere energietechnische Anwendungsmöglichkeiten von Metallhydriden bestehen in der Veredelung minderwertiger Wärme zu Prozeßwärme oder Nutzkälte.

Bei der Bildung des Metallhydrids werden Wasserstoffmoleküle gespalten und die Wasserstoffatome in Metallgitter eingebaut. Hierbei wird eine hohe volumenbezogene Dichte erreicht. Die Bildungsenthalpien von Metallhydriden sind stark temperaturabhängig. Sie liegen bei Hochtemperaturhydriden etwa doppelt so hoch wie bei Niedertemperaturhydriden. Die Speicherdichten betragen

- bei Niedertemperaturhydriden z. B.:

$LaNi_5H_6$ (JMC)	1,4 vH	56 Wh/kg
$TiFeH_{1,95}$ (JMC)	1,9 vH	83 Wh/kg

- bei Hochtemperaturhydriden z. B.:

$Mg_2NiH_{4,2}$ (JMC)	3,8 vH	350 Wh/kg
MgH_2 (theor.)	8,2 vH	855 Wh/kg
MgH_2 (MPI)	7,0 vH	730 Wh/kg

Metallhydride konkurrieren beim Einsatz als Wasserstoffspeicher mit herkömmlichen Druckspeichern. Entscheidende Kriterien sind hierbei Speichervolumen, Speichergewicht, Materialkosten und Kosten der Be- und Entladung des Speichers.

Für stationäre Großspeicher mit Leistungen von 10 MW und mehr kommen nur Niedertemperaturhydride in Betracht (Carpetis in Winter, Nitsch 1986). Die Speicherkosten sind allerdings insbesondere bei der Langzeitspeicherung hoch. Bei kleineren Systemen sprechen der Volumeneffekt sowie Sicherheitsaspekte für die Anwendung von Metallhydridspeichern. Am ehesten dürften sie bei Wasserstoff-Kraftfahrzeugen vorteilhaft sein. Für diesen Anwendungsfall werden Kombinationsspeicher mit separatem Hoch- und Niedertemperaturteil vorgeschlagen.

Magnesiumhydride können außer als Wasserstoffspeicher auch für die Speicherung von Wärme im Bereich von 300 bis 500 °C interessant werden. Nach Angaben des MPI für Kohlenforschung könnte bei Herstellung von geeignetem Material in größeren Mengen ein Preis von 15 DM je kg erreicht werden.

Der bei der Wärmebeladung eines Hydridspeichers ausgetriebene Wasserstoff kann in einem Gasdruckbehälter gespeichert werden. Alternativ hierzu könnte er aber auch in einem Niedertemperaturhydrid gespeichert werden, wenn man auch dessen Absorptions- bzw. Desorptionswärme nutzen will.

In Verbindung z. B. mit einem Stirlingmotor eignen sich Magnesium-Hydridspeicher auch zur Speicherung elektrischer Energie. Die Speicherdichte eines solchen Systems wäre mit der einer Natrium/Schwefel-Batterie vergleichbar oder sogar höher (Groll 1988).

In einem von der Firma Bomin Solar und den MPI für Kohlenforschung und Strahlenchemie konzipierten System wird die benötigte Hochtemperaturwärme von einem konzentrierenden Solarkollektor (Paraboloid) bereitgestellt (Bogdanovi, Ritter, Kleinwächter, Hamburg 1987). Solche Solarkraftanlagen mit thermochemischem Speicher sind vor allem als kleine Energieboxen vorgesehen, die in einzelnen Haushalten in sonnenreichen Ländern zum Kochen, Kühlen und zur Elektrizitätsversorgung eingesetzt werden könnten. Die geschätzten Wirkungsgrade sind im Hinblick auf eine Verbreitung dezentraler solarthermischer Anlagen vielversprechend. Verläßliche Aussagen zu Kosten und Wirtschaftlichkeit können allerdings noch nicht gemacht werden.

Dies gilt auch für die Akzeptanz derartiger Systeme in Ländern der Dritten Welt.

Noch erforderliche Forschungs- und Entwicklungsarbeiten beziehen sich auf (Groll 1988):

- Materialien: Materialcharakterisierung und -optimierung, neue Legierungen mit verbesserten Eigenschaften
- Reaktionsbetten: Verbesserung des Wärme- und Stofftransports, Weiterentwicklung der Reaktionsbettkonstruktionen
- Dynamik gekoppelter Reaktionsbetten: Modellierung des dynamischen Verhaltens, Experimente
- Geräte/Systeme: Bau und Test von Prototypanlagen, Systemsimulation, Systemoptimierung, Feldversuche

Die Bundesregierung beurteilt diese Art der Speicherung gerade im Hinblick auf südliche Länder »als einen untersuchenswerten Ansatzpunkt im deutschen Solarforschungsprogramm« (WWP 44–45/1988). Zu prüfen ist insbesondere, ob die Voraussetzungen für einen kostengünstigen Einsatz der Anlagen geschaffen werden können.

3.4 Wasserstofftransport

Wasserstoff kann gasförmig (in Rohrleitungen oder Druckbehältern), verflüssigt (in Rohrleitungen, Tankschiffen, Tankwaggons oder Tankwagen) oder in anderer Form über weite Entfernungen transportiert werden. In vorliegenden Studien wird inbesondere der kontinentale Transport von Wasserstoffgas in Pipelines und der Überseetransport von Flüssigwasserstoff in Tankschiffen betrachtet (Klaiß, Nitsch 1987; Klaiß u. a. 1989; DLR u. a. 1989; Winter, Nitsch 1986; Fasold 1988; Fischer 1988; DECHEMA 1986).

Die Fortleitung von *Wasserstoffgas in Rohrleitungen* ist eine bewährte Technik in der chemischen Industrie. Jahrelange Erfahrungen konnten etwa in Nordfrankreich, Belgien, den Niederlanden, Schweden, USA und in der Bundesrepublik Deutschland gesammelt werden. Das Wasserstoff-Verbundnetz der Hüls AG im Rhein-Ruhr-Gebiet hat allein eine Gesamtlänge von ca. 210 km mit Leitungsdurchmessern von 100 bis 300 mm. Die Leitungen dieses Netzes, das seit 1938 aufgebaut und zuletzt 1982 erweitert worden ist, bestehen aus unlegiertem Kohlenstoffstahl. Wasserstoffspezifische Schäden sind bisher an den Rohrleitungen nicht aufgetreten (DECHEMA 1986).

Ein Wasserstofftransport in energiewirtschaftlich bedeutsamem Umfang würde wesentlich größere Kapazitäten erforderlich machen. Entsprechende Großrohrleitungen werden bisher nur zum Ferntransport von Erdgas eingesetzt.

Die Erdgasleitung von Algerien nach Norditalien hat zum Beispiel eine Jahreskapazität von 12,5 Mrd. m^3 (110 TWh), das entspricht etwa 5 vH des jährlichen Endenergieverbrauchs in der Bundesrepublik Deutschland. Diese Leitung wird oft als Vorbild für einen künftigen Wasserstofftransport aus Nordafrika betrachtet. Angesichts des bestehenden Transportsystems in der UdSSR und des mit diesem verbundenen Transportsystems in Westeuropa (mit Anschluß an Nordafrika) ist der Transport großer Gasmengen über weite Entfernungen, selbst bis zu 6000 km, technisch und wirtschaftlich bereits realisiert. Stand der Technik sind Leitungen mit einer Jahreskapazität von etwa 23 Mrd. m^3 Erdgas (Leitungsdurchmesser 1,4 m, Betriebsdruck 80 bar). Für große Entfernungen liegt der Antriebsgasanteil gegenwärtig bei 10 vH (Fasold 1988). Künftig dürfte sich dieser Anteil auf etwa 8 vH vermindern.

Wasserstoff könnte zunächst mit steigenden Anteilen dem Erdgas in vorhandenen Leitungen beigemischt werden. Eine Beimischung von bis zu 5 vH wirkt sich nicht schädlich auf das Rohrmaterial aus (Halek 1988). Zusatzkosten würden sich hierbei nur aus Änderungs- oder Erweiterungsmaßnahmen an Verdichtereinrichtungen ergeben. Änderungen an Verbrauchseinrichtungen – und damit erhebliche Folgekosten – wären erst bei einer Zumischung von über 15 vH erforderlich (Ad-hoc-Ausschuß 1988).

Eine spezielle Leitung für den Wasserstofftransport benötigt im Vergleich zum Erdgastransport etwa eine 3,5-fache Verdichterleistung und einen entsprechend höheren Treibgasaufwand. Die Kosten für den Wasserstofftransport würden um ca. 50 vH über den Transportkosten für Erdgas liegen (Carpetis in Winter, Nitsch 1986). Zu beachten ist, daß der Aufwand für die Erstverdichtung auch vom Elektrolyseverfahren bzw. der Speicherung abhängt.

Ausgehend von Treibgaskosten in Höhe von 20 Dpf/kWh ergeben sich durchschnittliche Kosten des Wasserstofftransports von 2,2 Dpf/kWh beim Import aus Südspanien (2000 km) bzw. von 3,3 Dpf/kWh beim Import aus Nordafrika (3300 km) (Klaiß u. a. 1989). Hinzu kommen Kosten für die Tagesspeicherung, um die angenommene Auslastung der Transportleistung von 6040 Stunden im Jahr zu erreichen.

In Zukunft kommen auch Leitungen mit noch größerem Durchmesser (1,7 bzw. 2 m) in Betracht. Die Kostendegression hängt allerdings nur gering vom Nenndurchsatz ab. Es bleibt daher zu prüfen, ob dieser Vorteil den Verzicht auf größere Ausbauflexibilität und Sicherheit einer Parallelverlegung mehrerer kleinerer Leitungen rechtfertigen kann.

Der *Überseetransport von flüssigem Wasserstoff* wird in einem europäisch-kanadischen Wasserstoff-Pilotprojekt untersucht, das sich gegenwärtig in der Phase der Planung und Systemspezifikation (Phase II) befindet. Elemente dieses Systems sind

- Stromerzeugung aus Wasserkraft,
- Elektrolytische Wasserspaltung,
- Wasserstoffverflüssigung,
- Speicherung,
- Beladung,
- Schiffstransport nach Hamburg,
- Entladung,
- Speicherung,
- Verteilung und
- Verwendung.

Das Transportvolumen des Tankschiffs soll zunächst 12 000 m^3 LH_2 betragen. Diese aus Sicht des Schiffbaus relativ kleine Kapazität stellt für die Kryo-Technik eine bisher noch unerprobte Größenordnung dar.

Bei einer Verfügbarkeit des Transportsystems von 90 vH könnte ein Schiff mit 17 Fahrten pro Jahr eine durchschnittliche Transportkapazität von 70 MW erreichen. Die Speicherdauer beträgt entsprechend der gesamten Zykluszeit für Hin- und Rückfahrt, Be- und Entladung jeweils im Start- und Zielhafen etwa 20 Tage, d. h. die Transportmenge muß im Durchschnitt zweimal 10 Tage gespeichert werden.

Verluste ergeben sich durch die Verdampfung bei der Speicherung, künftig etwa 0,05 vH pro Tag, und bei jedem Umladevorgang (vom Speicher aufs Schiff, vom Schiff in den Speicher, vom Speicher z. B. auf LKW usw.). Die Verdampfungsverluste liegen heute noch zwischen 10 vH und 15 vH der jeweiligen Umfüllmenge; langfristig wird eine Verminderung der Umfüllverluste auf 5 vH erwartet. Für das Jahr 2005 ergeben sich für den Transport von Kanada nach Hamburg Verluste von gut einem Drittel des bereitgestellten Flüssigwasserstoffs. Diese

Verlustrate könnte sich langfristig etwa auf ein Fünftel vermindern. Zu berücksichtigen sind zusätzliche Verluste bei der Elektrolyse und bei der Verflüssigung.

Ausgehend von Stromerzeugungskosten von 4 Dpf/kWh bei der Nutzung von Wasserkraft in Kanada werden die Gestehungskosten von Flüssigwasserstoff in Hamburg für das Jahr 2025 auf 16,3 Dpf/kWh geschätzt (Klaiß u. a. 1989, Kapitel 5). Hiervon entfallen 2,5 Dpf/kWh auf die Elektrolyse, 3 Dpf/kWh auf die Verflüssigung und 6,8 Dpf/kWh auf Transport und Speicherung. Flüssigwasserstoff aus Kanada wäre demnach sogar etwas billiger als importiertes Wasserstoffgas aus nordafrikanischen PV-Elektrolyseanlagen.

Der Wasserstofftransport wirft keine grundlegenden technischen Probleme auf. Der wirtschaftliche Transport großer Mengen über sehr weite Entfernungen erfordert aber noch weitere Forschung und Entwicklung. Dies gilt sowohl für den Transport von Flüssigwasserstoff, der im Rahmen des europäisch-kanadischen Pilotprojektes erprobt werden soll, als auch für den Ferntransport von Wasserstoffgas in Pipelines. Zu untersuchen sind (DECHEMA 1986):

- Eignung üblicher Leitungsmaterialien (insbesondere Kohlenstoffstähle) für die Durchleitung von Wasserstoff unter Berücksichtigung von Lastschwankungen,
- Verwendbarkeit von Großleitungen mit einem Durchmesser von über 1,4 m,
- Eignung von Kunststoffrohren in Verteilungsnetzen,
- Weiterentwicklung der Turboverdichter für große Wasserstoffmengen,
- Eignung der vorhandenen Erdgas-Fernleitungsnetze für den Wasserstofftransport im Hinblick auf Transportkapazität, Werkstoffe, Sicherheitseinrichtungen und Armaturen,
- Entwicklung von mit Wasserstoff betriebenen Gasturbinen zum Antrieb der Turboverdichter für große Wasserstoffmengen.

3.5 Verwendung von Wasserstoff

Wasserstoff wird bisher überwiegend als Rohstoff in der chemischen Industrie und in der Mineralölindustrie eingesetzt. Abgesehen von speziellen Anwendungen in der Raumfahrt und im militärischen Bereich beschränkt sich die energetische Verwendung auf Wasserstoff, der als

Nebenprodukt anfällt und aus technischen oder wirtschaftlichen Gründen nicht als Rohstoff verwendet werden kann. Die Wasserstofferzeugung liegt gegenwärtig weltweit bei 500 Milliarden Kubikmetern pro Jahr; hiervon werden 48 vH nicht-energetisch, 20 vH indirekt-energetisch und 32 vH direkt-energetisch verwendet (Ad-hoc-Ausschuß 1988).

Solarer Wasserstoff könnte zunächst als Rohstoff in der chemischen Industrie sowie bei der Mineralölverarbeitung eingesetzt werden. Im Kostenvergleich lohnt sich Elektrolyse gegenüber Dampfreformierung von Erdgas allerdings erst dann, wenn der Erdgaspreis um mindestens 2 bis 3 Dpf über (!) dem Strompreis liegt.

Der Eintritt von solarem Wasserstoff in den Energiemarkt setzt noch günstigere Bedingungen voraus. Denn bei der energetischen Verwendung konkurriert solarer Wasserstoff nicht etwa mit Wasserstoff aus Erdgas, sondern mit dem Erdgas selbst. Ausgehend von den heutigen energiewirtschaftlichen Rahmenbedingungen ist solarer Wasserstoff als Sekundärenergieträger nur in einem Szenario mit einem beträchtlich höheren Energiepreisniveau und einer grundlegend geänderten Energiepreisstruktur denkbar.

Politische Maßnahmen zum Schutz der Erdatmosphäre würden die Einsatzchancen von solarem Wasserstoff erhöhen. Unter diesem Aspekt wäre allerdings eine Substitution von Erdgas wegen seines geringeren Kohlenstoffgehalts von geringerer Bedeutung als die von Kohle und Öl.

Wasserstoff kann – abgesehen von der Beimischung in Erdgasleitungen – energetisch

- als Brennstoff bzw. Kraftstoff zur Stromerzeugung (mit oder ohne Kraft-Wärme-Kopplung),
- als Brennstoff zur Erzeugung von Raumwärme, Warmwasser und Prozeßwärme,
- als Kraftstoff im Verkehr und in der Raumfahrt

verwendet werden (vgl. zum folgenden Winter, Nitsch 1986; Ad-hoc-Ausschuß 1988; Fischer 1988, 1989; DLR u. a. 1989).

Im Bereich der *Stromerzeugung* sind folgende Techniken von Interesse:

- Wasserstoff-Sauerstoff-Dampferzeuger als Sofortreserve,
- Blockheizkraftwerke auf der Basis stationärer Motoren,
- Gasturbinen-Kraftwerke,
- Gasturbinen-Dampfturbinen-Kraftwerke und
- Brennstoffzellen.

Der von der DLR entwickelte H_2/O_2-Dampferzeuger könnte sich künftig als eine wirtschaftliche und umweltschonende Technik zur Bereitstellung von Sofortresereve in Kraftwerken erweisen. Ein Prototyp ist bei thermischen Leistungen zwischen 15 und 40 MW getestet worden. Für die energetische Verwendung von Wasserstoff böte diese Technik eine Marktnische.

Sog. Blockheizkraftwerke (BHKW) dienen der dezentralen Strom- und Wärmeversorgung. Sie bestehen aus einem oder mehreren Verbrennungsmotoren, die bisher überwiegend mit Erdgas, Klärgas oder Dieselöl betrieben werden. Seit Mitte der siebziger Jahre sind in der Bundesrepublik Deutschland rund 400 Anlagen mit einer elektrischen Gesamtleistung von 200 MW installiert worden. Bei einem Betrieb mit Wasserstoff anstelle von Erdgas ist von etwas geringeren Wirkungsgraden auszugehen. Der Gesamtnutzungsgrad dürfte dennoch über 80 vH liegen.

Im Bereich größerer Leistungen bieten sich Gasturbinen zur Stromerzeugung an. Beim Einsatz von Wasserstoff treten keine grundlegenden Probleme auf; im Vergleich zu anderen Brennstoffen sind allerdings die Anforderungen an das Material und an die Entstickung höher. Durch die Kombination mit Dampfturbinen (GuD-Prozeß) läßt sich langfristig ein elektrischer Nutzungsgrad von über 50 vH erreichen.

In Brennstoffzellen wird Wasserstoff, aufbereitetes Erdgas oder Kohlegas zur elektrochemischen Stromerzeugung eingesetzt, wobei grundsätzlich auch Abwärme genutzt werden kann. Die Emission von Stickstoffoxiden wird dadurch weitgehend vermieden. Nachteile sind bisher noch die hohen Investitionskosten, die geringe Lebensdauer und ein ungünstiges Systemverhalten.

Niedertemperaturbrennstoffzellen wie alkalische Zellen und Polymerzellen sind für die Raumfahrt und für militärische Zwecke entwikkelt worden. Aufgrund der sehr hohen spezifischen Investitionsausgaben kommen sie für den Einsatz in der Elektrizitätswirtschaft kaum in Betracht. Denkbar wäre eher eine mobile Verwendung etwa in Stadtbussen.

Mitteltemperaturzellen (phosphorsaure Brennstoffzellen) eignen sich für die dezentrale Strom- und Wärmeversorgung. Erdgasbefeuerte Anlagen mit einer elektrischen Leistung von 40 kW werden bereits genutzt; größere Anlagen mit einer Leistung von 200 kW bzw. 1 MW werden erprobt. Die spezifischen Investitionskosten von derzeit 4500 DM/kW sollen langfristig auf 1600 DM/kW gesenkt werden können. Bei Verwendung von Wasserstoff anstelle von Erdgas entfiele der Aufwand für den Reformer, der gegenwärtig 30 vH der Investitionskosten ausmacht.

Hochtemperaturbrennstoffzellen wie Karbonatschmelzenzellen und Festkörperbrennstoffzellen befinden sich noch in einem sehr frühen Forschungsstadium. Angestrebt wird ein Einsatz solcher Zellen in Großkraftwerken mit nachgeschaltetem GuD-Prozeß und Abwärmenutzung. Auf diese Weise könnte langfristig ein elektrischer Wirkungsgrad von 60 vH erreicht werden.

Eine reine (Rück-)Verstromung von elektrolytischem Wasserstoff wird auf absehbare Zeit wohl kaum energiewirtschaftliche Bedeutung erlangen können. Langfristig wäre dies denkbar, wenn aufgrund eines hohen Anteils fluktuierender elektrischer Energie ein hoher Speicherbedarf entsteht und sich andere Speicher wie SMES als teurer erweisen sollten als der Umweg über Wasserstoff.

Wärmeerzeugung durch Verfeuerung von Wasserstoff wird in der chemischen Industrie seit langem praktiziert. Mit Wasserstoff betriebene Großfeuerungsanlagen zählen daher zum Stand der Technik. Für Wasserstoff-Luft-Brenner für Anwendungen in Haushalt und Gewerbe gilt dies nicht. Einfache, sichere und zuverlässige Brenner müssen noch entwickelt werden. Um einen reibungslosen Übergang auf Wasserstoff zu ermöglichen, sollten die Brenner mit Erdgas-Wasserstoffgemischen betrieben werden können.

Bei einer »kalten« Verbrennung von Wasserstoff in katalytischen Heizern z. B. zur Bereitstellung von Raumwärme könnten Stickstoffoxide wie bei Brennstoffzellen nahezu vermieden werden. Ein weiterer Vorteil bestünde in dem sehr hohen Wirkungsgrad. Außerdem könnte auf einen Kamin verzichtet werden. Die Nutzung katalytischer Heizer erfordert allerdings noch grundlegende Forschungs- und Entwicklungsarbeiten im Hinblick auf stabile und preiswerte Katalysatormaterialien, geeignete Heizerkonzepte und sicherheitstechnische Fragen.

Der Einsatz von Wasserstoff im *Verkehr* ist technisch teilweise erprobt. Die kritische Komponente stellt hierbei der Kraftstofftank dar. Aufgrund des großen Volumens und aus Sicherheitsgründen wird die Verwendung von Hochdruckgasbehältern skeptischer beurteilt als Metallhydridspeicher und Flüssigwasserstoffspeicher. In Abhängigkeit von der Speicherung müssen bei Wasserstoff-Fahrzeugen Nachteile bei der Reichweite oder beim Nutzraum in Kauf genommen werden. Problematisch sind außerdem die zeitabhängigen Speicherverluste. Auch nach weiteren technischen Verbesserungen wird der Preis solcher Fahrzeuge höher sein als der von Fahrzeugen, die mit konventionellen Kraftstoffen betrieben werden.

Bevor ein flächendeckendes Tankstellennetz für den Einsatz von Wasserstoff als PKW-Kraftstoff entsteht, könnten Stadtbusse oder Nutzfahrzeuge in speziellen Anwendungsbereichen mit Wasserstoff betrieben werden. Bei diesen Fahrzeugen könnten die geringeren gewichts- und volumenbezogenen Speicherdichten eher toleriert werden. Denkbar wäre in diesem Bereich auch der Einsatz von Niedertemperatur-Brennstoffzellen.

Im schienengebundenen Verkehr könnte Wasserstoff mit Hilfe von Verbrennungsmotoren, Gasturbinen oder Brennstoffzellen (mit Elektromotor) verwendet werden. Bedeutsame Anwendungspotentiale sind vor allem angesichts einer alternativen Stromanwendung nicht in Sicht.

Wasserstoff eignet sich besonders gut als Treibstoff für die Raumfahrt und dürfte künftig dort noch an Bedeutung gewinnen. Die Vorreiterrolle der Raumfahrt für Wasserstofftechniken ist nicht zu verkennen. Die quantitative Bedeutung dieser Anwendung als Absatzmarkt für Wasserstoff ist jedoch gering.

In der Luftfahrt ist Wasserstoff bisher nur versuchsweise eingesetzt worden. Der Übergang auf Wasserstoff könnte zu einer Entlastung der Erdatmosphäre beitragen, wobei in dieser Hinsicht allerdings auch die Wasserdampf-Emissionen zu berücksichtigen sind. In Europa kommt wegen des vorhandenen Eisenbahnnetzes vor allem der überregionale Einsatz von mit Wasserstoff betriebenen Großraumflugzeugen in Betracht.

MBB plant im Rahmen eines Pilotprojekts, in den Jahren 1996/1997 mit dem Test eines modifizierten Airbus mit Wasserstoffantrieb zu beginnen. In der ersten Hälfte des nächsten Jahrhunderts könnten europaweit mehrere hundert Großraumflugzeuge mit Wasserstoff betrieben werden. Dies setzt u. a. auch eine ausreichende Anzahl von entsprechend ausgerüsteten Flughäfen voraus. Sicherheitstechnische Aspekte sind noch eingehend zu untersuchen.

Insgesamt betrachtet muß mit der Verwendung von Wasserstoff in wichtigen Bereichen nicht unbedingt technologisches Neuland betreten werden. Die wesentlichen Wasserstofftechniken, dies gilt für die Nutzung ebenso wie für Transport und Speicherung, könnten in ausreichender Zeit zur Anwendungsreife gebracht werden. Dies schließt nicht aus, daß in einzelnen Bereichen Grundlagenforschung vor allem im Hinblick auf eine hohe Systemeffizienz erforderlich ist. Die bereits laufenden Entwicklungsarbeiten zur Anwendung von Wasserstoff könnten intensiviert werden. Größere Priorität dürften im Hinblick auf eine solare Wasserstoffenergiewirtschaft beim gegenwärtigen Stand allerdings Arbeiten zur Umwandlung von Sonnenenergie und zur Bereitstellung von Wasserstoff zukommen.

4 Aspekte des Systemvergleichs: Strom- vs. Wasserstoffimport

Für einen künftigen Import von Sonnenenergie eignen sich grundsätzlich sowohl Wasserstoff als auch elektrische Energie als Sekundärenergieträger. Die erforderlichen Techniken stehen gegenwärtig teilweise zur Verfügung und könnten in einigen Jahrzehnten zur Anwendungsreife gebracht werden. Welchem Energieträger in der Zukunft der Vorzug zu geben sein wird, ist vor allem eine Frage der zu erwartenden Kosten für den Bau und den Betrieb der entsprechenden Umwandlungs-, Transport- und Speichersysteme, wobei auch die Eigenheiten des Energiebedarfs für unterschiedliche Anwendungszwecke zu berücksichtigen sind.

In einer jüngeren Systemstudie (Klaiß u. a. 1989) sind für das Jahr 2025 die folgenden Kosten eines Imports von elektrischer Energie bzw. Wasserstoff aus Nordafrika geschätzt worden, wobei für Photovoltaikanlagen (PV) eine Ausnutzungsdauer von 2100 h/a und für Solarturmanlagen (ST) eine Ausnutzungsdauer von 3600 h/a unterstellt worden ist:

Importenergie	Elektrizität		Wasserstoff	
Solartechnik	PV	ST	PV	ST
Kosten (Dpf/kWh):				
Stromerzeugung	8,7	10,9	8,7	10,9
Elektrolyse	–	–	5,7	5,8
Speicherung	–	–	0,3	0,3
Transport	7,9	5,6	3,0	3,2
Gesamt	16,6	16,5	17,7	20,2

Demnach sind die spezifischen Importkosten je kWh beim Wasserstoff höher als bei der Elektrizität. Im Fall des Stromimports wird der Nachteil höherer Kosten bei der solarthermischen gegenüber der photovoltaischen Stromerzeugung durch geringere spezifische Transportkosten kompensiert. Ursache hierfür ist die bessere Auslastung der HGÜ-Leitung aufgrund der thermischen Speicherung in Solarturmanlagen. Beim Wasserstoffimport wirkt sich dieser Vorteil nicht aus, da ohnehin eine Speicherung von Wasserstoff vorgesehen ist; der Kostennachteil der Solarthermik pflanzt sich in diesem Fall in höheren Energieverlustkosten fort.

Die Stromimportkosten bestehen fast zur Hälfte aus Transportkosten. Trotz einer geringeren Ausnutzungsdauer (1700 h/a) könnte PV-Strom etwas billiger aus Spanien importiert werden (15,9 Dpf/kWh). Noch billiger wäre eine großtechnische PV-Nutzung im Inland (15,2 Dpf/kWh), wenn man jeweils von einer Bewertung der benötigten Landflächen absieht.

Angesichts der großen Unsicherheiten, die solchen Schätzungen innewohnen, ergibt sich hieraus die Schlußfolgerung, daß sich klimatischer Standortvorteil und Transportaufwand in etwa ausgleichen. Der entscheidende Vorteil eines Solarstromimportes aus Nordafrika bestünde in der ungleich größeren Verfügbarkeit von Landflächen, dic anders kaum genutzt würden.

Wird aus Speichergründen oder für mobile Anwendungen Wasserstoff benötigt, dann käme neben einem Wasserstoffimport auch einc Wasserstofferzeugung im Inland in Betracht. Ausgehend von Stromerzeugungskosten von 15,2 Dpf/kWh wäre der im Inland erzeugte Wasserstoff allerdings mit 26 Dpf/kWh viel teurer als ein Wasserstoffimport aus Nordafrika oder Spanien. Nach den vorliegenden Modellrechnungen wäre ein maritimer LH_2-Import sogar noch etwas billiger als GH_2 aus Mittelmeerländern.

Mit zunehmender Entfernung des Lieferlandes nehmen die Gesamtkosten zu. Betrachtet man etwa einen Import aus der südlichen Sowjetunion, so dürften zum einen ein Import von ST-Strom und zum anderen ein Import von Wasserstoff auf Basis von PV-Strom eher interessant sein als ein Import von PV-Strom.

Die Speicherung von elektrischer Energie ist sehr aufwendig. Am billigsten sind noch Pumpspeicherwerke, aber deren Potential ist begrenzt. Selbst nach technischem Fortschritt bei elektrochemischen Speichern und SMES-Anlagen werden die technisch-wirtschaftlichen Speichermöglichkeiten für elektrische Energie wohl begrenzt bleiben. Bei hohem Speicherbedarf könnte sich sogar eine Rückverstromung von Wasserstoff lohnen. Es ist deshalb zu klären, wie sich der Speicherbedarf der Elektrizitätswirtschaft in Abhängigkeit vom *Anteil fluktuierender Netzeinspeisung* entwickelt.

Entsprechende Modellrechnungen sind kürzlich an der Universität Oldenburg durchgeführt worden (Klaiß u. a. 1989, DLR u. a. 1989). Demnach könnte das bestehende Verbundnetz in der Bundesrepublik Deutschland einen Anteil fluktuierender Einspeisung in Höhe von 15 bis 25 vH aufnehmen, ohne daß hierdurch ein merklicher Speicherbedarf entstünde. Hierbei ist unterstellt, daß die Stromerzeugung in konventionellen Kraftwerken nicht bzw. zur Hälfte in der Grundlast betrieben werden und daß die fluktuierende Einspeisung zu 9 vH aus inländischen Windkraftanlagen und zu 91 vH aus inländischen Photovoltaikanlagen stammt.

Der genannte Anteil kann noch überschritten werden, wenn günstige Parametervariationen berücksichtigt werden. Hierzu zählen

- Import von PV-Strom aus Afrika anstelle von inländischer Erzeugung (ausgeglichenerer Jahresgang der Einstrahlung),
- Import von ST-Strom anstelle von PV-Strom (thermische Speicherung),
- höherer Anteil Windenergie (Mischung unkorrelierter Fluktuationen),
- Beeinflussung des Stromverbrauchsprofils (Förderung des Verbrauchs am Tage!)
- geringe Sockelerzeugung (Grundlast) und
- hohe Regelbarkeit in der konventionellen Stromerzeugung.

Selbst wenn sich besonders günstige Parameterkombinationen nicht einstellen lassen, können doch erhebliche Mengen an Solarstrom in das Verbundnetz eingespeist werden, ohne daß die Notwendigkeit Energie zu speichern, die Verwendung von Wasserstoff erforderlich macht.

Zu beachten sind in diesem Zusammenhang auch die Substitutionsbeziehungen zwischen Erzeugungskapazitäten und Speicherkapazitäten. Bei der Kapazitätsplanung konventioneller Kraftwerke wird bewußt eine geringere Ausnutzungsdauer eines Teiles des Kraftwerkparkes in Kauf genommen, um jederzeit den Bedarf befriedigen und dennoch weitgehend auf eine Speicherung verzichten zu können. Dieser Zusammenhang kann zwar nicht ohne weiteres auf Stromerzeugung bei fluktuierendem Angebot übertragen werden, da die Regelbarkeit eingeschränkt ist. Die nutzbare Einspeisung läßt sich aber auch hier durch eine entsprechende Überdimensionierung der Anlagen erhöhen. Angesichts der hohen Speicherkosten dürfte dies in beschränktem Umfang durchaus sinnvoll sein, damit der Speicherbedarf gering bleibt. Nicht verwertbare solare Überschußenergie darf von daher kein Tabu sein, sondern müßte als mögliches Element in Systemoptimierungen berücksichtigt werden.

Bei sehr hohem Anteil solar erzeugter elektrischer Energie wird eine Speicherung großer Energiemengen unausweichlich. Bedeutsame Anteile des Stromaufkommens wären dann mit Hilfe von Pumpspeicherwerken, Batterien, ggf. auch SMES-Anlagen zu speichern, und chemische Energieträger wie Wasserstoff müßten verstärkt genutzt werden. Welcher Sekundärenergieträger dann in den einzelnen Anwendungsbereichen überwiegend eingesetzt würde, läßt sich aus heutiger Sicht kaum beurteilen. Selbst im mobilen Bereich würden Wasserstoff und elektrische Energie konkurrieren. Auch eine Rückverstromung von elektrolytisch hergestelltem Wasserstoff wäre denkbar.

Im Hinblick auf eine langfristig mögliche Energiewirtschaft mit hohem Solaranteil stellt sich somit nicht die Frage, ob als Sekundärenergieträger elektrische Energie oder Wasserstoff gewählt werden sollte. Beide Energien kommen für Transport, Speicherung und technische Anwendungen in Betracht und können sich ergänzen. Vorläufig dürfte die Bedeutung der Elektrizität allerdings ungleich größer sein. Denn die Aufnahmekapazität der bestehenden Infrastruktur ist in der Elektrizitätswirtschaft für Solarstrom größer als in der Gaswirtschaft für Wasserstoff. Und Solarstrom ist nach vorliegenden Schätzungen billiger als importierter Wasserstoff.

Es besteht mittlerweile ein weitgehender Konsens über die Prioritäten beim Ausbau der Sonnenenergienutzung:
- Energieeinsparung
- Kleinanlagen
- mittelgroße Anlagen
- Solarstromimport aus Großanlagen
- Solarwasserstoffimport aus Großanlagen

Diese Rangskala legt aber kein striktes Nacheinander einzelner Ausbaustufen fest. Die Einführungsphasen können sich mehr oder weniger überlappen. Die zeitliche Entwicklung kann auch nicht im vorhinein festgelegt werden, sondern muß vielmehr im Rahmen einer flexiblen Planung vor dem Hintergrund der gesammelten Erfahrungen neu überdacht werden.

Es wäre heute noch verfrüht, sich auf bestimmte Erzeugerregionen, Solartechniken und weitere Systemkomponenten für eine großtechnische Sonnenenergienutzung in einer ferneren Zukunft festzulegen. Nicht verfrüht erscheinen hingegen Bemühungen, die Voraussetzungen dafür zu schaffen, daß solche Optionen in Zukunft überhaupt möglich werden.

Aus technisch-wirtschaftlicher Sicht kommt der Schaffung bzw. Verbesserung von Transport- und Speichermöglichkeiten hierbei eine sekundäre Bedeutung zu. Zweifellos muß es primär darum gehen, eine preiswerte, zuverlässige und umweltverträgliche Quelle für Primär-Energie zu erschließen. Dies erfordert noch erhebliche Anstrengungen in Forschung und Entwicklung. Begleitend hierzu sollten auch die Sekundärenergiesysteme weiter erforscht und entwickelt werden. Priorität haben Komponenten, die nicht nur für eine ganz bestimmte Zukunftsentwicklung gebraucht werden, sondern mit hoher Wahrscheinlichkeit in einem künftigen Energiesystem erforderlich sind. Dies sollte allerdings nicht zu einem frühzeitigen Ausschluß von zunächst exotisch anmutenden Technikvisionen führen, damit der Handlungsspielraum für eine Umgestaltung der Energieversorgung nicht eingeschränkt wird.

5 *Schlußfolgerungen*

In vorliegenden Systemstudien steht bei einer großtechnischen Nutzung von Sonnenenergie die photovoltaische und die solarthermische Stromerzeugung im Vordergrund. Für Transport, Speicherung und Anwendung kommen elektrische Energie sowie elektrolytisch hergestellter Wasserstoff in Betracht.

Für die Fernübertragung elektrischer Energie gibt es bereits bewährte Techniken. Bei hohen Transportleistungen und weiten Entfernungen ist die Hochspannungs-Gleichstrom-Übertragung nicht nur technisch sondern auch wirtschaftlich vorteilhaft. Die Leitungsverluste betragen etwa 0,4 vH auf 100 km. Bei geringer Ausnutzung der Transportkapazität entstehen aber hohe Durchschnittskosten. Unter Vernachlässigung des

Landflächenbedarfs wäre importierter Solarstrom etwa so teuer wie im Inland erzeugter. Ob die Anwendung von Supraleitern für den Stromtransport lohnend wird, kann gegenwärtig noch nicht beurteilt werden.

Solarstrom verschärft das Speicherproblem der Elektrizitätswirtschaft. Das Potential von herkömmlichen Pumpspeicherwerken ist begrenzt. Elektrochemische Speicherung und Speicherung elektromagnetischer Feldenergie mit supraleitenden Spulen werden selbst nach technischem Fortschritt bzw. erfolgreicher Grundlagenforschung relativ aufwendig sein.

Unter Berücksichtigung elektrizitätswirtschaftlicher Anpassungsmaßnahmen könnte das Verbundnetz hierzulande rund ein Viertel an fluktuierender Einspeisung aus Solaranlagen aufnehmen, ohne daß ein erheblicher Speicherbedarf entsteht. Bei einem höheren Anteil solarer Elektrizität würde eine Speicherung großer Energiemengen unausweichlich, und chemische Energieträger wie Wasserstoff müßten verstärkt genutzt werden.

Mit der Herstellung, der Speicherung, dem Transport und der Verwendung bzw. Rückumwandlung von Wasserstoff wird im Prinzip kein Neuland betreten. Zur Realisierung effizienter und zugleich preiswerter Systemkomponenten sind dennoch grundlegende Forschungsarbeiten nötig, teilweise müssen vorhandene Techniken im Hinblick auf einen energiewirtschaftlichen Einsatz von Wasserstoff weiterentwickelt werden. Beispiele sind Elektrolyseure, Metallhydridspeicher, Brennstoffzellen, katalytische Heizer, Kleinfeuerungsanlagen. Daneben sind Fragen der Materialbeständigkeit und der Sicherheit beim alltäglichen Umgang mit Wasserstoff weiter zu untersuchen.

Elektrische Energie und Wasserstoff können sich in einer Energiewirtschaft mit hohem Solaranteil ergänzen. In der Übergangszeit dürfte die elektrische Energie dominieren, da sie leichter in die bestehende Infrastruktur Eingang finden könnte und billiger als Wasserstoff ist.

Um einen weiten Handlungsspielraum für eine Umgestaltung der Energiewirtschaft zu erreichen, sollten schon frühzeitig die Voraussetzungen für denkbar zukunftsträchtige Optionen der Nutzung von Sonnenenergie geschaffen werden. Dies gilt vordringlich für die Umwandlung von Sonnenenergie, aber auch für die erforderlichen Sekundärenergiesysteme.

Literatur

Ad-hoc-Ausschuß beim BMFT: Solare Wasserstoffenergiewirtschaft, Gutachten und wissenschaftliche Beiträge. Bonn, April 1988.

Advisory Group on Hydrogen Opportunities: Hydrogen National Mission for Canada. Report prepared for the Government of Canada, June 1987.

Bergsjö, N.-J., Gertmar, L.: Superconductivity and the Efficient Use of Electricity. In: T. B. Johansson, B. Bodlund, R. H. Williams (Ed.): Electricity. Efficient End-Use and New Generation Technologies, and Their Planning Implications. Lund University Press 1989.

BMFT: Wasserstoff – Energieträger mit Zukunft. Dok. 40/87. Bonn, August 1987.

Bohn, T., Sauer, E., Zeise, R.: Energietransport, -speicherung und -verteilung. Handbuchreihe Energie, Band 11. Gräfelfing, Köln 1983.

Conrad, F.: Die Zukunft des Wasserstoffs. Eine systemanalytische Betrachtung bis zum Jahre 2020 für die Bundesrepublik Deutschland. In: Energie 6/1988, S. 46 – 53.

DECHEMA (Hrsg.): Wasserstofftechnologie, Perspektiven für Forschung und Entwicklung. Frankfurt a.M. 1986.

DECHEMA (Hrsg.): Wasserstoffwirtschaft – Herausforderung für das Chemieingenieurwesen. DECHEMA – Monographien Bd. 106. Frankfurt 1987.

DLR u. a.: DIW, DLR, EWI, FfE, LBS, Universität Oldenburg: Bedingungen und Folgen von Aufbaustrategien für eine solare Wasserstoffwirtschaft. Untersuchung für die Enquete-Kommission des Deutschen Bundestages »Technikfolgen – Abschätzung und Bewertung«. Zwischenbericht. Stuttgart, September 1989.

Dominik, H., u. a.: Internationale Konferenz über Batteriespeicheranlagen. In: Elektrizitätswirtschaft 11/1988, S. 541 – 549.

Düring, K.: Energietransport. In: BWK 4/1989, S. 175 – 180.

Fasold, H. G.: Wasserstoffgas – ein potentieller Energieträger des 21. Jahrhunderts? Möglichkeiten von Transport, Verteilung und Speicherung. In: gwf, Gas, Erdgas 7/1988, S. 281 – 291.

Fischer, M.: Wasserstofftechnik. Vortrag beim Jahrestreffen der Verfahrensingenieure, 21.-23.9.1988 in Hannover. In: Chemie-Ingenieur-Technik. Februar 1989.

Fischer, M., Ewald, R.: Sicherheit bei der Wasserstofftechnik. In: BWK 10/1987, S. 447 – 451.

Groll, M.: Speicherung von Energie in Metallhydriden. Vortrag vor der Arbeitsgruppe Sonnenenergie der Akademie der Wissenschaften zu Berlin am 26.11.1988 in Berlin.

Halek, M. E.: Wasserstoff – Energieträger der Zukunft? Basisstudie, Thyssen AG, Marktforschung. November 1988.

Kalb, H., Vogel, W.: Solarstrom per Fernleitung von Spanien nach Deutschland. In: Sonnenenergie 1/1986, S. 18 – 21 und 2/1986, S. 25 – 28.

Klaiß, H., Nitsch, J.: Import solarerzeugter Energieträger. Einzelbericht zum Energiegutachten Baden-Württemberg. DFVLR Stuttgart, September 1987.

Klaiß, H. u. a.: Solare Großanlagen und Import solarer Energieträger. Teilstudie im Studienkomplex »Nutzung erneuerbarer Energiequellen« im Rahmen des Studienprogramms der Enquete-Kommission des Deutschen Bundestages »Vorsorge zum Schutz der Erdatmosphäre«. Stuttgart, Oldenburg, Ottobrunn, August 1989.

Krämer, K.: Ferntransport elektrischer Energie. Vortrag vor der Arbeitsgruppe Sonnenenergie der Akademie der Wissenschaften zu Berlin am 26.11.1988 in Berlin.

Lorenzen, H. W.: Supraleitende Speicher für elektromagnetische Feldenergie. Vortrag vor der Arbeitsgruppe Sonnenenergie der Akademie der Wissenschaften zu Berlin am 26.11.1988 in Berlin.

Lorenzen, H. W., Rehm, W., Gröter, H.-P.: Energiespeicherung mit supraleitenden Spulen. In: VDI (Hrsg.): Energiespeicherung zur Leistungssteuerung. Tagung am 4./5. November 1987 in Köln.

Nitsch, J.: Konventionelle Anmerkungen zu unkonventionellen Gedanken. In: Energiewirtschaftliche Tagesfragen 5/1989, S. 297 f.

PROGNOS, ISI: Konsistenzprüfung einer denkbaren zukünftigen Wasserstoffenergiewirtschaft. Untersuchung im Auftrag des BMFT (AV-Nr. 121–4088A). Arbeitsprogramm. Basel, Karlsruhe, Oktober 1988.

Schaefer, H.: Unkonventionelle Gedanken zu künftigen Energietechniken. Forschungsstand und Perspektiven. In: Energiewirtschaftliche Tagesfragen 3/1989, S. 110–115.

Scheer, H. (Hrsg.): Die gespeicherte Sonne. München 1987.

Schüle, M.: Solarthermische Wasserstofferzeugung. In: BWK 3/1989, S. 101–104.

VDI (Hrsg.): Wasserstoff-Energietechnik. Bilanz – Konzepte – Perspektiven. VDI-Berichte 602. Düsseldorf 1987.

VDI (Hrsg.): Wasserstoff-Energietechnik II. VDI-Berichte 725. Düsseldorf 1989.

Voigt, C.: Transport und Speicherung von Solarenergie. DLR, Institut für Technische Thermodynamik, Oktober 1987. In: Ad-hoc-Ausschuß beim BMFT a.a.O, S. 181–189.

Wagner, U.: Elektrochemische Speicher. Vortrag vor der Arbeitsgruppe Sonnenenergie der Akademie der Wissenschaften zu Berlin am 26.11.1988 in Berlin.

Winter, C.-J., Nitsch, J. (Hrsg.): Wasserstoff als Energieträger. Technik, Systeme, Wirtschaft. Berlin, Heidelberg 1986.

Wolf, E.: NiCd Taschenplatten Batterien für PV-Systeme. In: DGS/GTZ (Hrsg.): 6. Internationales Sonnenforum 1988, Tagungsbericht. München 1988, S. 722–726.

Kapitel VI

Chancen einer Kooperation mit arabischen Ländern und der Sowjetunion zur langfristigen Nutzung von Sonnenenergie

Arnold Buchholz, Rainer Büren, Alfred Gierer, Hans-Hermann Höhmann, Dieter Weiss

1 *Einleitung*

Kommt es zu einem wesentlichen Beitrag großtechnischer Nutzung von Sonnenenergie zur weltweiten Energieversorgung, so ist es sowohl vernünftig als auch wahrscheinlich, daß der überwiegende Teil hiervon in Trockenzonen sonnenreicher Länder produziert wird. Ökonomische Gründe sprechen für die bevorzugte Stationierung in Ländern mit starkem Einfall von Sonnenlicht pro Flächeneinheit. Zwar werden Temperatureffekte, Wartungs- und Transportprobleme einen Teil dieses Vorteils wettmachen. Aller Voraussicht nach wird aber unter dem Strich ein großer Standortvorteil für sonnenreiche Länder verbleiben.

Darüber hinaus gibt es starke Argumente für die Konzentration auf aride Zonen, also gegen die extensive Verwendung von landwirtschaftlich nutzbaren Böden zur Energiegewinnung. In der Gegenwart erscheint eine solche Beschränkung nicht überall in gleicher Weise plausibel. So wird etwa in Brasilien Bioenergie durch großflächigen Anbau von Zuckerrohr gewonnen, aus dem Alkohol-Treibstoff erzeugt wird. Dafür werden erhebliche Flächen fruchtbaren Bodens genutzt. Die Befürworter argumentieren, dies sei ökonomischer als z. B. Sojabohnen für den Export anzubauen und dann für die Erlöse Erdöl zu importieren.

In Westeuropa ist landwirtschaftliche Überproduktion ein Dauerthema der Politik, und Flächenstillegungen werden prämiert.

Unsere Studie über langfristige Aspekte der Energieversorgung kann aber nicht auf solche lokalen, aller Wahrscheinlichkeit nach zeitlich begrenzten Gegebenheiten bauen. Eine wachsende Weltbevölkerung, die im nächsten Jahrhundert möglicherweise zehn Milliarden überschreiten wird, ist auf die landwirtschaftlich nutzbaren Böden für die Nahrungsmittelversorgung angewiesen. Wenn die fossilen Energiequellen versiegen oder aus ökologischen Gründen nicht mehr im bisherigen Umfang verwendet werden, so muß sich der Energiepreis an dann noch verbleibenden Energiequellen wie z. B. der Sonnenenergie orientieren. Dies wird sich auf den Preis energieintensiver Produkte auswirken, zu denen auch die Stickstoff-Dünger sowie die Treibstoffe für mechanische Bodenbearbeitung gehören, was sich indirekt auf die Erträge auswirken kann. Falls es mit Hilfe der Gentechnologie gelingt, auf Stickstoff-Dünger weitgehend zu verzichten und Stickstoff »biologisch« zu fixieren, würde auch dies aller Voraussicht nach auf Kosten des Ertrages gehen. Solche Effekte könnten noch über das Bevölkerungswachstum hinaus dazu beitragen, den Flächenbedarf für landwirtschaftliche Produktion zu steigern. Auf die Dauer erscheint die Rekrutierung eines substantiellen Teils der landwirtschaftlich intensiv nutzbaren Flächen für die Weltenergieversorgung als nicht sozialverträglich.

Für Mittel- und Westeuropa sprechen Bevölkerungsdichte und geographische Lage (mit überwiegend relativ geringer Sonneneinstrahlung) gegen eine großflächige Gewinnung von Sonnenenergie auf bislang agrarwirtschaftlich genutzten Arealen. Zudem bieten in dicht besiedelten Regionen diejenigen Flächen, die weder überbaut noch intensiv landwirtschaftlich genutzt sind – Parks, Wiesen und Wälder –, im wesenlichen das Erlebnis »Natur«. Eine extensive Verwendung für Sonnenenergiekollektion würde die Lebensqualität viel stärker beeinträchtigen als die Kollektion in dünn- oder unbesiedelten Arealen, in denen überdies nur ein Bruchteil der verfügbaren Fläche zur Gewinnung großer Mengen von Energie ausreichen würde.

Damit stellt sich die Frage, ob ein ins Gewicht fallender Teil der Energieversorgung langfristig über eine Kooperation mit sonnenreichen arabischen Ländern gesucht und dabei auf eine Energiegewinnung in ihren ariden Zonen gesetzt werden könnte und sollte. Darüber hinaus könnte auch eine Nutzung sonnenreicher Gebiete in der südlichen Sowjetunion eine zusätzliche realistische Option darstellen.[1]

Ist es angesichts der vielen noch offenen technischen Probleme überhaupt angemessen, schon jetzt langfristige politische Voraussetzungen und Implikationen großtechnischer Sonnenenergienutzung zu thematisieren? Sollte man hierzu nicht die technische Entwicklung abwarten? Eine Reihe von politischen Gründen spricht dafür, frühzeitig Überlegungen anzustellen und in Entscheidungen einzubringen. Am Anfang technischer Entwicklungen steht im allgemeinen nicht eine klare analytische Aussage über garantierte Machbarkeit und Wirtschaftlichkeit;

1 Ein Mitglied des Rates, *Horst Albach*, vermag sich der Auffassung des Rates der Akademie der Wissenschaften zu Berlin nicht anzuschließen, daß landwirtschaftlich genutzte Gebiete nicht in erheblichem Umfang für die Weltenergieversorgung zur Verfügung gestellt werden sollten, sei es, weil dies nicht sozial verträglich sei, sei es, weil das Erlebnis »Natur« dadurch beeinträchtigt würde. Es ist weder sicher, daß die Umwidmung bisher landwirtschaftlich genutzter Flächen in den dicht besiedelten Zonen Europas nicht sozial verträglich ist, noch ist die Aussage gesichert, daß die Erstellung von Anlagen zur Gewinnung von Solarenergie in den ariden Zonen Nordafrikas sozial verträglich ist.

Der Bericht stellt mit Recht fest, daß in Europa gegenwärtig landwirtschaftlich genutzte Flächen brach gelegt werden (Seite 215). Warum Landwirtschaftsbrache sozial verträglich, industrielle Nutzung dagegen gesellschaftlich nicht akzeptabel sein sollte, begründet der Bericht nicht. Welcher Nutzung Flächen zugeführt werden, richtet sich nach den Flächennutzungsplänen und nach dem Bodenpreis. Flächennutzungspläne sind das Ergebnis politischer Diskussionen, deren Ergebnis sich nicht über lange Zeiträume voraussagen läßt. Sicher aber ist, daß das, was als sozial verträgliche Politik zu bezeichnen ist, nicht unbeeinflußt bleibt von der Bewertung, die Arbeitsplätze, Wirtschaftswachstum, Einkommen und Freizeit in der Gesellschaft erfahren. Wenn die Energieversorgung der Bevölkerung Europas nur sichergestellt werden könnte, wenn Flächen für die Erzeugung von Solarenergie bereitgestellt würden, dann würde gerade die Umwidmung von bisher landschaftlich genutzten Flächen in Industrieflächen »sozial verträglich« sein. Allerdings: man muß sich die Dimensionen dieser Anlagen in Europa vorstellen. Für die Deckung des Energiebedarfs aus Sonnenenergie in Deutschland wäre eine Fläche von 300 Kilometern Länge und 60 Kilometern Breite erforderlich (bei einem Nutzungsgrad von 60% einer entsprechenden Anlage in ariden Zonen Nordafrikas)(vgl. S. 55 des Berichts). Derartige Flächen stehen nicht zur Verfügung, gleichgültig, welche Alternative man nimmt: Landwirtschaft oder Naturerlebnis.

die Technikgeschichte zeigt vielmehr, daß am Beginn Wahrnehmungen und Abwägungen von Chancen des Erfolges gegen Risiken des Mißerfolges stehen, die mit unvermeidlichen Unsicherheitsfaktoren behaftet sind. Die Wahrnehmung von Chancen ist eine notwendige – wenn auch keine hinreichende – Bedingung für Erfolg. Dies wird auch für die großtechnische Nutzung der Sonnenenergie gelten. Dabei spielt die Einschätzung von Möglichkeiten und Risiken der Zusammenarbeit mit sonnenreichen Ländern nicht nur von Staat zu Staat, sondern insbesondere auch im privatwirtschaftlichen Bereich eine besondere Rolle. Was den arabischen und islamischen Raum[2] anbetrifft, so haben diffuse,

---

Daraus erhellt aber auch, daß die Sonnenenergie keinen wesentlichen Teil unseres Energiebedarfs decken kann, wenn sie in Europa erzeugt werden müßte.

Zweifel sind aber auch daran berechtigt, daß ein wesentlicher Teil unserer Energieversorgung aus Solaranlagen in ariden Zonen Nordafrikas stammen könnte. Der Bericht geht davon aus, daß Energieerzeugungsanlagen in Nordafrika von den Ausmaßen 200 Kilometer Länge und 55 Kilometer Breite allein für die Energieversorgung der alten Bundesrepublik sozial verträglich seien. Daß derartige Flächen den Lebensraum von Menschen auch in ariden Zonen nicht berühren sollten, erscheint nicht von vornherein sicher. Sicher aber erscheint, daß zumindest die erforderlichen Infrastrukturmaßnahmen wie Straßen und Leitungsnetze den Lebensraum von Menschen in Nordafrika verändern. Fraglich erscheint auch, ob die Staaten von Nordafrika es als sozial verträglich empfinden, wenn derartige Anlagen in den Grundwasservorrat eingreifen (Seite 55) oder wenn große Massen von entsalztem Meerwasser in die Wüstengebiete transportiert (Seite 55) und dort zur Energiegewinnung für Europa und nicht zur Bewässerung und damit zur Schaffung von Lebensraum für Menschen in diesen Gebieten genutzt werden. Die Arbeitsgruppe will die Entnahme von Grundwasser für die Energiegewinnung nur auf ihre »ökologische Konsistenz« (Seite 226) prüfen, nicht dagegen auf die wirtschaftliche und soziale Bedeutung alternativer Verwendung des Wassers.

Die Annahme, daß derartige Erzeugungsanlagen in ariden Gebieten sozial verträglich seien, ist jedoch von entscheidender Bedeutung für die Durchführbarkeit des vom Rat der Akademie gemachten Vorschlages. Schutz vor Sabotage und Wartung der Anlagen mögen erhebliche Kosten verursachen, wenn die Akzeptanz derartiger großtechnischer Anlagen nicht gesichert ist oder sich im Laufe der Zeit etwa unter dem Einfluß fundamentalistischer Auffassungen ändern sollte.

2 Es sei angemerkt, daß auch die südlichen Republiken der Sowjetunion von Muslimen als integrale Bestandteile der weltweiten islamischen Gemeinschaft (umma) angesehen werden.

aggregierte Wahrnehmungen von Ereignissen zwischen Dakar und Teheran, Juba und Tripolis auf den ersten Blick eine eher demotivierende Wirkung.

Erst eine nähere Analyse denkbarer Kooperationsländer und Regionen bietet einen Ansatz, die Risiken zu spezifizieren sowie abzuschätzen, was unter politischen Aspekten als vertretbar anzusehen ist. Risiken in bezug auf Versorgungssicherheit sind nicht zu übersehen, als Pauschalargument gegen eine Zusammenarbeit zur großtechnischen Nutzung von Sonnenenergie eignen sie sich jedoch nicht.

Darüber hinaus ist zu beachten, daß politische Entscheidungen in der Gegenwart – etwa über die Beziehungen der Europäischen Gemeinschaft zu Staaten Nordwestafrikas – künftige Optionen zur Nutzung der Sonnenenergie auch dann beeinflussen, wenn dieser Problemkreis überhaupt nicht in die aktuellen Überlegungen eingeht. Eine bewußte Thematisierung, zum Beispiel in Zusammenhang mit Rahmenbedingungen künftiger Zusammenarbeit und der angestrebten Intensität wirtschaftlicher Bindungen sowie mit Bemühungen um die innere Stabilität der betreffenden Region, kann die langfristigen Chancen einer umweltverträglichen Energiewirtschaft auf der Basis von Sonnenenergie verbessern.

Alle nachfolgenden Überlegungen zur Energieversorgung Westeuropas mit Hilfe einer Nutzung der Sonnenenergie anderer Regionen der Erde beziehen sich nur auf eine Teilversorgung; insgesamt erfordert eine dauerhafte, umweltverträgliche Lösung des Energieproblems eine Nutzung sowohl westeuropäischer als auch anderer Energiequellen und dazu einen wesentlichen Beitrag von Techniken und Maßnahmen des Energiesparens.

2 Szenarien und Perspektiven der Langzeitentwicklung

Systemstudien sind nicht in der Lage, langfristige Entwicklungen verläßlich zu prognostizieren; sie könnten aber in qualitativer und semiqualitativer Hinsicht Randbedingungen, Größenordnungen und Zeiträume von Entwicklungen abschätzen sowie das Nachdenken über verschiedene Optionen anhand einzelner Szenarien anregen.

Als Beispiel kann die in Kapitel I (Abschnitt 7.2) zitierte Systemstudie der IIASA aus dem Jahre 1983 dienen, die die Substitution fossiler durch erneuerbare Energie im nächsten Jahrhundert für (nicht *in*) Westeuropa betrifft. Sie vergleicht drei Szenarien: Erstens »weiche« Sonnenenergie-Technik, charakterisiert durch reduzierten Energieverbrauch, lokale Energieproduktion und weitgehenden Verzicht auf Energieimporte; zweitens »harte« Sonnenenergie-Technik mit Import großer Anteile der Energie aus der »Sahara«, und schließlich die Brüter-(Plutonium)-Wirtschaft, die wir hier nicht weiter verfolgen. Unabhängig von einzelnen Voraussetzungen und Annahmen ist die Studie hinsichtlich der Zeitskala interessant, mit der man für eine umfangreiche Einführung der Solartechnik zu rechnen hat.

Im »hard solar«-Szenario erreicht die Substitution des Anteils fossiler Energieträger durch entsprechende Anteile von Sonnenenergie 36 vH im Jahr 2030 und 86 vH im Jahr 2100, und zwar in erheblichem Maße durch »Sahara«-Wasserstoff; sie erfolgt also mit einer Rate von im Mittel etwas unter 1 vH pro Jahr. Die Ausgaben für importierte Energie werden auf 5 bis 7 vH der Bruttosozialprodukte geschätzt.

Das »soft solar«-Szenario verzichtet sehr weitgehend auf Importe. Es erfordert massive lokale Investitionen und erbringt am Ende etwa die Hälfte der Energieproduktion des »hard solar«-Szenarios.

Wenn die Studie hinsichtlich der Größenordnungen in etwa das Richtige trifft, so legt sie nahe, daß sich der ökologische und politische Preis für Szenarien mit höherem Energieverbrauch und umfangreichem Import von Sonnenenergie in vertretbaren Grenzen hält, wenn die politische Stabilität der Außenbeziehungen zu sichern ist. Das »soft solar«-Szenario erscheint zu spartanisch, um in reiner Form mehrheitsfähig zu sein. Es ist eher plausibel, daß sich eine Mischform zwischen »soft« und »hard« einstellen wird; daß also im nächsten Jahrhundert eine Entwicklung einsetzt, bei der fortschreitend pro Jahr anfangs etwa ein Zehntel Prozent, später bis zu ein Prozent des Anteils fossiler Energie durch Solarenergie substituiert wird, und zwar zu einem erheblichen Teil aus ariden Zonen sonnenreicher Länder.

Eine andere Systemstudie, die die DLR zur Einführung der Wasserstoffwirtschaft gemacht hat, kommt trotz unterschiedlicher Voraussetzungen im Ergebnis bei der Abschätzung des Einführungszeitraums – Faktor 2 hin oder her – auf eine ähnliche Größenordnung.

Wenn der Wandel in der großtechnischen Energieversorgung eingesetzt hat, so ist die erwartete Geschwindigkeit des Wandels vermutlich weder exzessiv hoch noch besonders gering; sie wäre im Vergleich mit den letzten ein- bis zweihundert Jahren der Industriegeschichte völlig normal. Großtechnische Veränderungen benötigen zumeist einige Jahrzehnte, um ein oder wenige Prozente des Marktes zu gewinnen, und mehrere weitere Jahrzehnte, um sich durchzusetzen.[3]

Sehr viel schwerer einzuschätzen ist naturgemäß der Zeitpunkt, von wann an in der Zukunft die Substitution fossiler Energie durch Sonnenenergie mit Raten von einigen Zehntelprozenten pro Jahr einsetzen könnte. Dies hängt unter anderem von dem Gewicht ökologischer Argumente gegen die rasche Verbrennung fossiler Energieträger (CO_2-Problem), von Ausmaß und Methode einer vorsorgenden Substitutionspolitik und von der Preisentwicklung fossiler Energie ab; deren Preis wiederum wird vermutlich, bei langsam versiegenden Quellen, durch das schwer prognostizierbare »Bewußtsein der Nichterneuerbarkeit bzw. Nichtvermehrbarkeit« sowie die Bereitschaft zu Veränderungen der Lebensformen mitbestimmt. Eine wichtige Rolle spielt aber auch die wissenschaftlich-technische Entwicklung. Je früher und effektiver sie vorangetrieben wird, desto früher ist eine extensive Substitution möglich. Bis dahin sind viele Chancen abzuwägen und Vorarbeiten zu leisten, was wissenschaftlich-technische Möglichkeiten und politische Optionen angeht.

Es ist zu betonen, daß Umweltverträglichkeit der Energieversorgung, global betrachtet, nur eine von mehreren Voraussetzungen für eine »sustainable society« ist, die mit Lebensqualität für alle und auf Dauer verträglich ist. Eine mindestens ebenso wichtige Voraussetzung ist, daß sich das Wachstum der Weltbevölkerung nicht in bisherigem Tempo fortsetzt, sondern daß sich die Bevölkerungszahl in zwei bis drei Jahrzehnten auf eine stabile Größenordnung oder zumindest auf deutlich geringere Zuwachsraten einspielt. Es wird oft behauptet, daß das Bevölkerungswachstum schwer beeinflußbar sei, da ihm lange tradierte Verhaltensweisen zugrundeliegen, und daß es sich von selbst reduziere, sobald alle so reich seien wie in den derzeitigen westlichen Industriegesellschaften; es gebe nämlich eine inverse Relation zwischen Wohlstand und Kinderzahl, die im einzelnen bezüglich ihres ökonomischen

3 Vgl. *C. Marchetti*: The Future. In: C. Caglioti und H. Haken (ed.): Synergetics and Dynamic Instabilities. North Holland, Amsterdam 1988, S. 400–416.

und individual- wie sozialpsychologischen Wirkungszusammenhangs eingehend analysiert und im wesentlichen bestätigt worden sei.

Die derzeitig in vielen Teilen der Welt immer noch steigende Bevölkerungsdichte schafft zunehmende ökologische Probleme und wachsende Armut bei gleichzeitig sinkender Problemlösungskapazität der politischen Systeme. Die Friedens- und Umweltdiskussion hat gezeigt, daß in Problembereichen, die für die Sicherung der Zukunft von großer Bedeutung sind, in begrenzter Zeit ein beachtliches Umdenken und wesentliche Änderungen von Verhaltensweisen nötig, partiell aber auch möglich sind. Die empirischen Beziehungen zwischen Armut und Bevölkerungswachstum haben nicht die Stringenz von Naturgesetzen, sondern hängen von menschlicher Einsicht und politischen Randbedingungen (z. B. der Art der Altersversorgung) ab. Dem weiteren Anstieg der Bevölkerungen muß durch geeignete Politiken entgegengewirkt werden, wenn es nicht in einer ganzen Reihe von Ländern zu einer Katastrophe kommen soll, und die Wirkungen sind um so größer, je früher man damit beginnt. Die Zeitspanne zwischen Einsicht und Handeln in bezug auf die demographische Entwicklung wird mittel- und langfristig über die Lebensqualität ganzer Regionen entscheiden, wobei relativ günstige Voraussetzungen in einer Reihe von ost- und südostasiatischen Ländern bestehen, während Skepsis in bezug auf den indischen Subkontinent vorherrscht und die Perspektiven für weite Teile Afrikas unübersehbar erscheinen. Im nordafrikanischen Raum ist die Zuspitzung deutlich; gerade auch in Regimen, die sich als arabisch sozialistisch verstehen, ist es in den letzten Jahren wiederholt zu Sozialrevolten gekommen, ohne daß konstruktive Lösungswege nachdrücklich genug beschritten worden sind.

Eine umweltverträgliche Entwicklung setzt somit, global gesehen, wesentlich mehr voraus als eine dauerhafte Versorgung mit umweltfreundlicher, erneuerbarer Energie. Das Bevölkerungsproblem als ganzes kann nicht Thema unserer Studie sein; es berührt aber Überlegungen zur Auswahl der Kooperationsländer und Kooperationsformen. Was die Auswahl angeht, so erscheinen arabische Länder am Rande demographischer Katastrophen problematisch. Was die Form betrifft, so wäre eine Kooperation auf dem Energiesektor der Partnerländer wünschenswert, die für diese einen spürbaren Beitrag zur wirtschaftlichen und sozialen Entwicklung leistet und damit in bescheidenem Umfang auch die Rahmenbedingungen für eine ökologisch konsistente demographische Entwicklung verbessert.

3 *Überlegungen zu einer Kooperation mit arabischen Ländern*

3.1 Denkbare Kooperationsformen

Verschiedene Möglichkeiten einer Zusammenarbeit mit arabischen Ländern zur Nutzung von Sonnenenergie sind dahingehend zu prüfen, wieweit sie den Interessen der Partner entsprechen. Die Variante, daß Industrieländer in arabischen Ländern große, unbesiedelte aride Flächen pachten, um darauf ihre eigenen Anlagen zur Energieerzeugung zu erstellen und zu betreiben, dürfte aus arabischer Sicht nicht akzeptabel sein.

Die entgegensetzte Variante wäre eine Form der Zusammenarbeit, die sich auf die Lieferung von Blaupausen, die Beteiligung an Pilotprojekten und andere Formen der Zusammenarbeit in der Anfangsphase der Sonnenenergienutzung beschränkt und langfristig den Bezug von Energie aus den neuen Anlagen als reines Importgeschäft sieht, ganz entsprechend dem Ölimport in der Gegenwart. So gibt es z. B. in Saudi-Arabien Überlegungen, auf längere Sicht den Ölexport graduell durch einen Sonnenenergieexport abzulösen. Jedoch ist es sehr zweifelhaft, ob es im Interesse von westeuropäischen Industrieländern liegt, sich auf Dauer ganz oder überwiegend in eine derartige Importabhängigkeit zu begeben. Zwar wird in diesem Zusammenhang gern darauf verwiesen, daß ja auch die Ölversorgung funktioniere, aber die Erfahrungen hierzu sind kurz – einschließlich prekärer Phasen im Kontext militärischer Konfrontationen im Nahen Osten, die sich wiederholen könnten –, und westeuropäische Quellen (Nordseeöl) und das Erdgasgeschäft mit der Sowjetunion trugen wesentlich dazu bei, einseitige Abhängigkeiten zu reduzieren und die Wirkungen von Pressionen zu mildern.

Für eine Energieversorgung ohne fossile Energiequellen würde es diese Ausweichmöglichkeiten auf lange Sicht nicht im selben Maße geben.

Zwei denkbare Wege liegen zwischen diesen beiden Extremen des »Landpachtmodells« und der Hinnahme einer sehr weitgehenden und einseitigen Importabhängigkeit. Zum einen sind Kooperationsformen denkbar, in denen langfristig Energie gegen »hardware« und »maintenance« von Energiegewinnungs- und Transportanlagen getauscht wird. Eine gewisse Analogie bestünde zum Erdgas-Röhren-Geschäft mit der Sowjetunion; es wäre aber darüber hinaus erstrebenswert, die Kooperаtion zu verstetigen und vielleicht auch mit einem gemeinsamen Management der Anlagen der Energieversorgung zu verbinden. Auf diese Weise würden technologisch hochwertige Arbeitsplätze sowohl in den arabischen als auch in den nördlichen Partnerländern geschaffen, verbunden mit einer Erhöhung der Versorgungssicherheit. Wie gut ein solches Modell der Zusammenarbeit funktioniert, wird offenbar primär von den sozio-ökonomischen und politischen Rahmenbedingungen abhängen, aber auch wesentlich von der Technik mitbestimmt werden, von der physikalischen und chemischen Beschaffenheit, der Stabilität, den Wartungsproblemen, den Möglichkeiten des Recycling, sowie dem Gewicht und der Lebensdauer der Systemkomponenten. Es sei erwähnt, daß dabei Überlegungen eines europäisch-arabischen Lohngefälles sekundär sind – zum einen wegen des relativen Übergewichts der Kapitalkosten gegenüber den Lohnkosten, zum anderen wegen der tendenziell zu erwartenden Lohnkostenangleichung für technologisch anspruchsvollere Arbeiten.

Eine weitere langfristig denkbare Option wäre die noch stärkere Einbindung von arabischen Mittelmeeranrainerstaaten, etwa von Marokko und Algerien, in die Europäische Gemeinschaft, die über die bestehenden Kooperationsabkommen hinausgeht (Kooperationsabkommen der EWG mit Marokko, Algerien und Tunesien 1976, mit Ägypten 1977, die sich auf Handel und Hilfe beziehen). Entsprechende Initiativen hat es aus anderen Gründen bereits gegeben, so einen Antrag Marokkos auf EG-Beitritt im Jahre 1987, für den sich im Lichte der obigen Überlegungen völlig neue Perspektiven eröffnen könnten. Eine weitsichtige Außenpolitik wird den Aspekt »Sonnenenergie« in die Überlegungen einbeziehen müssen. Es ist ohnehin zu erwarten, daß eine großflächigere Nutzung von Sonnenenergie für Westeuropa, wenn sie kommt, in Südspanien beginnt, so daß eine Ausdehnung in die ariden Zonen der Maghreb-Länder[4] Marokko, Algerien und Tunesien auf den ersten Blick naheliegt. Ein europäisch-nordafrikanischer Kooperationsraum mit einer vitalen großtechnischen Verflechtung würde weit über die bestehenden Kooperationsabkommen hinaus eine erweiterte Wirtschaftszone mit ökonomischen und politischen Bindungen schaffen.

4 Vgl. auch Fußnote 8.

3.2 Vor- und Zwischenstufen extensiver Sonnenenergienutzung

Realistische Einschätzungen der Zukunft extensiver Nutzung der Sonnenenergie verweisen darauf, daß es sich um nur sehr langfristig erreichbare Lösungen handelt, und daß auf dem Wege hierzu noch viele ungeklärte wissenschaftlich-technische Probleme zu lösen sind. Ob die optimistischeren Prognosen einer Kostensenkung für Photovoltaik eingelöst werden, bleibt unbekannt. Zu beachten ist auch der hohe Aufwand für Speicherung und Transport der Energie. Es erscheint sinnvoll, die Entwicklung über Zwischenstadien anzustreben, zu denen auch eine dezentrale Sonnenenergienutzung in Entwicklungsländern gehören kann. Auch hierfür sollten die Bedingungen »ökologische und soziale Verträglichkeit der Projekte« und »positiver Beitrag im Rahmen vernünftiger Entwicklungskonzepte der betreffenden Länder« gelten. Dezentrale Sonnenenergienutzung in Entwicklungsländern bietet besondere Chancen, qualifizierte Techniker für praktische Aufgaben außerhalb der Hauptstadt auszubilden und zu beschäftigen. Solche Prozesse könnten auch andere Sektoren der Entwicklung anregen. In Kapitel IV ist dargelegt, daß eine photovoltaische Nutzung von Sonnenenergie an entlegenen Standorten, beispielsweise in den Anwendungsbereichen Hausstrom, Pumpen und Telekommunikation, bereits heute ökonomisch sinnvoll sein kann. Eine bessere Ausschöpfung der Anwendungsmöglichkeiten würde den Preis senken und damit weitere Anwendungsmöglichkeiten erschließen. Allerdings sprechen die Zahlen dagegen, daß photovoltaische Sonnenenergienutzung allein auf diesem Weg zum ökonomischen »Selbstläufer« werden kann – dazu sind die Anlagen selbst und ihre Anwendungsbereiche dann doch viel zu klein. Großtechnische Anwendung der Photovoltaik bleibt wohl auf langfristige Forschungs- und Technologieförderung in den Industrieländern angewiesen.

Die Zusammenarbeit in Pilotprojekten und dezentralen Anlagen muß nicht nur unter Langzeitgesichtspunkten gesehen werden. Die für eine langfristige Energieversorgung in erster Linie in Betracht kommenden arabischen Länder sollten auch für intermediäre Stadien der Sonnenenergienutzung eine gewisse Priorität erhalten, dies aber ohne jede Tendenz zur Ausschließlichkeit. Auch wenn z. B. Saudi-Arabien eine echte Langzeit-Kooperation nicht erstrebt, die über konventionelle Export-Import-Beziehungen hinausgeht, so spricht doch vieles dafür, sich an den gegenwärtigen, mit hoher Priorität versehenen und auf hohem technischen Niveau eingeleiteten Projekten zu beteiligen. Von besonderem Interesse sind Partnerländer, die für eine spätere großtechnische Zusammenarbeit in Betracht kommen könnten. Die laufenden und geplanten Projekte mit Jordanien, Marokko und Tunesien verdienen besondere Beachtung.

3.3 Entwicklungspolitische und ökologische Rahmenbedingungen

Zu den Zielen einer europäisch-arabischen Zusammenarbeit bei der Sonnenenergiegewinnung muß es gehören, einen positiven Beitrag auch zur Entwicklung der arabischen Partner zu leisten. Die Frage nach den angemessenen Kriterien für »gute« Entwicklungpolitik ist ideologisch stark besetzt und kann in ihrer allgemeinen Form nicht Thema unserer Studie sein. Es liegt nahe, die Auswahl von Kooperationsländern und die Entwicklung von Kooperationsformen für eine in Aussicht genommene langfristige Zusammenarbeit auf dem Gebiet der Energiegewinnung an Rahmenbedingungen sozial und politisch erfolgversprechender Entwicklungen zu knüpfen: Das an der Kooperation beteiligte Land sollte von sich aus eine konstruktive Entwicklungspolitik verfolgen, deren Ziele und Mittel im großen und ganzen sozial akzeptabel sind und deren Ergebnisse als befriedigend betrachtet werden können. Eine großtechnische und großflächige Nutzung der Sonnenenergie ist ohne eine solche Einbettung in ein tragfähiges sozio-politisches Gesamtkonzept nicht vorstellbar.

Dabei wird es auch notwendig sein, die ökologischen Probleme einer extensiven Sonnenenergienutzung richtig abzuschätzen und zu lösen. Ökologische Aspekte werden bei neuen Techniken anfangs oft unterschätzt. Daß Solarkraftwerke nicht unbedingt die Landschaft verschönern, wird man hinnehmen müssen. Die großen Mengen an Material, das in den Anlagen steckt, werden auf Dauer aber auch zu großen Mengen an ausrangierten Komponenten führen. Der Umgang mit ihnen erfordert Überlegung und Planung. Welche Möglichkeiten bestehen für ein Recycling? Was geschieht, wenn giftige Komponenten sich als effektiver erweisen als die konventionelle Photovoltaik auf Siliziumbasis? Denkt man an Energiespeicherung und Transport durch Wasserstoff, so kann es erforderlich sein, Wasser über längere Strecken an die Produktionsstätten von Wasserstoff zu transportieren. Dies ist zwar im

Prinzip möglich – der Beitrag der Transportkosten für Wasser zum Energiepreis würde die derzeitigen Transportkosten für Öl kaum erreichen, da die Mengen ähnlich und die Distanzen kürzer wären –, aber die ökonomische Versuchung könnte im Einzelfall doch groß sein, auch gegen die ökologische Vernunft zu viel Wasser aus lokalen Quellen zu entnehmen, mit Auswirkungen z. B. auf Grundwasserspiegel und Landwirtschaft.

Zwar erlaubt es der Kenntnisstand der Gegenwart nicht, alle künftigen Umweltprobleme zu prognostizieren, die die Sonnenenergienutzung aufwerfen könnte; zumindest auf die zwei genannten Gefahren sollte aber die Aufmerksamkeit von vornherein gelenkt werden: Giftige Komponenten, die zu schwer lösbaren Entsorgungsproblemen führen, sollten ausgeschlossen werden; Wasserentnahmen sind von vornherein auf ihre ökologische Konsistenz zu prüfen.

Es könnten sich aber auch Chancen für eine »positive Ökologie« bieten: Wäre vielleicht sogar die großflächige Erzeugung von Schatten in ariden Zonen zur Verbesserung des Mikroklimas und zur Gewinnung landwirtschaftlich verwendbarer Flächen nutzbar? Wahrscheinlich nicht – aber eine Untersuchung wären derartige Fragen doch wert.

3.4 Interkulturelle Aspekte

Eine künftige technologische Zusammenarbeit sollte die interkulturelle Komponente nicht übersehen. Darin liegen Risiken, Chancen und neue Aufgaben. Die Islamisierungsdebatten, die in einzelnen Ländern ganz unterschiedlich laufen, sind weit davon entfernt, allgemein konsensusfähige Lösungsansätze für die sozio-ökonomischen Probleme erarbeitet zu haben. Islamische politische Bewegungen bzw. islamische Parteien haben in einer Reihe arabischer Länder interne Polarisierungen akzentuiert.

Der lange Kulturkontakt zwischen Europa und der arabischen Welt hat Spuren auf beiden Seiten hinterlassen, dabei auf arabischer Seite seit der Kolonialzeit aber auch erhebliche Frustrationspotentiale aufgebaut, die – nicht zuletzt aufgrund der neueren Geschichte seit Gründung des Staates Israel – weiter wirken, wobei Mißerfolgserlebnisse solche psychischen Spannungen partiell aufrecht erhalten, und in einigen Ländern mit unbefriedigenden Ergebnissen interner Entwicklungspolitik teilweise verstärken.

Was das Verhältnis des Islam zu Wissenschaft und Technik angeht, so zeigt die islamische Diskussion ein weites Meinungsspektrum: Am einen Rand die Auffassung, moderne Wissenschaft sei in ihrer Totalität so rasch wie möglich zu übernehmen. Im Mittelteil die Meinung, Wissen und Glauben gehörten zu verschiedenen Lebensbereichen, die miteinander koexistieren können; sodann die Auffassung, zwar sei Wissenschaft universell und interkulturell, aber wissenschaftliche Erkenntnis führe für sich noch nicht zur rechten Lebensweise; erst die Religion lehre uns, wie sie zum Wohle der Menschen anzuwenden sei. Extreme Teile des fundamentalistischen Randes – keineswegs in allen Gruppierungen, die sich als fundamentalistisch verstehen, – postulieren: Es gebe nur *eine* Wahrheit, nämlich die offenbarte Wahrheit des Islams. Die Integration von Islam und moderner Wissenschaft sei nicht möglich, akzeptabel seien nur wissenschaftliche Teilbereiche und Teilergebnisse. Ebenso unannehmbar sei ein Konzept einer multikulturellen Weltgesellschaft. Aus islamischer Sicht könne es wegen des allumfassenden Wahrheitsanspruches auch keine positive Wertung einer multikulturellen Koexistenz geben, allenfalls deren durch die aktuellen internationalen Machtverhältnisse erzwungene Duldung.

Anderseits gibt es Fundamentalisten, die die intensive Beschäftigung mit Wissenschaft fordern, um für die Gemeinschaft der Muslime eine politisch führende Rolle wiederzuerlangen. Es sei daran erinnert, daß es auch im christlichen Europa eine jahrhundertelange Auseinandersetzung zwischen Glauben und Wissen gegeben hat.

Insgesamt dürfte es ein Fehler sein, wissenschaftsfeindliche und kooperationsfeindliche Tendenzen überzubewerten; eine pragmatische Einstellung mit der Bereitschaft, sich auf Wissenschaft und Technik im wesentlichen Sinne einzulassen, überwiegt deutlich. Kulturelles Selbstbewußtsein ist, wie u. a. die Beispiele Japan und China zeigen, tendenziell eher eine Voraussetzung als ein Hemmnis interkultureller Kooperation. Das eigentliche Problem ist nicht so sehr die fehlende Kooperationsbereitschaft, sondern die teilweise abnehmende Kooperationsfähigkeit als Folge der Versäumnisse arabischer Bildungs- und Wissenschaftspolitiken, von der materiellen Ausstattung mit Bibliotheken und Lehrräumen bis zur Blockierung der Freiheit des Denkens unter diversen ideologischen oder religiösen Strömungen bzw. handfesten Machterhaltungsmaximen – mitbedingt durch die Tatsache, daß eine Reihe arabischer Länder von ethnischen und/oder religiösen Minderheiten regiert wird.

Gelegentlich wird behauptet, Kompetenz in wissenschaftlich-technischem Bereich sei letztlich nur durch eine Aufgabe der islamischen Identität zu erreichen. Von Kennern moderner Naturwissenschaft und Technik hört man diese Auffassung selten. Sie trifft deswegen nicht zu, weil die moderne Wissenschaft auf philosophischer Ebene im Vergleich zur mechanistischen Denkweise des vorigen Jahrhunderts sehr viel bescheidener und reflektierter geworden ist und eben deshalb zwar nicht mit allen, aber doch mit sehr verschiedenen Weltauffassungen vereinbar ist, auch mit solchen, die islamisch geprägt sind. Kulturkontakte können zwar Kulturen auch zerstören, aber im ganzen war doch die Übernahme fremder Techniken bei Erhaltung und Fortentwicklung der eigenen Kultur Regelfall im Kulturkontakt über Jahrtausende; dies bezieht den islamischen Kulturkreis in der Phase seiner Blütezeit mit seiner so eindrucksvollen Wissenschaftsgeschichte mit ein.

Wissenschaftliche Kompetenz ist allerdings weder mit Petrodollars käuflich noch über Entwicklungshilfe schenkbar, vielmehr erfordert sie kreative Teilnahme am internationalen wissenschaftlichen und technischen Entwicklungsprozeß. So ist das »memorierende Lernen«, das die Bildungssysteme fast aller arabischen Länder immer noch weitgehend charakterisiert, für innovative Entwicklungsstrategien wenig geeignet.

Wissenschaftlich-technische Zusammenarbeit erfordert auf beiden Seiten ein interkulturelles Verständnis. Es ist vertrauensbildend. Es erleichtert eine weitsichtige Planung von Kooperation und, wo erforderlich, auch ein »interkulturelles Management«. Eine besondere Schwierigkeit sei erwähnt: Wissenschaftler aus islamischen Ländern haben oft Vorbehalte gegen europäische und amerikanische Orientalisten; man beschuldigt sie gerne der Historisierung des Islam. Fundamentalisten ist die Historisierung des Koran ein Sakrileg; Modernisten kritisieren, daß die häufige Fixierung westlicher Islamwissenschaftler auf die Geschichte den Blick für den real existierenden Islam in der Gegenwart verstelle. Mit einer wachsenden Intensität der Beziehungen wird die Intensivierung auch des interkulturellen Dialogs auf breitester Basis unausweichlich, und zwar gerade auch unter Einbeziehung der Ingenieure, Naturwissenschaftler, Wirtschafts- und Sozialwissenschaftler auf beiden Seiten.

3.5 Politische Vorgaben einer europäisch-arabischen Kooperation

3.5.1 Generelle Probleme

Die geographische Situation läßt es naheliegend erscheinen, große Solarkraftwerke – ausgehend von ersten Anlagen in Südspanien – in den Wüstengebieten Nordafrikas zu errichten, d. h. in Marokko, Mauretanien, Algerien, Tunesien, vielleicht auch in Libyen oder Ägypten. Erst in zweiter Linie wäre – abhängig von Energietransportproblemen – an weiter entfernt liegende Standorte, etwa auf der arabischen Halbinsel (insbesondere Saudi-Arabien) oder in den Wüstengebieten Jordaniens zu denken. Im folgenden wird versucht, einige grundlegende politische Aspekte aufzuzeigen, die bei der Konzipierung einer solchen Zusammenarbeit beachtet werden sollten.[5]

Die Möglichkeiten, über einen Zeitraum von mehreren Jahrzehnten Aussagen über politische Entwicklungslinien der arabischen Länder zu machen, sind umstritten. Mit gewichtigen Gründen vertritt eine pessimistische Denkschule die Auffassung, überzeugende Prognosen zur Frage der regionalen Stabilität der arabischen Welt seien letztlich nicht möglich. Etwas optimistischer äußern sich demgegenüber professionelle Risikoanalytiker in Politik und Wirtschaft, obwohl auch sie die Schwierigkeiten nicht verkennen. Zu diesen Schwierigkeiten gehört insbesondere das Problem brauchbarer Paradigmata.

Die arabische Welt ist einerseits geprägt durch gemeinsame Elemente wie arabische Sprache und islamische Ordnungsvorstellungen, sie weist aber andererseits erhebliche regionale Unterschiede und Fragmentierungen auf. In den letzten zweihundert Jahren ist sie verstärkt Gegenstand eines Verwestlichungsprozesses gewesen. Die Auseinandersetzungen mit politischen Theorien und Institutionen (z. B. Säkularismus, Sozialismus, Marxismus, Demokratie, Parteien, Parlamente, Individualrechte) führte teils zu deutlicher Abgrenzung, teils aber auch zu Rezeptionsversuchen unterschiedlicher Intensität.

5 Die folgenden Überlegungen der Absätze 3.5.1 – 3.5.7 entsprechen weitgehend den Ausführungen des für die Arbeitsgruppe angefertigten Arbeitspapiers von *Rainer Büren*: Zu den politischen Vorgaben europäisch-arabischer Kooperation, Ebenhausen, April 1989. Abweichend von Büren erfolgt die Umschrift arabischer und persischer Namen z. T. nach deutschen umgangssprachlichen Usancen.

Doch auch dort, wo westliche Ordnungselemente übernommen wurden, wurden sie den örtlichen Vorgaben angepaßt, wurde funktionale Kompatibilität im Rahmen des örtlichen politischen Systems hergestellt – nicht aber umgekehrt. Die bisherigen politischen Strukturen wurden in der Praxis letztlich nicht essentiell in Frage gestellt. Partielle Verwestlichung ist daher eher ein Oberflächenphänomen, dem die Kontinuität politischer Grundmuster der Region gegenübersteht.

Die von der westlichen Politikwissenschaft angebotenen Paradigmata beziehen sich – von Ausnahmen abgesehen – eher auf die aus der westlichen Diskussion vertrauten Oberflächenphänomene. Die zur Erfassung arabischer Politiken erforderlichen Kategorien sind demgegenüber bisher noch nicht in hinreichender Präzision entwickelt. Bemerkenswert ist, daß amerikanische wie sowjetische Autoren diese Ansicht teilen. »The paradigms of area studies, and of Middle East studies in particular, have not yet been fixed«[6], unterstreicht der amerikanische Orientwissenschaftler Leonard Binder. Auf sowjetischer Seite ist Georgy Kim von der Akademie der Wissenschaften zu nennen, der im Zeichen der Perestrojka die Tauglichkeit bisheriger marxistischer Interpretationen in Frage stellt und statt dessen den spezifischen Charakter orientalischer Politik hervorhebt: »The conclusions we draw and the points we make do not tally with the actual processes taking place in Oriental countries ... These countries still are (and will probably remain for a long time) and odd conglomeration of medieval and modern institutions and outlooks. All this cannot be understood without a professional study of the traditional social system and form of thinking.«[7]

Vor diesem Hintergrund werden im folgenden zentrale Problembereiche der bisherigen Entwicklung erörtert, die auch für den künftigen politischen Prozeß in der arabischen Welt relevant bleiben dürften.

3.5.2 Koranische Offenbarung und politische Macht

Die Frage nach dem Umgang mit der koranischen Offenbarung besitzt nur scheinbar esoterische Qualität. Für Muslime stellt der Koran eine unmittelbare Offenbarung Gottes dar, die unabhängig von den

6 *Leonard Binder*: Area Studies: A Critical Reassessment. In: Leonard Binder (Ed.): The Study of the Middle East. Research and Scholarship in the Humanities and the Social Sciences. New York/London/Sydney 1976, S. 2.

7 *Georgy Kim*: Soviet Oriental Studies in Time of Perestroika. In: Asia and Africa Today, Nr. 1 (1989), S. 3 und 2.

geschichtlichen Umständen ihrer Verkündung durch Mohammed (gest. 632 n.Chr.) den Charakter einer Verbalinspiration und damit Fehlerfreiheit besitzt. Diese ahistorische Sicht der koranischen Offenbarung verleiht sowohl den religiösen wie den politischen Ordnungsvorstellungen des Islam (dīn wa daula) den Charakter eines immerwährend gültigen Ideals.

Ideal und historische Wirklichkeit waren in muslimischer Sicht jedoch nur in den drei Jahrzehnten der vier unmittelbaren Nachfolger Mohammeds deckungsgleich, danach bis heute jedoch nicht mehr. Um dennoch auch in Zeiten muslimischen Niedergangs handlungsfähig zu bleiben, wurde den Machteliten im mehrheitlich sunnitisch geprägten arabisch-islamischen Raum ein eigener Bereich der »Regierungskunst« (siyāsa) zugestanden. Unter der Voraussetzung, daß die Machthaber das islamische Recht schützten und seine Grenzen beachteten, besaßen sie in der politischen Praxis zum Teil weite Spielräume. Der politische Gestaltungswille der Machteliten im arabisch-islamischen Raum war und ist damit ein zentraler Bestimmungsfaktor. Wenn die Machthaber wollen, können sie sowohl konservative wie innovatorische Maßnahmen ergreifen; der Islam ist dabei kein Hindernis, sondern bietet im Gegenteil eine Mehrzahl von Legitimationen. Sowohl Konservatismus wie auch einschneidende Reformen lassen sich islamisch legitimieren und bleiben damit innerhalb der vertrauten Parameter des tradierten Ordnungssystems. Dies kann Akzeptanz und Stabilität auch bei innovatorischer Politik fördern.

3.5.3 Vorstaatliche Solidargruppen versus Staat

Ein zentrales Element von Spannung, Unruhe, Gewalt und Konflikt liegt jedoch in folgendem: Die arabische Welt definiert sich einerseits als Gruppe von 22 Nationalstaaten, die Mitglieder der arabischen Liga sind. Andererseits gibt es eine Vielzahl von vorstaatlichen Solidar- und Konfliktgruppen (religiöse, konfessionelle, ethnische, kulturelle, sprachliche, lokale, tribale, familiale), die sich in der Regel bereits lange Zeit vor den heutigen Staaten herausgebildet haben. Keiner dieser Gruppen ist es bisher gelungen, sich in einem eigenen, geschlossenen und homogenen Nationalstaat zu organisieren. Vorstaatliche Solidargruppe und Nationalstaat sind damit in keinem Fall deckungsgleich. Die Konkurrenz ihrer Ordnungsmodelle stellt eine zentrale Quelle von Gewalt und

Konflikt in der Region dar, wenn auch primär im fragmentierten arabischen Osten und weniger im arabischen Westen (Maghreb).[8]

Die Resistenz der heutigen Staaten ist bemerkenswert. Sie sind bisher weder aufgelöst worden noch in größere Zusammenschlüsse aufgegangen. Selbst im Libanon wird die Fassade staatlicher Kontinuität von allen Mitspielern aufrecht erhalten.

Das Beispiel des Libanon zeigt weiterhin, daß sich auch brutale Konkurrenzen in regionalem Konsens einhegen ließen. Die dortigen Auseinandersetzungen haben für einige Akteure den Charakter eines Ersatzkrieges, dessen Austragung durch libanesische Stellvertreter vom Zwang zu direkter Austragung mit eigenen Kräften außerhalb des Libanon befreit. Dauer und Härte der Auseinandersetzung im Libanon sind daher auch ein Grund für die relativ geringe Intensität sonstiger intra-arabischer Konflikte in den achtziger Jahren.

Das Spannungsverhältnis zwischen vorstaatlicher Solidargruppe und Nationalstaat ist auch ein Grund für die bisherigen Fehlschläge bei den Versuchen, bestehende arabische Staaten politisch zu integrieren oder zu fusionieren. Es fehlt an Gruppen mit vitalem Interesse an einer dauerhaften Integration und mit entsprechender Durchsetzungskraft wie auch an einer außerregionalen Führungsmacht, die einen arabischen Prozeß politischer Integration nachhaltig hätte fördern können – vergleichbar etwa der Rolle der USA beim europäischen Integrationsprozeß.

3.5.4 Sozio-ökonomischer Wandel und politische Revolution

Dies hat Auswirkungen auch auf die Revolutionsproblematik und ihr Verhältnis zu sozio-ökonomischem, insbesondere demographischem Wandel. Bisher hat nirgendwo in der arabisch-islamischen Welt ein Wandel in der wirtschaftlichen Struktur einer Gesellschaft zu einer politischen Revolution geführt. Es waren vielmehr selbstbewußte Machthaber, die Reformen auch einschneidender Art verordneten. Solche Modernisierungen in den Bereichen Streitkräfte, Erziehung, Verwaltung und Wirtschaft waren geeignet, die Macht der Herrscher zu stärken. Modernisierung und Demokratisierung wurden daher nicht als notwendigerweise deckungsgleich empfunden.

---

8 In arabischer Definition Marokko, Algerien, Tunesien und die Libysche Westprovinz Tripolitanien, in erweitertem Sinne auch Mauretanien.

Wohl alle der seit 1952 nach ägyptischem Vorbild durch Staatsstreiche an die Macht gelangten Offiziersgruppen in der arabischen Welt proklamierten revolutionäre Maßnahmen und Demokratisierung; inwieweit sie diesem Anspruch in der Praxis jedoch gerecht werden konnten, ergibt in jedem Einzelfall ein differenziertes Bild.

Auch in diesem Kontext spielt das Spannungsverhältnis zwischen vorstaatlicher Solidargruppe und Staat eine Rolle. Auch sozio-ökonomischer Wandel hat dieses Spannungsverhältnis bisher nicht aufheben können, sondern es im Gegenteil partiell noch potenziert durch Verstärkung der Gruppenloyalitäten. Insbesondere bleiben wachsende Bevölkerungen vielfach eingebunden in die Loyalitäten vorstaatlicher Solidar- und Konfliktgruppen, die nun verstärkt ihren Teil an den Wohltaten staatlicher Zentralmacht verlangen. In einer solchen Situation kommt es nicht notwendig zu politischer Revolution, d. h. zu einem Umsturz des bestehenden politischen Systems und seiner gewaltsamen Ersetzung durch eine grundlegend andere Ordnung, sondern eher zu einer grundsätzlichen Erhaltung, allerdings mit der Maßgabe einer angemessenen Beteiligung an den Ressourcen und Pfründen des Zentralstaats insbesondere durch Ämtervergabe und -rotation. Insoweit gewinnt der arabische Terminus der Gegenwartssprache für »Staat« (daula) einen Teil der historischen Primärkonnotation seiner Wortwurzel zurück: »alternieren, an der Reihe sein«, später dann synonym mit »Dynastie«.

Unter anderem mag dies ein Grund dafür sein, daß die beträchtlichen Bevölkerungszuwächse in der arabischen Welt bisher nicht zu politischen Umstürzen geführt haben (alle »Brotunruhen« wurden bislang unter Kontrolle gehalten). Daß sozio-ökonomischer Wandel – bisher jedenfalls – nicht notwendig zu politischer Revolution führt, ist ein bemerkenswertes Phänomen arabischer Politik und steht im Gegensatz zu vielen Erwartungen.

3.5.5 Schiitische Revolution

Auch die schiitische Revolution im Iran hat bisher nicht als Katalysator paralleler Vorgänge in der arabischen Welt gewirkt. Sie ist zu spezifisch in ihren schiitischen und iranischen, also nicht-arabischen Bezügen, als daß sie eine unmittelbare Wirkung auf die mehrheitlich sunnitische und damit eher regime-orientierte arabische Welt entfaltet hätte. Sie besitzt jedoch mittelbare Relevanz im Rahmen einer kämpferischen Denkschule des sunnitischen Islam. Hier ist insbesondere ein Protagonist der ägyptischen Muslim-Brüder zu nennen, Sayyid Quṭb (gest. 1966), der zu offensivem Widerstand gegen Machthaber der Gegenwart aufrief und dies endogen-islamisch und orthodox legitimierte. Er griff hierbei auf eine zentrale Persönlichkeit der islamischen Orthodoxie der Vergangenheit zurück, den Denker Ibn Taimīya (gest. 1328 n.Chr.). Wie Ibn Taimīya gegen die Mongolenherrscher seinerzeit, so riefen Sayyid Quṭb und ein Teil seiner intellektuellen Nachfolger, darunter die Gruppe der Sadat-Attentäter des Oktober 1981, zum Kampf gegen »verwestlichte« Machthaber der Gegenwart auf. Dies kann im Einzelfall zur Ausschaltung eines Spitzenpolitikers führen wie im Fall des ägyptischen Präsidenten zwei Jahre nach dem Abschluß des Friedensvertrages mit Israel. Eine eigene Organisation mit der Fähigkeit zur Regierungs- und Machtübernahme von Anhängern dieser Denkschule ist bisher jedoch nicht bekannt geworden; zum Teil wird auch ausdrücklich auf eine eigene Machtübernahme verzichtet. Dennoch kann vor diesem Hintergrund in längerfristiger Perspektive Khomeinis Erfolg gegenüber dem Schah eine mittelbare, aber ermutigende Wirkung auch im sunnitischen Bereich ausüben.

3.5.6 Palästina-Komplex

Ein übergeordnetes Spannungspotential stellt der israelisch-palästinensisch-arabische Konflikt dar. Eine »Lösung« ist nicht in Sicht. Die Palästinafrage berührt eine Vielzahl von Loyalitäten und Solidaritäten im arabischen Raum. Sie enthält Herausforderungen an den Suprematieanspruch des Islams, an den gesamtarabischen Nationalismus der Gemeinschaft zwischen Atlantik und Arabischem Golf, an den einzelstaatlichen Nationalismus der teilweise besetzten arabischen Nachbarstaaten Israels, an antikolonialistische Bestrebungen sowie an die gesamtarabische Legitimität traditioneller Herrschaftseliten in den ölexportierenden Monarchien der arabischen Halbinsel.

Die Palästinafrage – derzeitig akzentuiert durch den Aufstand in den von Israel besetzten Gebieten – wird dadurch zu einem gemeinsamen Thema sowohl »rechter« wie »linker« Gruppen. Sie kann nicht nur im intra-arabischen Kontext sondern stärker noch in der innenpolitischen Auseinandersetzung in fast allen Staaten der Region benutzt werden.

3.5.7 Bewertung politischer Faktoren

Die bisherige Entwicklung in der arabischen Welt hat insbesondere im Spannungsverhältnis zwischen vorstaatlicher Solidargruppe und Staat erhebliche Potentiale für Unruhe, Gewalt und Konflikt gezeigt. Es gibt aber auch zahlreiche Beispiele für die erfolgreiche Einhegung und Kontrolle dieser Potentiale. Sozio-ökonomischer Wandel hat bisher nicht zu politischer Revolution geführt, wenngleich soziale Spannungen im Zuge des raschen Bevölkerungswachstums und der urbanen Ballungsprobleme zunehmen. Die Wirtschaftskooperation mit Europa und den USA ist selbst in einschneidenden Regimewechseln und Neuorientierungen (z. B. Libyen, Ägypten, Algerien; im nicht-arabischen, aber islamischen Kontext Iran unter Khomeini) nicht nachhaltig beeinträchtigt worden. Selbst die arabischen Punitivmaßnahmen im Gefolge des Oktoberkrieges 1973 konnten relativ schnell durch Kissingers Truppenentflechtungsabkommen, den europäisch-arabischen Dialog und durch bilaterale Kooperation außer Kraft gesetzt werden.

Wer seine Kooperationspartner im arabischen Osten sucht, ist mit dem anhaltenden Palästinakonflikt konfrontiert. Wer sie im arabischen Westen sucht, muß sich mit dem Westsaharakonflikt befassen. Im Gegensatz zum Palästinakonflikt berührt diese Auseinandersetzung keine religiös-politischen Fundamentalpositionen, wohl aber die konkrete und dauerhafte Machtkonkurrenz zwischen Algerien und Marokko. Diese Konkurrenz wird sich nicht beseitigen lassen, kann aber möglicherweise im Rahmen einer integrativen Annäherung der Maghreb-Staaten relativiert werden. Diese Annäherung sollte von der EG positiv begleitet werden, ähnlich wie die USA als externe Macht den Prozeß europäischer Integration förderten.

Der arabische Raum hat eine erstaunliche relative politische Stabilität unabhängig von wechselnden, z. T. taktisch bedingten ideologischen Etikettierungen gezeigt. Herrschaftsausübung bedient sich der Manipulation von Solidargruppen mit Hilfe von Zuweisungen von Mitteln, Pfründen und Chancen. So funktionierten Erdöllieferungen gegen Entgelt ungeachtet wiederholter harter europäisch-arabischer Auseinandersetzungen an verschiedenen Fronten gerade auch mit ideologisch prononciert auftretenden arabischen Partnerländern wie Libyen, Syrien oder Algerien. Anhaltende Konflikte (Israel, Palästina, EG-Protektionismus bei Erdölderivaten, etc.) koexistieren mit nüchternen ökonomischen Interessenkalkülen, ohne daß letztere bislang nennenswert beeinträchtigt wurden. Ein solches Interaktionsmodell erscheint auch für eine europäisch-arabische Kooperation auf dem Gebiet der Sonnenenergie realisierbar, sofern sie arabischen Regierungen greifbare ökonomische Vorteile bietet.

3.6 Sozio-ökonomische Perspektiven arabischer Länder

Wichtige Pole der Länder Nordafrikas sind *Algerien* einerseits und *Ägypten* andererseits. In beiden Ländern sind die entwicklungspolitischen Visionen der frühen Jahre nach der Unabhängigkeit nicht realisiert worden. Ineffiziente bürokratische Apparate vermochten nicht, kapitalaufwendige Industrieanlagen ökonomisch effizient zu managen. Die Landwirtschaftspolitiken (Kollektivierung, staatliche Genossenschaften, kontraproduktive Markt- und Preispolitiken) setzten staatliche Rahmenbedingungen, unter denen es kaum Anreize für rasche Produktionssteigerungen gab. Infrastruktureinrichtungen verursachen hohe Folgekosten. Die ökologischen Grenzen sind in beiden Ländern in Sicht. Umsteuerungsversuche von staatssozialistischen Lenkungsstrukturen auf stärker marktwirtschaftlich orientierte Mischsysteme erfolgten nicht konsequent genug. Alle Entwicklungsergebnisse werden durch die Bevölkerungsvermehrung in Frage gestellt (Algerien nach der Unabhängigkeit 1962 9 Mill., 1989 25 Mill., Wachstumsrate z.Z. 3,2 vH; Ägypten nach dem Putsch der freien Offiziere 1952 22 Mill., 1962 28 Mill., 1989 55 Mill., Wachstumsrate z.Z. 2,8 bis 3 vH). In beiden Ländern hat sich in den letzten Jahren die Versorgungslage mit Gütern des Grundbedarfs und mit infrastrukturellen Diensten verschlechtert; der wachsende soziale Druck hat sich wiederholt in Revolten entladen (Algier im Herbst 1988), insbesondere unter Beteiligung der Jugendlichen, die keine Zukunftsperspektiven sehen. Beide Länder treiben auf eine immer schwieriger werdende Situation zu, ohne daß die jeweiligen Regierungen die Kraft für durchgreifende Reformmaßnahmen aufbringen (sinkende Reformfähigkeit bei wachsendem Problemstau und abnehmender innenpolitischer Konsensfähigkeit von Austeritätsmaßnahmen).

Ägypten ist ohne hohe Dauersubventionen der ausländischen Geber (Westen und Golfstaaten) nicht mehr überlebensfähig. Letztere versuchen, mit hohen jährlichen Hilfszuwendungen (einschließlich Nahrungsmitteln) den Kollaps hinauszuschieben. Ägyptens geostrategische

Position im neuralgischen Kräfteparallelogramm des Nahen Ostens läßt den Hilfegebern eine Daueralimentation als angeraten erscheinen; indessen sind bei wachsender Bevölkerung (ca. 70 Mill. im Jahr 2000) physische Grenzen dieser Politik in Sicht. Paradoxerweise erlaubt es gerade die prekäre Situation der politischen Führung Ägyptens in der internationalen Arena mit erheblichem Gewicht in Erscheinung zu treten. Entsprechende Prozesse wurden bereits unter Präsident Sadat begünstigt. Auch die Führung *Algeriens* tritt von Fall zu Fall international gewichtig in Erscheinung, beispielsweise bei vielfach erfolgreichen Vermittlungsaktionen (amerikanische Geiseln im Iran, innerafrikanische und innerarabische Konflikte). Die ökonomische Bilanz ist in industriestruktureller und agrarpolitischer Hinsicht nicht erfolgreicher als die ägyptische, obwohl die absolute Verarmung noch nicht so weit fortgeschritten ist wie in Ägypten. Angemessene Wirtschaftspolitiken, die nach Lage der Dinge auf handhabbare, einigermaßen effiziente Mischsysteme von Plan- und Marktwirtschaft hinauslaufen müßten, werden auch in Algerien nicht durchgreifend genug entwickelt; die Lebensbedingungen (u. a. Versorgung mit Grundnahrungsmitteln und Wohnraum) verschlechtern sich rapide. Sonderprobleme ergeben sich aus internen Sprachproblemen (algerische und berberische Volkssprachen, Französisch in Verwaltung und Industrie, Neuhocharabisch insbesondere im Bildungs- und Mediensektor).

Hinsichtlich des oben genannten Kriteriums »vernünftige, erfolgreiche Entwicklungspolitik« geben beide Länder Anlaß zu erheblichen Bedenken.

In ähnlicher Weise gilt dies für *Marokko* (Bevölkerung 1989 ca. 24 Mill.), in abgeschwächter Form auch für *Tunesien* (Bevölkerung 1989 ca. 8 Mill.). Tunesien bemüht sich unter dem Druck innerer sozialer Probleme und internationaler Sanierungsauflagen von Weltbank und internationalem Währungsfonds um eine allmähliche Lösung von staatssozialistischen Konzepten. Eingefahrene Politiken-Stile und Eigeninteressen der Kader in Partei und Staatsverwaltung verzögern nachdrückliche Umsteuerungen. Marokko – Monarchie mit ausgeprägten Feudalstrukturen und wachsenden sozialen Spannungen – ist in den Westsahara-Konflikt gegen die Polisario verstrickt; die täglichen Kosten des Krieges vor Beginn des Waffenstillstands wurden auf 0,74 bis 1 Mill. US-Dollar geschätzt. Das Land wird im wesentlichen von Frankreich, den USA und Saudi-Arabien alimentiert. Die marokkanische

Oligarchie beherrscht das Land auch ökonomisch, die Kluft zwischen den modernen und den traditionalen Bereichen ist groß. Der ökonomische und soziale Dualismus blockiert vor allem die Entwicklung des ländlichen Raums und seiner Bevölkerung, und damit zugleich eine ausgewogenere Entwicklung der Gesamtwirtschaft. War Marokko vor dem 2. Weltkrieg noch Nettoexporteur von Weizen, mußten Ende der 70er Jahre schon 50 vH des Weizenbedarfs importiert werden – mit weiterhin steigender Tendenz. Die damit verknüpften Nahrungsmittelsubventionen sind immer weniger finanzierbar. Die wirtschaftlichen Probleme Marokkos stellen sich in ähnlicher Weise wie in den anderen nordafrikanischen Ländern; auch in Marokko laufen Sanierungsprogramme unter Aufsicht des internationalen Währungsfonds (Auslandsschuld ca. 18 Mrd. Dollar), die ungeachtet von Teilerfolgen grundlegende politische Strukturprobleme ausklammern, welche Fragen nationaler Souveränität und kultureller Akzeptanz berühren würden. Der Durchgriff staatlicher Machtmechanismen ist wirksam, soziale Spannungen (Putschversuche der Armee 1971, 1972; soziale Unruhen 1984) wurden unter Kontrolle gebracht. Bei anhaltendem Bevölkerungswachstum ist ein steigender sozialer Problemdruck unausweichlich.

Einen Sonderfall stellt *Libyen* (Bevölkerung 1989 3,5 Mill.) dar. Es ist nicht vorstellbar, daß dieses Land bei wachsenden wirtschafts- und sozialpolitischen Krisenerscheinungen in den großen Nachbarländern einen unangefochtenen eigenen Entwicklungsweg verfolgen könnte.

Angesichts solcher auf den ersten Blick nicht ermutigender nordafrikanischer Entwicklungsaussichten stellt sich die Frage nach den weiter entfernt gelegenen potentiellen Standorten. *Jordanien* ist einer der aus eigener Kraft kaum lebensfähigen Staaten der Region. Jordanien ist ebenfalls Empfänger von Dauersubventionen (der USA, der Golfstaaten, in geringerem Maße der EG). Es hat indessen die leistungsorientiertesten wissenschaftlichen Institutionen der arabischen Welt (University of Jordan, Royal Scientific Society), wobei Palästinenser eine bedeutende Rolle spielen. Jordanien ist »Frontstaat« in bezug auf Israel und verfolgt unter der geschickten Führung von König Hussein eine vorsichtige und wendige politische Strategie. Die diesbezüglichen Probleme sind weit davon entfernt, mittelfristig tragfähig zwischen Israel und den arabischen Staaten gelöst zu sein. Alle Beteiligten sehen Anlaß für die Stärkung ihrer militärischen Potentiale in einem Umfeld tendenziell wachsender Spannungen, die sich partiell ständig militärisch und paramilitärisch entladen, und deren internationale Kontrolle prekär bleibt. Die israelische Einschätzung, daß die Existenz des Staates Israel gefährdet bleibt und künftige militärische Konfrontationen in Rechnung gestellt werden müssen, erscheint zutreffend.

Saudi-Arabien schließlich, aus europäischer Sicht noch stärker in einer geographischen Randlage, befindet sich nach Jahren rückläufiger Erdöleinnahmen in einem Konsolidierungsprozeß, der erhebliche ökonomische Probleme angesichts hoher laufender Verpflichtungen aus früheren Projekt- und Programmentscheidungen schafft, aber bezüglich seiner finanzwirtschaftlichen Dimension handhabbar ist. Gefährdeter erscheint die soziale und politische Stabilität angesichts zunehmender interner Spannungen in bezug auf ökonomische Verteilungsprobleme, politische Partizipationsrechte und grundlegende kulturell-religiöse Identitätsprobleme, wie sie symbolhaft auf die Große Moschee von Mekka im November 1979 und die Schiiten-Unruhen von 1979/80 zum Ausdruck kamen. Wegen der spezifischen saudischen Entscheidungsstrukturen in relativ kleinen, von außen schwer übersehbaren Gruppen sind Zufallskonstellationen mit gravierenden Folgen möglich. Es ist aber nicht ausgeschlosssen, daß das Königshaus auch weiterhin mittels wirksamer Verteilungs- und Befriedungspolitiken seine Macht zu sichern in der Lage ist. Auch hier zeichnen sich indessen Risikofaktoren einer potentiellen europäisch-arabischen Kooperation für eine technologisch und versorgungstechnisch sensitive europäische Energiebasis des nächsten Jahrhunderts ab.

3.7 Strategische Aspekte

Nach diesem unbefriedigenden »ersten« Blick sei ein »zweiter« versucht. Politische und ökonomische Analytiker scheuen angesichts unübersehbarer Risiken üblicherweise solche Langfrist-Betrachtungen. Dennoch fordert die Konfrontation mit den diskutierten technologischen Optionen und ihrer langen Ausreifezeit wie auch die immer deutlicher werdende Unausweichlichkeit einer europäischen Mitverantwortung für die Mitgestaltung alternativer Zukünfte in konkreten regionalpolitischen Kontexten zu solchen Langfristbetrachtungen heraus.

Langfristoptionen müssen einerseits technologische Möglichkeiten, andererseits menschliche Ziele und damit dahinterstehende Wertestrukturen umfassen. Letztere sind, verkürzt formuliert, konfrontiert mit der

Realität zunehmender sozialpolitischer Probleme und der Nichtausschließbarkeit weiterer Waffengänge im Nahen Osten, sofern sicherheitspolitische Interventionsmechanismen der Großmächte versagen sollten. Es geht also um fundamentale menschliche Grundwerte, von denen aus Ziele für konkrete Politiken und Programme abzuleiten wären.

Um diese Ziele zu definieren und zu verfolgen, mag es hilfreich sein, die hypothetische Betrachtungsweise eines Beobachters einzunehmen, der etwa aus dem Jahre 2030 auf die vergangene Entwicklung und ihre Ergebnisse zurückblickt: Im günstigsten Fall erkennt er eine letztlich positiv verlaufene Entwicklung durch ein Feld von Krisen. Die Krisen analysiert er als unvermeidlich, und das hypothetische positive Ergebnis führt ihn zu der analytischen Frage: »Welche Elemente erwiesen sich als wirkungsvoll, die extremen Gefährdungen der Periode von 1990 bis etwa 2010 zu umschiffen?« – hier bezogen auf das konkrete Aktionsfeld europäisch-arabischer Kooperation auf dem Gebiet der Sonnenenergie.

Eine solche Perspektive eröffnet die Möglichkeit, nicht in naiver Unterschätzung, sondern in nüchterner Kenntnis der Problemlage an partiellen Lösungswegen weiterzudenken in dem Bewußtsein, daß man keine anderen Optionen hat als diejenigen *langfristig* angelegter Erfolgs- und Überlebensstrategien.

Vor diesem Hintergrund erscheint es sinnvoll, für die großtechnische Nutzung der Sonnenenergie eine Strategie der europäisch-arabischen Kooperation zu verfolgen. Langfristige Kooperation erfordert, Ziele, Chancen und Risiken nicht nur aus eigener Sicht, sondern soweit möglich auch aus der Sicht der Kooperationspartner zu betrachten, selbst wenn man sich letztere nicht wirklich zu eigen machen kann. Über Gesichtspunkte, die für islamisch geprägte Kooperationspartner wichtig sind, geben politisches Verhalten, kulturelle Voraussetzungen und die innerislamische Diskussion empirische Aufschlüsse.

Im folgenden seien die politisch und sozialpsychologisch wichtigsten Randbedingungen einer solchen Kooperationstrategie skizziert, was die Sichtweise der potentiellen arabischen Partner angeht:

- Prestige-Trächtigkeit der Technologie,
- Gefühl, als vollwertiger Partner an den Grenzen zukunftsweisender wissenschaftlich-technischer Entwürfe akzeptiert zu werden,
- Einbeziehung in eine verantwortliche Mitgestaltung eines ökonomischen Regionalsystems, das Europa und die arabische Welt um-

faßt, mit erkennbarer Abhängigkeit nunmehr auch der europäischen Seite, nach langen Phasen arabischer Abhängigkeiten seit der Kolonialzeit – politisch, ökonomisch, technologisch, wissenschaftlich,
- damit emotionale Vertrauensbildung und Schaffung von politischem Goodwill,
- Schaffung einer Kooperationsstruktur funktionaler technologischer Abhängigkeiten mit entsprechenden offensichtlichen Disziplinierungskomponenten für beide Seiten, wenn diese aufrecht erhalten werden soll.
- Nicht zuletzt: physische Erkennbarkeit und – im arabischen Kontext extrem wichtig – Symbolträchtigkeit, wieder am internationalen Fortschritt teilzuhaben, nachdem die eigene Führungsrolle im 7. Jahrhundert prophetisch verkündet und in den ersten Phasen islamischer Expansion bis zur Blütezeit realisiert wurde und dann abbrach, mit tiefgreifenden sozialpsychologischen Störungen des arabischen Selbstwertgefühls.[9]

Gerade auch vor diesem Hintergrund erscheint es sinnvoll, die skizzierte Strategie einer Hochtechnologie-Kooperation zu verfolgen. In jedem Fall wäre eine betont langfristig angelegte Perspektive erforderlich, die kooperationspolitisch auch dann durchgehalten wird, wenn innere sozialpolitische Entwicklungen in den arabischen Ländern zeitweilig turbulent werden sollten. Eine wichtige Komponente in einem solchen Konzept wäre die Etablierung einer effizienten wissenschaftlichen Infrastruktur in den arabischen Partnerländern, welche in eine arabisch-europäische institutionelle Trägerstruktur eingebettet sein müßte.

Es stellt sich dann erneut die Frage nach den für eine solche Kooperation bei der langfristigen Nutzung der Sonnenenergie infrage kommenden Länder. Von ihrem politischen Gewicht her bieten sich primär Ägypten, Algerien/Marokko und Saudi-Arabien an. Allerdings weisen die Länder unterschiedliche Mischungsverhältnisse von Weltoffenheit, bisherigem wissenschaftlich-technischem Potential und wissenschaftlicher Kooperationsbereitschaft auf. Saudi-Arabien tendiert

9 Vgl. *Walther Braune*: Der islamische Orient zwischen Vergangenheit und Zukunft. Bern 1960, S. 164f. *Hamilton A. R. Gibb*: Islam in the Modern World. In: Tibor Kerekes (Ed.): The Arab Middle East and Muslim Africa. New York 961, S. 16f. *Wilfred Cantwell Smith*: Islam in Modern History. Princeton 1957, S. 31f.

dazu, wissenschaftlich-technische Leistungsfähigkeit als käuflich zu betrachten; über dem Ankauf aufwendiger Forschungsanlagen wird die Bedeutung der essentiellen personellen Komponente nicht voll gesehen.

3.8 Kooperation mit dem Maghreb

Uns erscheinen die Maghreb-Staaten Tunesien, Algerien und Marokko sowie Mauretanien als besonders geeignete Kooperationspartner für Westeuropa. Von der geographischen Lage her bietet sich Marokko – Spanien an der Straße von Gibraltar unmittelbar gegenüberliegend – an. Der südlich an Marokko angrenzende Teil Algeriens und das über das umstrittene Westsaharagebiet angrenzende, in seinem größten Teil unbesiedelte Mauretanien (viermal so groß wie die Bundesrepublik Deutschland, mit einer Bevölkerung von ca. 2 Mill.) haben sehr große unbesiedelte Wüstenflächen. Die bestehenden Verbindungen und laufenden Kontakte mit der EG enthalten Ansatzpunkte einer weitergehenden europäisch-nordafrikanischen Zusammenarbeit, wie sie u. a. im marokkanischen Antrag auf EG-Mitgliedschaft von 1987 zum Ausdruck gekommen sind.

Aus mehreren Gründen empfiehlt sich eine gleichgewichtige EG-Kooperation mit Marokko und Algerien als den beiden volksreichsten Rivalen in Nordafrika (Vermeidung der Bevorzugung des einen gegenüber dem anderen Land, Vermeidung des Vorwurfs des Versuchs einer Torpedierung der »arabischen Einheit«, in positiver Sicht Förderung der Kooperationsansätze in den Maghreb-Ländern seitens der EG durch einen Beitrag zum Abbau der marokkanisch-algerischen Rivalitäten).

Grundlinien einer solchen Strategie wären:

- Einbeziehung Tunesiens, Libyens und Mauretaniens in diesen Kooperationsraum;
- mögliche Herausbildung einer besonderen Entwicklungspartnerschaft zwischen Maghreb-Ländern und EG, die insbesondere auch die Akteure auf Unternehmensebene einbezieht;
- engere Kooperationsbeziehungen der EG mit Marokko und Algerien über die bestehenden Kooperations-Abkommen hinaus.[10]

10 Vgl. dazu auch *Eberhard Rhein:* Long-term EC-Maghreb Cooperation in the Energy Field, Note de Réflexion, Brüssel 1989.

Die Maghreb-Staaten haben im Februar 1989 – unter dem Eindruck der Vollendung des EG-Binnenmarktes im Jahre 1992 – einen erneuten Schritt zu einem regionalen Zusammenschluß mit dem Vertrag zur Schaffung der »Union des Arabischen Maghreb« (Algerien, Marokko, Tunesien, Libyen, Mauretanien) unterzeichnet. Seine Bedeutung ist zunächst – für arabische Politik indessen essentiell – primär symbolischer Natur. Die sozio-ökonomische Tragfähigkeit dieses neuerlichen Integrationsversuches im arabischen Raum sollte angesichts der begrenzten internen Kooperationspotentiale nicht überschätzt werden.[11]

Hinsichtlich der politischen Stabilität zeigt der Maghreb trotz regionalspezifischer Prägungen durch Sprache, Religion, Geschichte und sozio-ökonomische Zwänge keine wesentlichen Abweichungen vom gesamtarabischen Grundmuster nationalistischer Rivalitäten und politischer Widersprüche zwischen den Visionen von arabischer Einheit und der Wirklichkeit zwischenstaatlicher Konflikte. Auch fehlen dem neuen Zusammenschluß integrierende supranationale Institutionen; die Handlungs- und Beschlußfähigkeit der Union hängt vom Konsens der fünf Staatschefs ab, die politisch völlig unterschiedlich strukturierte Länder mit erheblichen wirtschaftlichen Disparitäten vertreten. Gemeinsam ist allen fünf Ländern das Interesse an der Aufrechterhaltung von Herrschaftsformen, die radikale islamische Bewegungen einzudämmen versuchen, aber gemäßigten islamischen Erneuerungsansätzen Freiräume geben. Das Machtinstrument der Armee wird in allen fünf Ländern als auch innenpolitisch wichtiges Ordnungselement gepflegt und priviligiert.

Die Maghreb-Staaten haben ein großes Interesse an einer noch engeren Zusammenarbeit mit der EG. Algerien, Marokko, Tunesien und Mauretanien sind mit der EG über Assoziierungsabkommen verbunden. Auch die Handelsbeziehungen Libyens mit der EG sind von seiner konkreten Interessenlage her (Erdölexporte, Technologieimporte) stabil und wurden von gelegentlich spektakulären politischen Aktionen kaum tangiert. Angesichts der Bevölkerungsexplosion, unbefriedigender Wirtschaftsleistung, wachsender Arbeitslosigkeit und zunehmender sozialer

11 Vgl. dazu *Joachim Tzschaschel:* Stellungnahme und Ergänzungsbeitrag zum Arbeitspapier »Chancen einer Kooperation zwischen Europa und den arabischen Ländern zur langfristigen Nutzung der Sonnenenergie.« Starnberg, Juni 1989.

Spannungen erhofft man sich von einer engeren Kooperation mit der EG eine partielle Entlastung von dem steigenden internen Problemdruck insbesondere über Finanzielle und Technische Zusammenarbeit, die Verbesserung von Exportmöglichkeiten und auch durch Arbeitskräfteabwanderungen nach Europa. In den Maghreb-Ländern besteht weitgehender Konsens, daß man keine andere realistische Option hat, als sich so weit wie möglich an die EG anzulehnen, wobei u. a. an die Schaffung einer Maghreb-EG-Freihandelszone gedacht wird. Die Rolle der französischen Sprache als unabdingbares Mittler-Instrument wird (mit Ausnahme Libyens) bewußt gepflegt.[12]

Im Energiebereich manifestiert sich diese enge Verbindung u. a. in Form der Erdgasleitung von Algerien über Tunesien nach Sizilien (seit 1980) sowie der seit 1988 abgesicherten Planung für eine weitere Erdgasleitung von Marokko nach Gibraltar, Spanien und Frankreich. Ein weiteres Beispiel ist die Verknüpfung von Marokko und Spanien mit einer Stromleitung.

Eine solche erweiterte kooperationspolitische Perspektive würde die heute als realistisch erachteten und zeitlich einigermaßen übersehbaren politischen Handlungshorizonte sprengen. Sie wäre nicht vorstellbar ohne tiefgreifende Diskussionsprozesse sowohl aus europäischer wie auch aus nordafrikanischer Sicht (u. a. grundlegende Fragen kultureller Identität, gemeinsamer Werte, politischer Vision und politischen Gestaltungswillens, tragfähiger Konzepte europäisch-arabische Koexistenz im nächsten Jahrhundert). Auch in dieser Hinsicht erscheint es fruchtbar, die oben erläuterte Perspektive eines hypothetischen Rückblicks aus dem Jahre 2030 anzulegen. Gerade wegen der wachsenden Risiken ist eine entschlossene, konstruktive Zusammenarbeit unumgänglich; ein dichteres Netz von Kooperationsverflechtungen zwischen beiden Seiten des Mittelmeers stellt sich als eine langfristig notwendige und realistische Option im Sinne gemeinsamer Lebensfähigkeit. Im Rahmen positiver Szenarien wäre der Trend in Richtung auf ein konstruktives

12 Dazu König Hassan II von Marokko am 13.12.1988 in Le Matin du Sahara: »Nicht allein die Führer, sondern auch die Völker des Maghreb denken wie ich: daß wir Laufstege der Kommunikation nach Europa schlagen müssen; und diese Laufstege sind die Sprachen.« So wurde auch im Zentralorgan der algerischen Staatspartei FLN zuletzt im April 1989 nachdrücklich betont, es sei »höchste Zeit für die Maghreb-Staaten, die Tür zur EG zu öffnen«.

Aneinanderrücken unausweichlich. Technologisch großräumigere Allokationsprozesse für flächenintensive Produktionsanlagen müßten, wie an früherer Stelle betont, in Verknüpfung mit akzeptablen Verteilungsmechanismen für die Nutzenkomponenten konzipiert werden; dies würde Verteilungsmechanismen zwischen den Maghreb-Ländern im Rahmen ihrer Konföderation – und möglicherweise eine Hilfestellung der EG bei der Stärkung dieser Konföderation – einschließen.

4 Überlegungen zu einer Kooperation mit der Sowjetunion

Anläßlich einer Diskussion in der Arbeitsgruppe über die neueren technischen Möglichkeiten des Stromtransports über lange Entfernungen (Gleichstrom) wurde die Frage nach den Möglichkeiten einer Nutzung sonnenreicher Standorte in der südlichen Sowjetunion aufgeworfen. Die mittlere Sonneneinstrahlung ist dort zwar geringer als in den arabischen Ländern, doch liegen auch die mittleren Temperaturen niedriger und lassen damit höhere Wirkungsgrade photovoltaischer Anlagen zu. Attraktiv erscheint auch die Zeitverschiebung der Sonneneinstrahlung gegenüber Westeuropa, was Speicherprobleme reduzieren würde.

Dabei soll nicht impliziert werden, die langfristigen Kooperationschancen für Sonnenenergienutzung mit der Sowjetunion einerseits und mit arabischen Ländern andererseits seien gleichwertig oder gleichartig; in vieler Hinsicht sind die Voraussetzungen sehr unterschiedlich: Die Sowjetunion besitzt im Gegensatz zu Nordafrika eine qualitativ und quantitativ hochwertige technische Infrastruktur mit guten Kooperationsaussichten für wissenschaftlich-technische Entwicklung. Allerdings ist es bei einem Erfolg großtechnischer Nutzung von Sonnenenergie zur weltweiten Energieversorgung denkbar, daß im Gegensatz zu den Wüstenregionen Afrikas die geeigneten Flächen in der südlichen Sowjetunion eine knappe Ressource werden könnten, wenn sie zur Versorgung der Sowjetunion selbst, Osteuropas und angrenzender asiatischer Staaten genutzt werden. Die politischen Beziehungen zu einer Weltmacht stellen überdies andere Probleme als die zu nordafrikanischen Ländern und zwar sowohl hinsichtlich der Risiken als auch der Chancen. Versorgungssicherheit beruht aber auch zu einem wesentlichen Teil auf Diversifikation; schon deshalb könnte es sinnvoll sein, auch eine Teilversorgung Europas aus Bereichen der südlichen Sowjetunion in Langzeitperspektiven einzubeziehen. Primär geht es jedoch – im Gegensatz zum arabischen Raum – bei der Sowjetunion um Kooperation bei der wissenschaftlich-technischen Entwicklung der Sonnenenergienutzung. Aktuell erscheint das Problem zum einen wegen der wachsenden Kooperationsbereitschaft der Sowjetunion im allgemeinen, zum anderen im Zusammenhang mit gegenwärtigen Überlegungen innerhalb der Sowjetunion, die stärker als bisher auf die Photovoltaik zu setzen scheinen.

Im folgenden[13] wird versucht, die energiepolitische Interessenlage der Sowjetunion, ihren einschlägigen technologischen Stand und die kooperationspolitischen Perspektiven auszuleuchten.

4.1 Entwicklung der sowjetischen Energiewirtschaft

Die Energiebilanz der Sowjetunion ist seit langem angespannt. Der Expansion der Energieerzeugung wurde daher in den vom 27. Parteitag der KPdSU im März 1986 bestätigten ökonomischen Zielvorstellungen für das 12. Planjahrfünft (1986 bis 1990) und die Wirtschaftsentwicklung der UdSSR bis zum Jahr 2000 wiederum eine hohe Priorität eingeräumt. In der wirtschaftspolitischen Praxis der Jahre 1986 bis 1988 hat sich dieser Nachdruck noch weiter verstärkt. Schon im 11. Planjahrfünft waren ca. 13 vH der Gesamtinvestitionen in den Energiebereich geflossen. Bis 1990 sollte sich dieser Anteil weiter erhöhen. De facto lag das Tempo der Kapitalbildung auf dem Energiesektor von 1986 bis 1988 noch über den Planzielen, sie erfolgte vor allem auf Kosten des Maschinenbaus, der auf der Basis einer kräftig beschleunigten Kapitalzufuhr nachhaltig modernisiert werden sollte. Insgesamt ist das Modernisierungsprogramm – ein Kernstück der wirtschaftspolitischen Neuorientierung nach Gorbatschows Machtantritt – kaum vorangekommen.

Die Gründe für den anhaltend hohen Energiebedarf der UdSSR sind vor allem auf drei Ebenen zu suchen: Erstens geht die sowjetische Wirtschaftspolitik von der Notwendigkeit aus, das Wachstum der Wirtschaft nach den »Jahren der Stagnation« nachhaltig zu beschleunigen.

13 Die Darstellung beruht auf einer leicht gekürzten Fassung des für die Arbeitsgruppe angefertigten Arbeitspapiers von *Arnold Buchholz, Hans-Hermann Höhmann:* Chancen einer Kooperation zwischen Europa und der Sowjetunion zur langfristigen Nutzung der Sonnenenergie. Bundesinstitut für ostwissenschaftliche und internationale Studien (hekt.). Köln, Mai 1989.

Infolgedessen ist auch eine Beschleunigung der Primärenergieerzeugung vorgesehen (von jährlich ca. 2,5 vH auf ca. 3,5 vH).

Zweitens macht der hohe Primärenergieverbrauch in der UdSSR – er liegt je Einwohner um etwa 15 vH über dem Niveau in der Bundesrepublik Deutschland – eine umfangreiche Energieerzeugung erforderlich. Trotz vieler Bemühungen kam es bisher nur in begrenztem Umfang zu Einsparungen bzw. rationellerer Nutzung von Energie (»aufwandorientierter Wirtschaftsmechanismus«, Fehlen einer auf Energieeinsparung ausgerichtete Produktionstechnologie). Man versucht, den Energiebedarf eher über eine Erweiterung des Angebots als über die Senkung der Nachfrage zu decken. Gerade im 12. Planjahrfünft hat sich folgendes Dilemma ergeben: Die angebotsorientierte Energiepolitik erfordert Investitionsmittel, die dann bei der strukturellen Modernisierung der Industrie fehlen, von der allein eine Senkung des spezifischen Energieaufwands zu erwarten wäre.

Drittens wird die angebotsorientierte Energiepolitik durch die Außenwirtschaftssituation bestimmt. Im Jahre 1988 erzielte die UdSSR 57 vH ihrer Westhandelserlöse durch den Export von Energieträgern. Bei diesen Produkten ist sie am ehesten in der Lage, den Qualitätsanforderungen der westlichen Märkte zu entsprechen. Da das sowjetische Interesse an weltwirtschaftlicher Verflechtung weiter zunimmt, weil man sich von der Außenwirtschaft nachhaltige Modernisierungseffekte verspricht und Importe zudem zur Ernährungsstabilisierung erforderlich sind, gleichzeitig aber die Nutzung anderer Devisenquellen wie Fertigwarenexporte, Goldverkäufe oder Erhöhung der Nettoverschuldung jeweils auf spezifische Grenzen stößt, kann davon ausgegangen werden, daß Energieexporte auf lange Sicht die Hauptdevisenquelle und damit der zentrale Stabilisator der angestrebten weltwirtschaftlichen Integration der UdSSR bleiben.

Die angebotsorientierte Energiepolitik der UdSSR wird sich auch in vorhersehbarer Zukunft primär auf traditionelle Energieträger stützen. Der Fünfjahresplan bis 1990 und das Langfristprogramm bis zum Jahre 2000 basieren unverändert auf den drei Säulen Erdöl- bzw. Erdgas, Kohle und Kernenergie. Die entsprechenden Reserven sind beträchtlich, jedoch nicht unbegrenzt. Bei Erdöl und Erdgas steigen die Förderkosten stark an. Die erforderlichen Ausrüstungen müssen teilweise importiert werden. Die sowjetische Kernenergiepolitik hat durch das Desaster von Tschernobyl einen schweren Rückschlag erlitten. Die Fertigstellung neuer Kernkraftwerke – ohnehin hinter dem Plan zurück – verzögert sich zusätzlich aufgrund der Überprüfung bisheriger Sicherheitsvorrichtungen. So finden sich in der publizistischen und wissenschaftlichen Diskussion, in Reden führender Politiker und schließlich in den Plandokumenten zunehmend Hinweise auf die Notwendigkeit, in wachsendem Umfang auch andere regenerierbare Energiequellen (Sonnenenergie, Windenergie, Erdwärme) zu nutzen. Im Jahre 1986 wurde auf der Krim das erste sowjetische Sonnenkraftwerk in Betrieb genommen. Der allgemeine Nachdruck ist allerdings noch so gering, daß alternative Energie im Unionsdurchschnitt noch lange eine nur geringe Rolle spielen dürfte. In der RSFSR (der großen Russischen Unionsrepublik) sollte von 1986 bis 1990 alternative Energie im Äquivalent von 1 Mill. t SKE erzeugt werden. Im langfristigen Energieprogramm der UdSSR wird ein jährlicher Beitrag erneuerbarer Energie von 20 bis 40 Mill. t SKE angestrebt.

Dennoch sind erneuerbare Energien inzwischen aus drei Gründen so interessant geworden, daß Möglichkeiten internationaler Kooperation in Erwägung gezogen werden dürften: erstens wegen der tendenziellen allgemeinen Verknappung auf der Angebotsseite bei gleichzeitig anhaltend großer Nachfrage, zweitens wegen der zunehmenden ökologischen Dimension im öffentlichen Bewußtsein und in der politischen Programmatik, und drittens aufgrund regionalwirtschaftlicher Belange im Süden der UdSSR, vor allem in Kasachstan und den vier mittelasiatischen Unionsrepubliken. Sonnenenergie spielt in der in Sowjetmittelasien geführten Diskussion eine deutlich stärkere Rolle als im Unionsdurchschnitt. Diese Republiken liegen südlich des 50. Breitengrades. Gerade in diesen Republiken mit hoher struktureller Arbeitslosigkeit besteht auch Bedarf an nachholender ökonomischer Entwicklung. Die sich im Zuge der Perestrojka verstärkenden Selbständigkeitsbestrebungen der einzelnen Unionsrepubliken dürften den Nachdruck auf die Entwicklung nationaler Energiebasen weiter verstärken, vor allem, wenn sie ökologisch unbedenklich sind.

4.2 Sowjetisches Interesse an der Nutzung von Sonnenenergie

4.2.1 Allgemeine Probleme sowjetischer Wissenschaft

Bei der Beurteilung von Entwicklungen und Leistungen in der sowjetischen Wissenschaft wird als Faustregel zumeist die Auffassung vertreten, daß das Niveau der Sowjetwissenschaft im theoretischen

Bereich internationalen Standard habe, während die Umsetzung der Forschungsergebnisse in die Praxis erhebliche Schwierigkeiten bereite und dementsprechend die Rückstände in angewandter Forschung und Entwicklung zunehmen.

Bei selbstkritischen Reflexionen über die Sowjetwissenschaft im Zeichen der »Glasnost« wird zum Ausdruck gebracht, daß insbesondere während der vergangenen 15 Jahre, als in westlichen Industrieländern rasche Fortschritte in der Anwendung von Datenverarbeitungsanlagen und im computergesteuerten Apparatebau erzielt worden sind, die Wettbewerbsfähigkeit der Sowjetwissenschaft stark beeinträchtigt wurde. Die Produktion von Personalcomputern wurde in der Sowjetunion erst 1984/85 aufgenommen. Bis Ende 1990 ist eine Produktion von 1,1 Mill. Personalcomputern vorgesehen, während in den USA 30 Mill. hergestellt werden. A. Rshanow, Direktor des Instituts für Halbleiterphysik der Sibirischen Abteilung der Unions-Akademie kam in einem Beitrag unter der Überschrift »Wie weit kann man zurückbleiben ...« (Isvestija, 2.10.1989) zusammen mit zwei weiteren Fachleuten zu der Feststellung, daß das Niveau der Computer-Industrie in der Sowjetunion insgesamt mit erst 1 vH der amerikanischen zu veranschlagen sei. Nehme man periphere Geräte hinzu, so gebe es oft »überhaupt nichts zu vergleichen«. Bedenkt man ferner, daß in Japan und Europa zusätzlich ein gewaltiges Potential in der Mikroelektronik hervorgebracht wurde, das zudem international vernetzt ist, so hat der Abstand zwischen Ost und West in der Hochtechnologie inzwischen geradezu astronomische Ausmaße erreicht.

Diese technologische Lücke spiegelt sich auch im Bereich der Wissenschaften wider. G. I. Martschuk, der Präsident der Akademie der Wissenschaften der UdSSR, wies auf der Unionsparteikonferenz vom Juni 1988 auch auf Defizite der Sowjetunion auf dem Gebiet der Grundlagenforschung hin:

> »Hier sehen wir, daß die Anzahl der Wissenschaftler, die sich mit Grundlagenforschung beschäftigen, in den USA doppelt so groß ist wie in unserem Land. Und das, obwohl die Gesamtzahl der Wissenschaftler in beiden Ländern etwa gleich groß ist. Die Mittel, die den Wissenschaftlern in den USA zur Verfügung stehen, sind ungleich umfangreicher als bei uns, sie machen mindestens das Dreifache der unseren aus. Das bedeutet, daß unser Grundlagenforschungspotential nur etwa 20 vH des amerikanischen entspricht.« Er fügte hinzu, daß die USA für diese Zwecke 15 Milliarden Dollar ausgeben, gegenüber 2 Milliarden Rubel in der So-

> wjetunion, und daß die USA bis zum Jahr 1992 eine Steigerung der Ausgaben auf 30 Milliarden Dollar im Jahr vorsehen. »Daraus geht klar hervor, daß es für uns noch schwieriger wird, in der Wissenschaft konkurrieren zu können. Deshalb sind wir ja ständig dazu verurteilt, hinterherzulaufen, und deshalb vergrößert sich auch unser Rückstand ...« (Pravda, 1.7.1988).

Zugleich gilt es natürlich zu sehen, daß die sowjetische Wissenschaft mit einem Potential von 1,5 Mill. Fachkräften, einer großen Wissenschaftstradition, einem gut ausgebauten Hochschulwesen und einer Konzentration der Wissenschaft im Bereich naturwissenschaftlich-technischer Fachrichtungen alle Voraussetzungen dafür hat, um in einem breiten Spektrum die internationalen wissenschaftlichen Fortschritte mitzuvollziehen und in bestimmten Bereichen auch Pionierleistungen hervorzubringen. Dies gilt insbesondere für wissenschaftlich-technische Schwerpunktprojekte, wie sie zum Beispiel in der Weltraumforschung angelegt sind.

In den Jahresberichten der Akademie der Wissenschaften der UdSSR findet man gelegentlich Erwähnungen von Leistungen auf dem Gebiet der Nutzung alternativer Energien sowie Forderungen nach verstärkter Forschung auf diesem Gebiet. Es besteht jedoch nicht der Eindruck, daß diesem Sektor auf Unionsebene eine herausgehobene Priorität zugemessen wird. Anders ist die Situation in den zentralasiatischen Republiken, im Kaukasus und auf der Krim, wo aus klimatischen Gründen die Nutzung von Sonnenenergie als erfolgversprechend und zukunftweisend angesehen wird und auch Forschungsschwerpunkte für die Sonnenenergienutzung geschaffen worden sind.

4.2.2 Solartechnische Forschungseinrichtungen

4.2.2.1 Zentrale Einrichtungen

Das oberste Koordinationsgremium für Fragen alternativer Energien besteht beim Staatskomitee für Wissenschaft und Technik des Ministerrats der UdSSR, das über eine Kommission für regenerierbare Energiequellen verfügt. Die Leitung dieser Arbeiten auf ministerieller Ebene fällt in die Zuständigkeit des Energieministeriums der UdSSR (Minenergo). Als wissenschaftliches Leitinstitut ist das Staatliche Energetische Institut namens G. M. Krshishanowskij (ENIN), das zur Akademie der Wissenschaften der UdSSR gehört, eingesetzt worden. Als Programm für die »Hauptrichtungen in der Entwicklung der Forschungen über regenerierbare Energiequellen in der UdSSR« sind folgende Punkte angeführt (1983):

- Schaffung und Inbetriebnahme einer Solarturmanlage mit Dampfturbinen-Zyklus;
- Erarbeitung und Schaffung von photovoltaischen Einrichtungen für die Elektrizitätsversorgung autonomer Anwender;
- Entwicklung und Bau von Systemen zur Nutzung der Sonnenenergie für Heißwasserversorgung, Heizung und Klimatisierung.

Weitere Punkte des Arbeitsprogramms erstreckten sich auf Geothermik, Windenergie und die Nutzung biologischer Systeme für die Umwandlung von Sonnenenergie.

Beim Präsidium der Akademie der Wissenschaften der UdSSR besteht ein Wissenschaftlicher Rat für den Bereich »Erforschung neuer Wege zur Nutzung der Sonnenenergie«. Ferner hat die Physikalisch-Technische und Mathematische Sektion der Akademie der Wissenschaften der UdSSR einen Wissenschaftlichen Rat für das Problem »Physik der Verbindungen Sonne-Erde«.

Die Hauptversuchsstation auf Unionsebene befindet sich auf der Krim, wo im Dezember 1986 eine Solarturmanlage mit einer elektrischen Leistung von 5 MW in Betrieb genommen wurde. In einem geschichtlichen Rückblick auf die sowjetischen Arbeiten zur Sonnenenergienutzung heißt es, daß bereits Anfang der fünfziger Jahre vom Energetischen Institut ENIN ein solches Projekt erstmalig ausgearbeitet, Ende der fünfziger Jahre aber wegen neuer großer Funde von Erdöl und Erdgas zurückgestellt wurde.

> Die Solarturmanlage auf der Krim hat 1 600 Spiegel mit einer Gesamtfläche von 40000 qm, die auf einen Dampfgenerator gerichtet sind, der sich auf einem 89 m hohen Turm befindet. Die Sonnenscheindauer auf der Krim beträgt 2350 Stunden im Jahr, für das Kraftwerk ist eine Nutzung von 2000 Stunden im Jahr vorgesehen. Die Baukosten haben 29 Mill. Rubel betragen. Wirtschaftlichkeitsberechnungen haben ergeben, daß 1 kWh aus dem Sonnenkraftwerk ungefähr einen Rubel kostet, womit dieser Wert ungefähr 50 mal höher liegt als bei Wärmekraftwerken, die auf herkömmlicher Brennstoffbasis arbeiten (Vestnik AN SSR, 4/1989, S. 52/53).

Die traditionsreichsten sowjetischen Institute hinsichtlich der Nutzung der Sonnenenergie, die bereits 1964 für ihre Arbeiten einen Koordinationsrat geschaffen haben und denen auch heute auf diesem Gebiet eine besondere Bedeutung zukommt, sind:

- Energetisches Institut Krshishanowskij (ENIN);
- Unionsinstitut für Stromquellen (VNIIT);
- Physikalisch-Technisches Institut der Akademie der Wissenschaften der Usbekischen SSR;
- Institut für Energetik der Georgischen SSR;
- Physikalisch-Technisches Institut der Akademie der Wissenschaften der Turkmenischen SSR;
- Institut für Halbleiter der Akademie der Wissenschaften der UdSSR;
- Moskauer Institut für Pflanzenphysiologie.

Seit 1960 wird in der Sowjetunion ein spezielles Referatenblatt für »Sonnenenergetik« (als Teilserie des Referatenblattes »Energetik«) vom Institut für wissenschaftliche Information herausgegeben. Seit dem Jahr 1965 erscheint die Zeitschrift »Heliotechnik«, herausgegeben von der Akademie der Wissenschaften der UdSSR und der Akademie der Wissenschaften der Usbekischen SSR, mit sechs Heften pro Jahr. Die Zeitschrift erscheint in englischer Übersetzung unter dem Titel »Applied Solar Energy«. Beim 10-Jahres-Jubiläum der Zeitschrift im Jahr 1975 wurde darauf hingewiesen, daß in dieser Zeit 750 Arbeiten publiziert worden sind (Heft 3/4, 1975). Während es 1965 in der Sowjetunion vier Doktoren gab, die sich für die Fachrichtung Heliotechnik spezialisiert hatten, betrug ihre Zahl im Jahr 1975 30 Doktoren und über 100 Kandidaten der Wissenschaft.

Im Jahr 1976 hat die Sowjetunion im Rahmen der UNESCO die internationale Zusammenarbeit auf dem Gebiet der Solartechnik aufgenommen.

4.2.2.2 Einrichtungen in den Unionsrepubliken

Usbekische SSR

Eine herausragende Bedeutung auf der Ebene der Unions-Republiken haben die Arbeiten über die Solartechnik in der Usbekischen Unionsrepublik. Hier beträgt die Dauer der Sonneneinstrahlung ungefähr 3000 Stunden im Jahr, womit besonders günstige Voraussetzungen für Studien über Sonnenenergie und deren Anwendungen gegeben sind. 1934 wurde in Taschkent ein solartechnisches Laboratorium eingerichtet, auf dessen Grundlage im Jahr 1943 das Physikalisch-Technische Institut der Akademie der Wissenschaften der Usbekischen Republik geschaffen worden ist. 1946 wurde in Taschkent von Mitarbeitern des solartechnischen Laboratoriums des Energetischen Instituts ENIN ein Energiekonzentrator mit einem Parabolspiegel von 10 m Durchmesser errichtet, so daß in den fünfziger Jahren Taschkent bereits als »Zentrum heliotechnischer Studien in der Sowjetunion« angesehen worden ist (Geliotechnika, 6, 1972). In der Folgezeit wurden die Arbeiten auf dem Gebiet der Solartechnik bei der Akademie der Wissenschaften der Usbekischen SSR vor allem in folgenden Instituten systematisch durchgeführt:

- Physikalisch-Technisches Institut, das vom Staatskomitee für Wissenschaft und Technik des Ministerrats der UdSSR als Leitinstitut für wissenschaftliche Grundlagen der Entwicklung von Apparaturen für die Konzentration für Sonnenenergie und von Sonnenwärmespeichern bestimmt worden ist. Langjähriger Leiter des Instituts (von 1966 bis 1988) war Akademiemitglied S. A. Asimow. Das Institut verfügt über Versuchsstationen für Sonnenspiegel und Energieumwandler nach verschiedenen Methoden. Ein Schwerpunkt scheint bei der Entwicklung kleinerer Einrichtungen für Anwendungen in Wüstengebieten oder Bergregionen zu liegen.
- Das Institut für Elektronik der Akademie der Wissenschaften hat einen Schwerpunkt bei der Erforschung von chemischen Reaktionen bei hohen Temperaturen unter Nutzung von Sonnenöfen. Direktor dieses Instituts, das 1967 gegründet wurde, war Akademiemitglied U. A. Arifow, der vorher auch die Präsidentschaft der Usbekischen Akademie der Wissenschaften wahrgenommen hatte.
- Das Institut für Mikrobiologie der Akademie befaßt sich in Zusammenarbeit mit dem Physikalisch-Technischen Institut vor allem mit dem Studium der Züchtung und Nutzung von Chlorella Algen unter Einsatz von Sonnenenergie.

Lange Zeit hat man in Usbekistan den Bau und die Inbetriebnahme eines Hybrid-Sonnenkraftwerks mit einer Leistung von 300 MW geplant und vorbereitet. Es sollte mit zwei Dampferzeugersystemen auf der Basis von Erdgas und Sonnenenergie arbeiten. In einem Bericht des Jahres 1987 heißt es dazu jedoch:

> »Der Bau und die Nutzung solcher Stationen auf der Krim, in den USA, Spanien und in anderen Ländern haben gezeigt, daß solche Einrichtungen beim gegenwärtigen Niveau der technischen Lösungen mit keinem der traditionell nutzbaren Energieerzeuger konkurrieren können.« Aus diesem Grund seien in Usbekistan die Anstrengungen auf die Entwicklung autonomer Solaranlagen unter Nutzung der Photovoltaik gerichtet (Geliotechnika 5, 1987).

Die Wissenschafts- und Produktionsvereinigung »Sonne«, die wissenschaftlich vom Physikalisch-Technischen Institut der Usbekischen Akademie geleitet wird, verfügt über einen Sonnenofen von 1000 kW mit einem parabolischen Energiekonzentrator von 2000 qm und flachen Sonnenspiegeln mit einer Fläche von 3000 qm. Bei dieser Einrichtung gelingt es, Temperaturen von 3000 Grad zu erzeugen, womit wiederum Grundlagenforschungen über physikalisch-chemische Prozesse vorgenommen werden (Geliotechnika, 6, 1987). Die Vereinigung baut nur Versuchsmuster und Demonstrationsanlagen und verfügt nicht über die Voraussetzungen zur Produktion größerer Serien (Vereinigte Wirtschaftsdienste, 30.10.1987).

Turkmenische SSR

Das Leitinstitut für Fragen der Sonnenenergie ist in der Turkmenischen Akademie der Wissenschaften das Physikalisch-Technische Institut, das lange Zeit von Akademiemitglied W. A. Baum geleitet wurde. Unter seiner Leitung sind in Aschchabad vor allem theoretische Arbeiten durchgeführt worden. Es gibt verschiedene Versuchsanlagen zur Wasserentsalzung, für die Wärmeversorgung von Häusern, Trockeneinrichtungen usw.

Besondere Bedeutung dürfte einer bei Aschchabad geplanten Fabrik zur Herstellung von Solarzellen zukommen. Ihre Inbetriebnahme war ursprünglich für das Planjahrfünft 1986/90 vorgesehen, wird jetzt wahrscheinlich aber erst in den neunziger Jahren realisiert. Das Vorhaben in Aschchabad wird weiterhin beim Staatlichen Planungskomitee als genehmigtes Projekt geführt, doch soll nach Pressemeldungen (Nachrichten für Außenhandel 27.10.1987) das Ministerium für Elektrotechnische Industrie vom Bauvorhaben abgerückt sein. Das Staatskomitee für Wissenschaft und Technik hat Schwierigkeiten mit der Realisierung solcher Projekte wegen der Zersplitterung von Entwicklung und Fertigung von Baugruppen und Teilen für Solaranlagen auf eine Vielzahl von Betrieben im Geschäftsbereich der Ministerien für Elektrotechnische Industrie, für Elektronische Industrie sowie für NE-Metallindustrie sowie auf Betriebe und Einrichtungen in den Unionsrepubliken.

Armenische SSR

In der Armenischen Sowjetrepublik gibt es ein Komitee für Solartechnik der Wissenschaftlich-Technischen Gesellschaften sowie ein solartechnisches Laboratorium, das über eine Hochtemperatureinrichtung mit einem Parabolkonzentrator von 10 m Durchmesser ausgestattet ist.

Kasachische SSR

In der Alma Ata befindet sich u. a. ein Zentrum zum Studium der Nutzung der Sonnenenergie für medizinische Zwecke.

Weitere Forschungseinrichtungen

Das Studium der sowjetischen Fachpublikationen – insbesondere der Zeitschrift »Heliotechnik« – zeigt, daß es sowohl in wissenschaftlichen Einrichtungen der Russischen Föderation (RSFSR) als auch in den südlichen Unions-Republiken eine Vielzahl weiterer Forschungsinstitute gibt, die sich mit Fragen der Solartechnik befassen. Angesichts der Umgestaltungsprozesse in der Sowjetunion dürften Aktualisierungen der institutionellen Gegebenheiten notwendig werden.

Die folgende Übersicht zeigt Orientierungsdaten für acht südliche Republiken der Sowjetunion (Geliotechnika 3/1972, S. 5; Nar. Choz. 1987):

Republik	Bevölkerung 1987 in Tausend	Wissenschaftler 1986 in Tausend	Sonnen-einstrahlung Stunden/Jahr
Turkmenische SSR	3 361	5,5	3 033
Usbekische SSR	19 026	38,0	2 816
Kirgisische SSR	4 143	9,8	2 696
Tadshikische SSR	4 807	8,6	2 882
Kasachische SSR	16 244	40,5	2 574
Georgische SSR	5 266	27,6	2 126
Armenische SSR	3 412	22,3	2 520
Aserbajdshanische SSR	6 811	23,1	2 600

4.2.3 Aktuelle Tendenzen in der Bewertung von Solartechniken

Im Nachrichtenblatt der Akademie der Wissenschaften der UdSSR (Vestnik ANSSR) (April 1989, S. 51–56) erschien ein Aufsatz von Akademiemitglied W. A. Kirillin und E. E. Spilrain mit dem Titel »Perspektiven der Sonnen-Kraftwerke«. Da Kirillin im Rahmen der Akademie der Wissenschaften die Abteilung für Physikalisch-Technische Probleme der Energie leitet, dürfte diesen Ausführungen eine besondere aktuelle Bedeutung zukommen.

Die Verfasser weisen zunächst auf die Umweltgefährdungen durch die klassischen Kraftwerke auf der Basis von fossilen Brennstoffen,

Wasserkraft und Kernkraft hin und leiten hieraus das besondere Interesse an der Nutzung der Solartechnik ab. Es werden dann die Schwierigkeiten bei der Nutzung der Sonnenenergie sowie Einzelheiten der Experimentalanlage auf der Krim behandelt. In Anbetracht der hohen Stromkosten der Stromgewinnung mit Spiegelaggregaten und Solarturmanlagen werden verschiedene Verbesserungsmöglichkeiten diskutiert und weitere experimentelle Arbeiten empfohlen, abschließend heißt es aber in dem Aufsatz:

> »Schließlich werden ernsthaft die Perspektiven der direkten Umwandlung der Sonneneinstrahlung in Elektrizität mit Hilfe von photovoltaischen Umwandlern in Betracht gezogen. Bekanntlich bilden sie heute die Grundlage für die Stromversorgung in der Raumfahrt. Die Nutzung derartiger Umwandler auf der Erde wird durch deren hohe Kosten behindert. Dennoch lassen die technologischen Erfolge der letzten Jahre insbesondere bei der Schaffung dünnschichtiger photovoltaischer Umwandler aus amorphem Silizium hoffen, daß zum Ende des Jahrhunderts deren Kosten soweit sinken, daß Sonnenkraftwerke auf der Basis photovoltaischer Umwandler sich als konkurrenzfähig im Vergleich zu den traditionellen Kraftwerken erweisen werden.«

Dann wird auf die Perspektiven des amerikanischen Projekts der Firma »Cronar« zur Schaffung eines 50 MW-Kraftwerkes auf der Basis von amorphem Silizium eingegangen:

> »In unserem Lande verlangen die Arbeiten von dünnschichtigen photovoltaischen Umwandlern, insbesondere auf der Grundlage von amorphem Silizium, eine erheblich größere Aufmerksamkeit. Die Sonnenenergetik unternimmt heute nur die ersten Schritte. Von der richtigen Organisation der wissenschaftlichen und versuchstechnischen Arbeiten auf diesem Gebiet hängt es ab, welche Rolle sie in der energetischen Szenerie wahrnehmen kann. Das Energie-Ministerium der UdSSR (Minergo) ist aufgerufen, sein gewichtiges Wort zu sprechen.«

4.3 Sowjetisches und westeuropäisches Interesse an einer Zusammenarbeit zur Nutzung von Sonnenenergie

Wenngleich die West-Ost-Zusammenarbeit im Energiebereich dem Liefervolumen nach auch zukünftig in erster Linie auf dem Gebiet von Erdgas und Erdöl erfolgen wird, und bei der technischen Zusammenarbeit die Kernenergie im Vordergrund steht, so kann doch ein langfristiges sowjetisches Interesse an gemeinsamen Projekten zur Nutzung von Sonnenenergie als wahrscheinlich angesehen werden.

Die UdSSR ist aufgrund der angespannten Energiebilanz an westlichen Beiträgen zur Verbreiterung der Energiebasis des Landes interessiert. Dabei geht es sowohl um Know-how und Ausrüstungsgüter als auch um Kapital. Letzteres könnte auf Kreditbasis im Rahmen von Kooperationsvereinbarungen (Kapital-Röhren-Erdgas-Modell) oder über die unter Gorbatschow eingeführte und inzwischen weiter ausgebaute Form gemeinsamer Unternehmungen (joint ventures) bereitgestellt werden.

Die UdSSR ist im Zeichen der Perestrojka an der Etablierung einer neuen Weltwirtschaftsordnung (Stichwort »weltwirtschaftliche Sicherheit«) interessiert. Eine internationale Wirtschaftskonferenz im Rahmen des KSZE-Prozesses wurde im Jahr 1990 durchgeführt. All dies ist über angestrebte ökonomische Effekte hinaus im Zusammenhang mit dem sog. »Neuen Politischen Denken« in der sowjetischen Außenpolitik zu sehen, das unter der Leitformel vom »Vorrang allgemeiner Menschheits- vor Klasseninteressen« neben der Friedensorientierung auch eine immer wieder betonte ökologische Komponente hat.

Auch wäre vorstellbar, daß sich die UdSSR von der Kooperation mit dem Westen einen positiven Effekt in der Nationalitätenproblematik erhofft. Westliches Engagement – etwa in Sowjetmittelasien – könnte den Wandlungsprozeß wirtschaftlich unterstützen und damit vielleicht auch politisch stabilisieren.

An wissenschaftlich-technischer Kooperation mit westlichen Ländern besteht auf sowjetischer Seite in den letzten Jahren – und nach Erfahrungsberichten verstärkt in jüngster Zeit – ein zunehmendes Interesse. Dies hängt zunächst sicher mit der Erkenntnis zusammen, daß Fortschritte auf internationalem wissenschaftlichen Niveau ohne enge Zusammenarbeit in der jeweiligen »scientific community« immer schwieriger erzielt werden können. Zugleich aber entsprechen die Bemühungen um wissenschaftliche Kooperation dem politischen Trend, die relative Selbstisolation der bisherigen Sowjetentwicklung zu durchbrechen.

Die Industrieländer Westeuropas müßten ihrerseits an einer Kooperation mit der UdSSR auf dem Gebiet der Sonnenenergie interessiert sein, und zwar sowohl bezüglich ihrer Entwicklung und Nutzung in der UdSSR selbst (und in Osteuropa) als auch hinsichtlich der Möglichkeit von Energieimporten aus der UdSSR. Denn abgesehen von der Verknappung und Verteuerung des Angebots traditioneller Energieträger ist der hohe Verbrauch nichtregenerierbarer Energie ein weltweit umweltbedrohender Faktor. Dies gilt vor allem auch für die starke Umweltbelastung in der UdSSR, die freilich von der schlechten Umweltqualität kleinerer osteuropäischer Volkswirtschaften wie der DDR, der CSSR und Polen noch übertroffen wird.

Dazu kommen die positiven Erfahrungen mit der westeuropäisch-sowjetischen Zusammenarbeit auf dem Energiegebiet im allgemeinen und der deutsch-sowjetischen Kooperation im besonderen. Nach voller Wirksamkeit des Erdgasabkommens machen Energielieferungen aus der UdSSR knapp 10 vH des Primärenergieverbrauchs der Bundesrepublik aus; beim Gasverbrauch lag der Anteil sowjetischer Lieferungen im Durchschnitt der letzten Jahre bei ca. 30 vH. Abgesehen von gelegentlichen technischen Schwierigkeiten gab es keine durch sowjetisches Verhalten bedingten Lieferausfälle. Im übrigen gibt es westliche Sicherheitsvorkehrungen (z. B. sog. »unterbrechbare Verträge«), die das Sicherheitsrisiko kalkulierbar und kontrollierbar halten. Es hat sich als sinnvoll erwiesen, die Bezugsrisiken durch regionale Importstreuung zu mindern und stärkere Abhängigkeiten von arabischen Ländern zu vermeiden. Diese Politik der Risikoverteilung dürfte sich auch auf anderen Gebieten – wie etwa einer internationalen Kooperation zur Gewinnung und Lieferung von Sonnenenergie – bewähren.

4.4 Politisch-ökonomische Perspektiven einer Kooperation mit der Sowjetunion

Die Zukunft der sowjetischen Politik, Wirtschaft und Gesellschaft wird ebenso wie die internationale Rolle der UdSSR und ihr Kooperationsverhalten in starkem Maße vom Ausgang der Perestrojka bestimmt werden. Dennoch darf nicht übersehen werden, daß es immer Tendenzen gegeben hat, Ost-West-Handel und wirtschaftliche Zusammenarbeit gegenüber den Einflüssen innenpolitischer Veränderungen und außenpolitischer Klimawechsel weitgehend abzuschirmen. Sicherlich ist das gegenwärtige sowjetische Interesse an stärkerer Integration in die Weltwirtschaft Bestandteil der Umgestaltungskonzeption und wird im Falle einer erfolgreichen Perestrojka weiter zunehmen. Doch dürfte eine erneute – und prinzipiell auch mögliche – »reaktionäre Wende« nicht das Ende sowjetischer Kooperationsbereitschaft bedeuten und auch kaum Anlaß sein, bestehende Lieferbeziehungen zur Ausübung außenpolitischen Drucks zu instrumentalisieren. Jede sowjetische Führung bliebe mit großen wirtschaftlichen Schwierigkeiten konfrontiert und wäre darauf angewiesen, internationale Wirtschaftsbeziehungen für ökonomische Stabilisierung und strukturelle Modernisierung zu nutzen. Sieht man von der Möglichkeit einer alles zerstörenden Kriegskatastrophe ab, so bestünden Risiken für eine kontinuierliche Ost-West-Kooperation zur Nutzung von Sonnenenergie in der nach den Ereignissen der jüngsten Vergangenheit nicht auszuschließenden Möglichkeit von nationalitätenpolitischen Turbulenzen im Süden der UdSSR, die die Erzeugung und Lieferung von Energie beeinträchtigen könnten.

Wie ist der Stand der Perestrojka nach fünf Jahren sowjetischer Politik unter Gorbatschow zu beurteilen? Ohne Zweifel sind weitreichende Veränderungen eingetreten. Ein neuer, stabiler und ökonomisch effizienter Zustand von Politik, Wirtschaft und Gesellschaft konnte allerdings noch nicht erreicht werden. Im Gegenteil: Die gegenwärtigen Entwicklungen in der UdSSR machen deutlich, daß die Perestrojka allenfalls durch Krisen aus der Krise führt. In ökonomischer Hinsicht ist die derzeitige Lage der UdSSR durch eine doppelte Scherenkrise bestimmt. Auf der einen Seite kam es zu einer zunehmenden Diskrepanz zwischen wachsenden Anforderungen (Ressourcenansprüche für Kapitalbildung, Rüstung und Konsum, Kosten hegemonialer Außenpolitik, wachsender Bedarf an Systemlegitimation durch positive Wirtschaftsresultate) und unzureichender Wirtschaftsleistung (Stagnation des Wirtschaftswachstums, nachlassende Steuerungsfähigkeit der Wirtschaft durch zentrale Planung, unzureichende Entwicklung von Produktivität und Innovation, immer stärker aufbrechende geldwirtschaftliche Ungleichgewichte, Krise der Versorgung der sowjetischen Bevölkerung mit Konsumgütern). Auf der anderen Seite öffnete sich die Schere zwischen sowjetischer Wirtschaftsleistung und ökonomisch stabiler sowie technologisch-innovativer Entwicklung in den meisten westlichen Industrieländern.

In politischer Hinsicht ist die sowjetische Krise vor allem eine Krise der politischen Führung. Innerhalb der Führungsspitze – insbesondere im Politbüro, das in der Breshnew-Ära weder willens noch in der Lage war, der UdSSR die notwendigen Modernisierungsimpulse zu vermitteln – ist es zwar inzwischen zu weitgehenden personellen Veränderungen gekommen. Doch ist fraglich, ob die Substanz der Führung aufs Ganze gesehen wirklich verbessert ist, denn das Nomenklatura-System behindert noch immer die erforderliche Zirkulation der politische Elite.

Zudem sind die bürokratischen Reformwiderstände kaum gebrochen, die freilich auch nur dann zu überwinden sind, wenn der Handlungsspielraum der Bürokratie durch strukturelle Reformen wirksam beschränkt werden kann. Wirtschafts- und Führungskrise waren und sind zugleich Bestandteile und verstärkende Faktoren einer umfassenden gesellschaftlichen Krise im Sinne eines Abdriftens breiter Bevölkerungsschichten von den offiziellen Wertvorstellungen und Verhaltensnormen des sozialistischen Systems. Eine besonders kritische Dimension haben schließlich in der Zwischenzeit die Nationalitätenkonflikte erreicht, die mehr oder weniger die gesamte Peripherie der UdSSR erfassen. Sie gipfeln in zuweilen bürgerkriegsähnlichen Zuständen im Transkaukasus und in den vehementen Selbständigkeitsbestrebungen der baltischen Republiken, deren nationale Volksfronten mittlerweile weitgehende kulturelle, wirtschaftliche, staatsrechtliche, ja außenpolitische Autonomie gefordert haben.

Gorbatschow begann als Wirtschaftspolitiker mit überwiegend prozeß- und strukturpolitischen Zielen. »Beschleunigung« und »Intensivierung« waren seine ersten Leitformeln. Das Instrumentarium bestand aus einem »policy mix« arbeitspolitischer, strukturpolitischer (12. Fünfjahresplan) und systempolitischer Maßnahmen. Die Notwendigkeit einer »Vervollkommnung von Planung, Leitung und Wirtschaftsmechanismus« wurde zwar von Anfang an betont, doch blieb die Wirtschaftsreformpolitik zunächst im Rahmen traditioneller Ansätze. Seit 1986/87 änderten sich Nachdruck, Begrifflichkeit und Konzept der sowjetischen Politik: Anstelle bloßer wirtschaftspolitischer Anpassungen wurde das Ziel einer radikalen Wirtschaftsreform verkündet, statt isolierter Veränderungen auf dem Gebiet der Ökonomie forderte die Gorbatschow-Führung die Umgestaltung (Perestrojka) des gesamten politisch-gesellschaftlichen Systems der UdSSR. In den Jahren 1989/90 setzte schließlich eine verstärkt marktwirtschaftliche Entwicklung ein (»regulierte Marktwirtschaft«).

Insgesamt wurden zwischen 1987 und 1990 in einem nicht abreißenden, jedoch in Tempo und Intensität schwankenden, uneinheitlichen und kompromißhaften Veränderungsprozeß viele Maßnahmen zur Reform des wirtschaftlichen und politischen Systems eingeleitet. Gesetzliche Bestimmungen für die Erweiterung betrieblicher Handlungsspielräume, die Neuregelung der Außenwirtschaftstätigkeit, Schritte zur Kodifizierung des Genossenschafts- und Pachtwesens sowie Änderungen von Wahlsystem und politischer Willensbildung (Verfassungsreform) sind besonders hervorzuheben. Vor allem aber hat die zunehmende Vielfalt und Freiheit der Meinungsäußerung (Glasnost) die gesellschaftliche und politische Atmosphäre der UdSSR verändert.

Wenn es dennoch bis heute nicht zu einer neuen Systemqualität, zu politischer Stabilität und zu verbesserter Wirtschaftsleistung gekommen ist, wenn vielmehr das Resultat des Umgestaltungsprozesses nach wie vor als offen bezeichnet werden muß, so ist dies auf Unvollkommenheiten, Probleme und Widerstände auf drei Ebenen zurückzuführen: Zum einen gibt es immer noch keine konsistente und abgeschlossene Konzeption für die Umgestaltung des ökonomischen und politischen Systems der UdSSR. Die praktische Perestrojka-Politik hat vielmehr den Charakter eines Suchprozesses mit vielen Widersprüchen, Inkonsequenzen und politischen Auseinandersetzungen.

Zum anderen bleiben die tatsächlichen institutionellen Veränderungen hinter dem begrenzten konzeptionellen Wandel zurück. Dies liegt einmal am Verhalten der Bürokratie, die teils aus Selbstinteresse, teils in Wahrnehmung der ihr von der Zentrale übertragenen Aufgaben bereits beschlossene institutionelle Änderungen blockiert. Es ist auch darauf zurückzuführen, daß die Führung selbst vor weiterreichenden Reformmaßnahmen zurückschreckt, etwa vor der im Prinzip beschlossenen und für eine erfolgreiche Wirtschaftsreform auch notwendigen Preisreform.

Nicht zuletzt aber bremst die Diskrepanz zwischen den Anforderungen der Perestrojka und der traditionellen russisch-sowjetischen politischen und ökonomischen Kultur den Umgestaltungsprozeß. Menschen mit Initiative sind bislang noch ebenso selten anzutreffen wie Menschen, die bereit sind anzuerkennen, daß sich unterschiedliche Wirtschaftsleistung in deutlich unterschiedlichen Einkommensniveaus niederschlagen darf.

Reformfortschritte im Sinne einer erfolgreichen Annäherung an stabile und zugleich ökonomisch effiziente Systemlösungen hängen somit von einer Reihe von Faktoren ab: Macht- und Autoritätsgewinn der Führung, konzeptioneller Klarheit, Einbindung der Bürokratie in den Perestrojka-Prozeß, Bewirkung von positiverer Reaktion bei der Bevölkerung, günstigen exogenen Faktoren. Stabilisiert wird der Fortgang der Perestrojka durch das Fehlen tragfähiger Alternativkonzepte. Aber es gibt viele Gegenkräfte, Unsicherheiten und Risiken, die die Entwicklung stoppen, zumindest stark abbremsen können.

Da eine signifikant zunehmende Bereitschaft zu internationaler Wirtschaftskooperation – darunter etwa auf dem erörterten Sektor gemeinsamer Projekte zur Nutzung von Sonnenenergie – eher im Falle einer erfolgreichen Reformpolitik zu erwarten ist, sollte der Westen seinerseits versuchen, den Reformprozeß durch eigene Angebote zur wirtschaftlichen Zusammenarbeit zu stabilisieren.

5 *Schlußfolgerungen*

Realisierbarkeit

Wie die technische Realisierung einer künftigen Sonnenenergienutzung in großem Stil nach einer Ausreifungsphase von mehreren Jahrzehnten aussehen wird, ist aus heutiger Sicht offen. Angesichts dieses Zeithorizonts sind auch die künftigen wirtschaftlichen, ökologischen und gesellschaftlichen Rahmenbedingungen einschließlich möglicher Wandlungstendenzen bezüglich der Wertvorstellungen und Lebensformen schwer voraussagbar.

Unter politischen Aspekten erscheint eine langfristig angelegte Zusammenarbeit von Westeuropa mit arabischen Ländern, insbesondere Nordafrikas, bei geeigneter Wahl der Kooperationsformen und -länder als grundsätzlich realisierbar. Die Kooperation sollte langfristigen ökonomischen Interessen aller Partner dienen, entwicklungspolitischen Konzeptionen der beteiligten arabischen Länder entsprechen und ihre kulturellen Voraussetzungen beachten. Die Umweltverträglichkeit von Projekten – z. B. in Zusammenhang mit Wasserentnahmen oder bezüglich der Vermeidung von Emissionen giftiger Komponenten – sollte von vornherein geprüft und abgesichert werden.

Auch eine Kooperation mit der Sowjetunion, insbesondere mit den sonnenreichen südlichen Unionsrepubliken erscheint realisierbar, und zwar weitgehend unabhängig vom Ausgang verschiedener denkbarer politischer Szenarien bezüglich der Perestrojka, welche ein politisch »robustes« sowjetisches Eigeninteresse an einer solchen Zusammenarbeit erkennen lassen.

Daraus läßt sich die Empfehlung ableiten, sich so zu verhalten, daß die Wahrscheinlichkeit einer Realisierung erhöht wird.

Risikobewertung

Detailbetrachtungen zeigen, daß man wahrscheinlich keine Versorgungssicherheit erreichen dürfte, die derjenigen heutiger Systeme innerhalb der westlichen Länder entspräche. Sie zeigen aber zugleich, daß entgegen vielfach geäußerter Befürchtungen bezüglich der politischen Risiken in den mutmaßlichen zukünftigen Standorten von Sonnenenergie-Anlagen sowohl in Nordwestafrika – insbesondere in Algerien, Marokko und Mauretanien – als auch in der Sowjetunion keine größeren Unsicherheiten zu erwarten sind als solche, denen wir heute in den internationalen Beziehungen (einschließlich Energie-Lieferbeziehungen) ausgesetzt sind und mit denen wir zukünftig werden leben müssen – und dies ist der relevante relative Beurteilungsmaßstab. Eine Sonnenenergieversorgung erscheint zumindest als eine *Teil*versorgung vertretbar, deren Risiko bezüglich der Versorgungssicherheit innerhalb der komplexen grenzüberschreitenden europäischen Energieverbundsysteme verantwortet werden kann.

Wissenschaftlich-technische Herausforderungen

Während der Ausreifungsphase der nächsten ein bis zwei Jahrzehnte geht es vorrangig um technisch-wissenschaftliche Versuchsanlagen zur Sonnenenergienutzung sowie um den Ausbau der wissenschaftlich-technischen Ausbildungs- und Infrastruktur im allgemeinen, die insbesondere auch in den Maghreb-Ländern gefördert werden sollten.

Technisch-wissenschaftliche Kooperationsbeziehungen mit der Sowjetunion erscheinen als möglich und sind vermutlich sowohl aus der Sicht der Zentralregierung als auch der südsowjetischen Unionsrepubliken (insbesondere Usbekistan) willkommen. Jüngere Äußerungen maßgeblicher sowjetischer Wissenschaftler lassen neben dem seit langem vorhandenen Interesse an Solarturmanlagen ein wachsendes Interesse an der Photovoltaik erkennen. Dies könnte besondere Kooperationsmöglichkeiten eröffnen, wobei das Interesse der Moskauer Institutionen vor allem im Bereich der Grundlagenforschung, das der südlichen Republiken auf dem Feld anwendungsbezogener Pilotvorhaben liegen dürfte.

Außenpolitische Aspekte

Entscheidungsträger der deutschen und europäischen Auswärtigen Politik im weitesten Sinne (einschließlich außenwirtschaftlicher, wissenschafts- und entwicklungspolitischer Aktivitäten) sollten auf die langfristigen Optionen aufmerksam gemacht werden, damit solche Überlegungen von Fall zu Fall in die Gestaltung laufender Maßnahmen einfließen können. Dies gilt insbesondere für die Entwicklung der Beziehungen der EG zu den Maghreb-Staaten, sowie für eine europäische Unterstützung der Kooperationsansätze innerhalb der Maghreb-Staaten. Vor diesem Hintergrund erhält auch die Forderung nach stärkerer energiepolitischer Abstimmung der EG-Mitgliedstaaten untereinander zusätzliches Gewicht.

Empfehlungen

(1) Die Arbeitsgruppe betrachtet einen hohen Beitrag von Sonnenenergie zur Energieversorgung in der Zukunft als eine Herausforderung für Forschung, Entwicklung und internationale Zusammenarbeit. Dieses Ziel ist nur mit erheblichen, *langfristig* angelegten Anstrengungen zu erreichen.

(2) Angesichts vor allem der akuten Umweltbelastung durch gegenwärtige Formen des Energieverbrauchs unterstreicht die Arbeitsgruppe die dringende Notwendigkeit einer sparsamen und rationellen Energieverwendung. Die Anreize zum *Energiesparen* sollten verstärkt werden. Dadurch würden zugleich auch die Voraussetzungen für erneuerbare Energien verbessert.

(3) Vielfältige Systeme zur *dezentralen* Nutzung erneuerbarer Energiequellen werden entwickelt und erprobt und stehen teilweise hierzulande gegenwärtig an der Schwelle ihrer Wirtschaftlichkeit. Um mittelfristig eine spürbare Entlastung der Energiebilanz durch diese Energiequellen zu erreichen, müssen die energiewirtschaftlichen Rahmenbedingungen verbessert werden. Eine technische Weiterentwicklung ist nach wie vor erforderlich, damit die Konkurrenzfähigkeit über Qualitätsverbesserungen und Kostensenkungen mehr und mehr gesteigert wird.

(4) Von den Verfahren zur Umwandlung von Sonnenenergie in elektrische Energie schätzt die Arbeitsgruppe die *Photovoltaik* als besonders vielversprechend ein. Sie begrüßt, daß sich die Photovoltaik zu einem Schwerpunkt in der deutschen Forschungspolitik entwickelt, und empfiehlt, die staatliche Förderung auf diesem Gebiet künftig noch zu verstärken.

(5) Aus entwicklungs- sowie technologiepolitischen Gründen hält es die Arbeitsgruppe für wichtig, daß die Einführung der Photovoltaik – neben anderen Systemen zur Nutzung erneuerbarer Energiequellen – in *Entwicklungsländern* beschleunigt wird. Sie verkennt nicht die Hemmnisse, die einer raschen Verbreitung entgegenstehen. Die Erfahrungen mit der bisherigen Technischen Zusammenarbeit legen eine

behutsame Strategie zur Förderung der Sonnenenergienutzung in der Dritten Welt nahe. Hierzu zählen Feldtests, Finanzierungsmodelle und der Aufbau von lokalen Infrastrukturen ebenso wie ein insgesamt verbesserter Informationsfluß zwischen allen Partnern, die am Technologie-Transfer beteiligt sind.

(6) Trotz der beachtlichen Erfolge, die auf dem Gebiet der Photovoltaik in den vergangenen Jahren erzielt wurden, sind Weiterentwicklungen zur Verbesserung der Gebrauchstauglichkeit, zur Steigerung der Effizienz und zur Verminderung der Kosten unverzichtbar. Für Kleinanwendungen ist vor allem die Optimierung des Gesamtsystems erforderlich. Beträchtliche Kostensenkungen werden beim Übergang zur Massenfertigung von Solarmodulen erwartet. Im Hinblick vor allem auf eine großtechnische Nutzung sollten daneben aber auch grundlegende Verbesserungen der Photovoltaik angestrebt werden. Der *Forschungs- und Entwicklungsbedarf* erstreckt sich auf Grundmaterialien, Zellentechnologie, Modultechnologie, Herstellungsverfahren und Anwendungssysteme.

(7) Als Zellenmaterial für Leistungsmodule steht nach wie vor kristallines Silizium im Vordergrund, das sich auch in der Mikroelektronik bewährt hat. Die Vorteile von amorphem Silizium werden gegenwärtig skeptischer beurteilt als noch vor einigen Jahren. Die Arbeitsgruppe hält es für erforderlich, gezielt und fachübergreifend *weitere Materialien* für Solarzellen zu erforschen. Für eine großtechnische terrestrische Anwendung müßten dabei aber die Vorteile kristallinen Siliziums – Verfügbarkeit, Ungiftigkeit, Stabilität, großflächige Herstellbarkeit, hohe Wirkungsgrade – gewahrt oder übertroffen und auch die Frage einer materialgerechten Stoffrückführung beachtet werden.

(8) Bei der Umwandlung von Sonnenenergie in elektrische Energie haben *solarthermische Anlagen* – in Gebieten mit hoher direkter Sonneneinstrahlung – gegenüber photovoltaischen Anlagen bisher Kostenvorteile. Nach Ansicht der Arbeitsgruppe spricht einiges dafür, daß die Photovoltaik wegen ihrer vielfältigen weiteren Entwicklungsmöglichkeiten den Vorsprung der Solarthermik langfristig vermindern oder ausgleichen kann. Aber auch auf dem Gebiet der solarthermischen Umwandlung bestehen noch beträchtliche Verbesserungsmöglichkeiten. Zu beachten sind insbesondere die Möglichkeiten zur thermischen Speicherung. Es wird empfohlen, auch die Forschungs- und Entwick-

lungsanstrengungen auf dem Gebiet der Solarthermik stetig voranzutreiben.

(9) Photochemische und photoelektrochemische Verfahren der Sonnenenergienutzung befinden sich im Stadium der Grundlagenforschung. Eine Beurteilung ihrer langfristigen Erfolgschancen wäre noch verfrüht. Die Arbeitsgruppe hält es aber für unverzichtbar, daß solche neuartigen Entwicklungslinien noch intensiver als bisher erforscht werden. Dies gilt insbesondere für *biomimetische Systeme*, die einige Merkmale der natürlichen Photosynthese nachahmen. Die naturwissenschaftliche Forschung hat auf diesem Gebiet in den vergangenen Jahren beachtliche Fortschritte gemacht.

(10) Die Arbeitsgruppe empfiehlt, die Forschungen über natürliche Photosynthese weiterhin intensiv zu unterstützen. Gleichzeitig sollte für eine erfolgreiche Biomimese aber auch die Entwicklung auf anderen relevanten Gebieten wie Photochemie, Katalyse, Membranologie, Halbleitertechnik, Proteinphysik und Proteinchemie beobachtet werden. Besondere Aufmerksamkeit verdient auch die denkbare Verwendung künstlicher bzw. künstlich modifizierter Proteine. Zur Entwicklung biomimetischer Verfahren sollten Wissenschaftler aus den genannten Fachgebieten in entsprechenden *Forschungsprogrammen* zusammenarbeiten. Das Förderungskonzept des Bundesministers für Forschung und Technologie (BMFT) »Biologische Wasserstoffgewinnung« wird als ein wichtiger Beitrag hierzu angesehen. Es wird empfohlen, weitere Möglichkeiten biomimetischer Systeme der Sonnenenergienutzung in die Forschungsförderung einzubeziehen, und zwar als Förderungsprogramm des BMFT bzw. als Schwerpunktprogramm der Deutschen Forschungsgemeinschaft.

(11) Bei einer großtechnischen Nutzung von Sonnenenergie ist die Frage nach geeigneten Sekundärenergieträgern von entscheidender Bedeutung. Aus der Sicht der Arbeitsgruppe wäre es allerdings verfehlt, ausschließlich einem Energieträger Vorrang einzuräumen. Denn elektrische Energie und chemisch gebundene Energie wie Wasserstoff können sich in einer künftigen Energiewirtschaft mit hohem Solaranteil aufgrund ihrer unterschiedlichen Eigenschaften hinsichtlich Erzeugung, Transport, Speicherung und Anwendung ergänzen. In der Übergangszeit dürfte die *elektrische Energie* dominieren, da sie leichter in die bestehende Infrastruktur Eingang finden könnte. Elektrische Energie wird bereits mit hohen Transportleistungen über weite Entfernungen über-

tragen. Bedarf an Forschung und Entwicklung besteht insbesondere bei der elektrochemischen und elektromagnetischen Speicherung und bei der Verminderung von Verlusten von der Stromerzeugung bis zur Stromanwendung.

(12) Auch mit Herstellung, Speicherung, Transport und Verwendung von *Wasserstoff* wird im Prinzip kein Neuland betreten. Zur Realisierung effizienter und zugleich preiswerter Systemkomponenten sind dennoch grundlegende Forschungsarbeiten nötig, teilweise müssen vorhandene Techniken auf einen energiewirtschaftlichen Einsatz von Wasserstoff weiterentwickelt werden. Beispiele sind Elektrolyseure, Metallhydridspeicher, Brennstoffzellen, katalytische Heizer, Kleinfeuerungsanlagen. Daneben sind Fragen der Materialbeständigkeit und der Sicherheit beim alltäglichen Umgang mit Wasserstoff weiter zu untersuchen. Auch andere chemische Energieträger sollten in Betracht gezogen werden.

(13) Großtechnische Sonnenenergienutzung sollte, global und langfristig betrachtet, vorwiegend in *ariden* Zonen sonnenreicher Länder geschehen. Unter solchen Gesichtspunkten ist für Europa auf lange Sicht eine Teilversorgung aus geeigneten außereuropäischen Regionen anzustreben. Politische *Risiken* sind durch überlegte Wahl von Partnern und Kooperationsformen begrenzbar. Entgegen vielfach geäußerter Befürchtungen sind nach Ansicht der Arbeitsgruppe keine wesentlich größeren Unsicherheiten zu erwarten als solche, denen wir schon in der Gegenwart bei internationalen Energieversorgungsbeziehungen ausgesetzt sind. Zusammenarbeit bei der Nutzung von Sonnenenergie schafft zwar neue Abhängigkeiten, sie bietet aber auch positiv zu wertende politische *Chancen*.

(14) Als mögliche Regionen für einen europäischen Import von Sonnenenergie kommen besonders die Länder *Nordwestafrikas* in Betracht. Eine solche Nord-Süd-Kooperation sollte langfristigen ökonomischen Interessen aller Partner dienen und sich in tragfähige entwicklungspolitische Konzepte einfügen. Die Umweltverträglichkeit von Projekten und Verfahren muß von vornherein sichergestellt werden; insbesondere sind ökologisch schädliche Wasserentnahmen sowie die Verwendung giftiger Komponenten in photovoltaischen Systemen zu vermeiden. Bei der Zusammenarbeit mit islamischen Ländern ist die dort laufende Diskussion über das Verhältnis von Wissenschaft und kultureller Identität zu beachten. Der interkulturelle Dialog sollte stärker als

bisher Naturwissenschaftler und Techniker, die Technologiediskussion stärker Geistes- und Sozialwissenschaftler einbeziehen. Wir empfehlen, die Entwicklung wissenschaftlich-technischer Infrastrukturen und Ausbildungssysteme im Maghreb zu fördern und diese Region in verstärktem Maße in gemeinsame Entwicklungsprojekte zur dezentralen Nutzung von Solarenergie einzubeziehen.

(15) Die deutsche und europäische *Auswärtige Politik* im weitesten Sinne sollte die Langzeitperspektiven einer möglichen Kooperation auf dem Gebiet der Sonnenenergie beachten. Dies gilt insbesondere für die Weiterentwicklung und inhaltliche Gestaltung der Kooperationsbeziehungen der Europäischen Gemeinschaft zu den Maghreb-Ländern. Kooperationsansätze innerhalb des Maghreb sollten von der EG unterstützt werden.

(16) Nach Auffassung der Arbeitsgruppe kommen auch südliche Republiken der *Sowjetunion* für einen Beitrag zur Energieversorgung Europas in Betracht. Ansätze zur solarthermischen Nutzung von Sonnenenergie werden in der Sowjetunion seit langem verfolgt; in jüngster Zeit ist daneben ein wachsendes Interesse an Entwicklungen der Photovoltaik erkennbar. Wir sehen Möglichkeiten einer Zusammenarbeit in erster Linie auf wissenschaftlich-technischem Gebiet und empfehlen, Möglichkeiten der Kooperation für terrestrische Anwendungen der Photovoltaik sowohl mit zentralen Institutionen der Sowjetunion als auch mit südlichen Unionsrepubliken zu erkunden und wahrzunehmen.

Mitglieder der Arbeitsgruppe

JOCHEN DIEKMANN
Dr. rer. pol., Deutsches Institut für Wirtschaftsforschung, Berlin (Volkswirtschaft, Energiewirtschaft)

ALFRED GIERER
Prof. Dr. rer. nat., Direktor der Abteilung für Molekularbiologie des Max-Planck-Instituts für Entwicklungsbiologie, Tübingen (Biophysik)

HANS-JÜRGEN KRUPP
Prof. Dr. rer. pol., Senator der Freien und Hansestadt Hamburg, Präses der Finanzbehörde, Professor an der Technischen Universität Berlin (Wirtschafts- und Sozialpolitik) (zur Zeit beurlaubt)

KLAUS PINKAU
Prof. Dr. phil. DSc h.c., Wissenschaftlicher Direktor des Max-Planck-Instituts für Plasma-Physik, Garching bei München (Astrophysik, Plasmaphysik)

HANS-JOACHIM QUEISSER
Prof. Dr. rer. nat., Direktor am Max-Planck-Institut für Festkörperforschung, Stuttgart (Physik)

HELMUT SCHAEFER
Prof. Dr.-Ing. Dr.-Ing. E. h., Lehrstuhl für Energiewirtschaft und Kraftwerkstechnik der Technischen Universität München, Wiss. Leiter der Forschungsstelle für Energiewirtschaft, München (Energietechnik)

FRITZ PETER SCHÄFER
Prof. Dr. phil. Dr. h.c., Direktor am Max-Planck-Institut für biophysikalische Chemie (Karl-Friedrich-Bonhoeffer-Institut), Göttingen (Physikalische Chemie)

KARL STEPHAN
Prof. Dr.-Ing., Institut für Technische Thermodynamik und Thermische Verfahrenstechnik der Universität Stuttgart (Thermodynamik, Thermische Verfahrenstechnik)

DIETER WEISS
Prof. Dr. rer. pol., Institut für Weltwirtschaft der Freien Universität Berlin (Volkswirtschaft des Vorderen Orients)

HORST TOBIAS WITT
Prof. Dr. rer. nat., Max-Volmer-Institut für Biophysikalische und Physikalische Chemie der Technischen Universität Berlin (Physikalische Chemie)

Mitglieder des Rates der Akademie der Wissenschaften zu Berlin

Horst Albach
Prof. Dr. rer. pol. Dr. h.c. mult., Institut für Gesellschafts- und Wirtschaftswissenschaften der Universität Bonn (zur Zeit beurlaubt) und Wissenschaftliche Hochschule für Unternehmensführung Koblenz (Betriebswirtschaftslehre)

Paul B. Baltes
Prof. Dr. phil., Direktor am Max-Planck-Institut für Bildungsforschung Berlin (Psychologie, Gerontologie)

Marcus Bierich
Dr. phil. Dr. h.c., Vorsitzender der Geschäftsführung der Robert Bosch GmbH

Karl Decker
Prof. Dr. rer. nat., Biochemisches Institut der Universität Freiburg (Biochemie)

Wolfgang Fischer
Prof. Dr. phil. Dr. rer. pol., Zentralinstitut für Sozialwissenschaftliche Forschung der Freien Universität Berlin (Wirtschafts- und Sozialgeschichte)

Wolfgang Gerok
Prof. Dr. med., Medizinische Klinik der Universität Freiburg (Innere Medizin)

Alfred Gierer
Prof. Dr. rer. nat., Direktor der Abteilung für Molekularbiologie des Max-Planck-Instituts für Entwicklungsbiologie Tübingen (Biophysik)

Wolfgang K. Giloi
Prof. Dr.-Ing., Leiter des GMD-Forschungszentrums für Innovative Rechnersysteme und -technologie an der Technischen Universität Berlin (Informatik)

Klaus Hierholzer
Prof. Dr. med., Institut für Klinische Physiologie am Klinikum Steglitz der Freien Universität Berlin (Physiologie)

Friedrich E. P. Hirzebruch
Prof. Dr. rer. nat. Dr. h.c. mult., Direktor des Max-Planck-Instituts für Mathematik Bonn und Mathematisches Institut der Universität Bonn (Mathematik)

Hans-Jürgen Krupp
Prof. Dr. rer. pol., Senator der Freien und Hansestadt Hamburg, Präses der Finanzbehörde, Professor an der Technischen Universität Berlin (Wirtschafts- und Sozialpolitik) (zur Zeit beurlaubt)

Ursula M. Lehr
Prof. Dr. phil., Bundesminister für Jugend, Familie, Frauen und Gesundheit, Institut für Gerontologie der Universität Heidelberg (Gerontologie, Psychologie)

Wolf Lepenies
Prof. Dr. phil., Rektor des Wissenschaftskollegs zu Berlin (Soziologie)

Hermann Lübbe
Prof. Dr. phil., Philosophisches Seminar der Universität Zürich (Philosophie, Politische Theorie)

Hans Maier
Prof. Dr. phil. Dr. h.c. mult., Staatsminister a. D., Seminar für christliche Weltanschauung, Religions- und Kulturtheorie der Universität München (Politikwissenschaft, Religions- und Kulturtheorie)

Jürgen Mittelstrass
Prof. Dr. phil., Philosophische Fakultät und Zentrum IV: Philosophie und Wissenschaftstheorie, Universität Konstanz (Philosophie, Wissenschaftstheorie)

Gerhard Pahl
Prof. Dr.-Ing. Dr. h.c., Institut für Maschinenelemente und Konstruktionslehre der Technischen Hochschule Darmstadt (Maschinenbau)

Sigrid D. Peyerimhoff
Prof. Dr. rer. nat., Institut für Physikalische und Theoretische Chemie der Universität Bonn (Theoretische Chemie)

Klaus Pinkau
Prof. Dr. phil. DSc h.c., Wissenschaftlicher Direktor des Max-Planck-Instituts für Plasmaphysik Garching bei München (Astrophysik, Plasmaphysik)

Gisbert Frhr. zu Putlitz
Prof. Dr. rer. nat. Dr. h.c. mult. Prof. e. h., Physikalisches Institut der Universität Heidelberg (Physik)

Hans-Joachim Queisser
Prof. Dr. rer. nat., Direktor am Max-Planck-Institut für Festkörperforschung Stuttgart (Physik)

Albrecht Randelzhofer
Prof. Dr. iur., Institut für internationales und ausländisches Recht und Rechtsvergleichung der Freien Universität Berlin (Staats- und Verwaltungsrecht, Völkerrecht)

Edzard Reuter
Vorsitzender des Vorstandes der Daimler-Benz AG Stuttgart

Fritz Peter Schäfer
Prof. Dr. phil. Dr. h.c., Direktor am Max-Planck-Institut für Biophysikalische Chemie (Karl-Friedrich-Bonhoeffer-Institut) Göttingen (Physikalische Chemie)

Günter Spur
Prof. Dr.-Ing. Dr. h.c. mult., Institut für Werkzeugmaschinen und Fertigungstechnik der Technischen Universität Berlin und Fraunhofer-Institut für Produktionsanlagen und Konstruktionstechnik (Maschinenbau, Produktionstechnik)

Karl Stephan
Prof. Dr.-Ing., Institut für Technische Thermodynamik und Thermische Verfahrenstechnik der Universität Stuttgart (Thermodynamik, Technische Verfahrenstechnik)

Helga Z. Thomas
Prof. Dr. phil., Institut für Erziehung, Unterricht und Ausbildung der Technischen Universität Berlin (Erziehungswissenschaften)

O. Mathias Ungers
Prof., Cornell University Ithaca, New York, und Hochschule für Bildende Künste Düsseldorf (Architektur)

Harald Weinrich
Prof. Dr. phil. Dr. h.c., Institut für Deutsch als Fremdsprache der Universität München (Romanistik, Deutsch als Fremdsprache)

Horst T. Witt
Prof. Dr. rer. nat., Max-Volmer-Institut für Biophysikalische und Physikalische Chemie der Technischen Universität Berlin (Physikalische Chemie)

Heinz-Günter Wittmann
Prof. Dr. rer. nat. Dr. h.c. Dr. h.c., Direktor am Max-Planck-Institut für molekulare Genetik Berlin (Biochemie, Molekularbiologie)
(verstorben am 31. 03. 1990)

Sachregister

Kursiv gedruckte Fundstellen verweisen auf umfangreichere Ausführungen.

www.ingramcontent.com/pod-product-compliance
Lightning Source LLC
LaVergne TN
LVHW010550300926
849162LV00002B/288